文晓萍

育儿宝典 0~3 岁

主编 文晓萍

U0206491

中国医药科技出版社

内容提要

0~3岁是宝宝发展的黄金时期，看护人掌握科学的育儿方法对宝宝的成长至关重要。本书正是一本为中国家长准备的经典育儿工具书。书中设有发展目标、营养指导、大夫信箱、教育顾问、保健之窗、锻炼园地、温馨时刻等栏目，帮助家长科学地喂养宝宝，充分地开发宝宝的智力，对孩子进行合理的动作训练，使孩子健康快乐地成长。全书内容丰富、图文并茂、指导性强，适合0~3岁孩子的家长阅读参考。

图书在版编目（CIP）数据

文晓萍育儿宝典：0~3岁/文晓萍主编. —北京：中国医药科技出版社，2016.3

ISBN 978-7-5067-8138-1

Ⅰ.①文… Ⅱ.①文… Ⅲ.①婴幼儿—哺育 Ⅳ.①TS976.31

中国版本图书馆 CIP 数据核字（2016）第 016800 号

美术编辑 陈君杞
版式设计 麦和文化
插图设计 张 璐

出版 中国医药科技出版社
地址 北京市海淀区文慧园北路甲 22 号
邮编 100082
电话 发行：010-62227427 邮购：010-62236938
网址 www.cmstp.com
规格 880×1230mm $\frac{1}{32}$
印张 17 $\frac{3}{4}$
字数 343 千字
版次 2016 年 3 月第 1 版
印次 2017 年 12 月第 3 次印刷
印刷 三河市国英印务有限公司
经销 全国各地新华书店
书号 ISBN 978-7-5067-8138-1
定价 45.00 元

编委会

❀ 编写人员 ❀
（按姓氏笔画排序）

马　婷（首都儿科研究所附属儿童医院）

王　军（北京大学第三临床医学院）

区幕洁（"中国社区儿童发展综合服务"课题组）

丛中笑（中华女子学院）

李美珠（北京大学第三临床医学院）

李鸿江（北京体育大学）

陈晶琦（北京大学医学部）

纽文异（北京大学医学部）

周俊鸣（中央教育科学研究所）

周　微（北京大学第三临床医学院）

郑　毅（首都医科大学附属北京安定医院）

高影君（北京师范大学）

诸慧华（北京大学第三临床医学院）

常　春（北京大学医学部）

董红燕（北京大学医学部）

鲍慧玲（北京大学第三临床医学院）

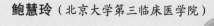

再版前言

　　我身边有很多年轻的父母，第一次做爸爸妈妈，几乎没有任何经验，认为育儿是件特别复杂的事情，常常感到千头万绪，无从下手，有的人投入了大量时间和精力，身心俱疲却收效甚微。看到他们，我特别想分享自己 30 多年来从事儿童早期教育研究的心得感悟，我特别想告诉这些年轻的爸爸妈妈，对孩子进行早期教育并不需要父母多少时间，也不需要父母有多么高的教育水平，你需要付出的仅仅是爱心和科学的方法。付出就有回报，耕耘就有收获。

　　正是出于这种初衷，2005 年我组织了当时在国内儿童教育学、心理学、生理学、医疗保健学、营养学和运动学领域富有盛名的 30 多位老中青三代学者聚集在一起，用 3 年时间，研究国内外成功的教育方案和科研成果，编写了《优生优育丛书》，向准备为人父母或初为父母的朋友，提供一套从孕期到 7 岁这段时间科学实用的早期教育方法。该书进入市场后很快销售一空，虽经多次重印，累计销量达十几万册，但全国各地索购此书的电话仍有增无减。我身边的很多朋友也是参照书中的方法来养儿育女的，时隔多年，当年的小婴儿已长成品学兼优的少男少女，可以说这套书指导了很多人科学育儿，也见

证了很多人健康成长。

随着时间的推移，大家认为此书的育儿观念和教育理念仍然符合时代需求，同时本书内容简洁，操作性、实用性、可读性强，特别是 0~3 岁部分应该继续与更多初为人父、人母的朋友分享，为此，我们再版此书，以回馈读者对它的厚爱。

本次再版主要是对上版中过时的数据和内容进行修订，同时通过版式、配图等细节雕琢，使图书从内容到形式都更加符合现代爸妈的阅读需求。例如，新版引入了新的儿童生理指标——世界卫生组织儿童生长标准（2006 年版），帮助家长轻松判断孩子的身高、体重是否正常。在益智游戏、身体锻炼、营养指导等内容中，新版在保留老版精华之上进行了"更新换代"，囊括了新手爸妈不知道、想知道、应知道的常识，帮助他们解决在育儿中所遇到的种种疑惑。

相信此书能在上版的基础上，给天下父母带来更有益的感受和更新的收获。

最后，诚望广大读者在阅读之余，提出批评和建议，以资修订重版。

文晓萍
2016 年 1 月于北京

目录

🌸 0~1岁篇 🌸

第一章　第1个月

第二章　第2个月

第三章　第3个月

第四章　第4个月

第五章　第5个月

第六章　第6个月

第十一章　第 11 个月

第十二章　第12个月

❋ 1～2岁篇 ❋

第一章　1岁1个月

第二章　1岁2个月

第五章　1岁5个月

第六章　1岁6个月

第七章　1岁7个月

第八章　1岁8个月

第九章　1岁9个月

第十章　1岁10个月

第十一章　1岁11个月

❀ 2~3岁篇 ❀

第一章　2岁1个月

第二章　2 岁 2 个月

第三章　2岁3个月

第四章　2岁4个月

第五章　2岁5个月

第六章　2岁6个月

第九章　2岁9个月

第十二章　3周岁

0~1 岁篇

　　过去认为新生儿只会睡、哭和吃奶，实际上新生儿具有令人意想不到的能力。新生儿会看，能听，有嗅觉、味觉和灵敏的触觉。

第一章
第1个月

0~1个月发展目标

（1）能注视眼前活动的物体。

（2）听到声音会由啼哭转为安静。

（3）除哭以外能发出叫声。

（4）会张嘴模仿说话。

（5）看到人脸会手舞足蹈发出声音。

（6）能卧位抬头片刻。

（7）双手能紧握笔杆。

0~1个月教育要点

（1）保证睡好、睡足。

（2）母乳喂养、按需哺乳。

（3）经常和宝宝说话。

（4）多拥抱和爱抚宝宝。

（5）常用微笑、歌声、鲜艳的有声玩具逗引宝宝。

 **生理指标**

1. 体重

平均值　　男 4.5 千克　　女 4.2 千克

平均增长　男 1.2 千克　　女 1.0 千克

引起注意的值

高于　男 5.8 千克　　女 5.5 千克

低于　男 3.4 千克　　女 3.2 千克

2. 身长

男 50.8～58.6 厘米　　平均值 54.7 厘米

女 49.8～57.6 厘米　　平均值 53.7 厘米

平均增长　男 4.8 厘米　女 4.6 厘米

3. 睡眠时间

一昼夜约 20 个小时。

 **营养指导**

 母乳喂养的方法

1. 保持舒适的姿势

母亲可以坐也可以躺着喂宝宝（图 1–1，图 1–2），无论何种姿势，最终要使母亲和宝宝都感到舒适、轻松。母亲的两臂要放在实处，背后用枕头或靠垫垫牢，然后抱近宝宝以乳头触及宝宝面颊，在宝宝转过头寻找乳头时，顺势将宝宝的身体

稍侧，使其腹部贴近母亲的胃部。

图 1-1　座位哺乳　　　　　　图 1-2　卧位哺乳

2. 帮助宝宝含住乳头和乳晕

（1）在宝宝张大嘴时，帮助宝宝含住乳头和大部分乳晕。因为挤压乳晕才能使乳汁流出，仅仅吸吮乳头，会使乳头疼痛，而且由于吸吮到的乳汁少，宝宝可能哭闹甚至拒绝吸吮。

（2）若母亲乳房很大，应用食指和中指在乳晕根部托按乳房，以免妨碍宝宝鼻部通气。这样做还可以防止奶水流得太快，避免宝宝呛咳。

（3）奶胀时乳头的伸展性差，宝宝不能有效地吸吮，这时可用手将乳汁挤出一些，或用热毛巾敷敷，使乳房柔软，帮助宝宝有效地吸吮。

3. 喂奶时的注意事项

（1）喂奶时应让宝宝吃尽一侧乳房再吃另一侧。若仅吃一侧的奶宝宝就已经吃饱，就应将另一侧的奶挤出。这样做的目的是预防胀奶。胀奶不仅使母亲感到疼痛不适，还有可能导致乳腺炎，而且还会反射性地引起泌乳减少。

（2）给宝宝喂完奶后不要马上放在床上，而要把宝宝竖直抱起让宝宝的头靠在母亲肩上，也可以让宝宝坐在母亲腿上，以一只手托住宝宝枕部和颈背部，另一只手弯曲，在宝宝背部轻拍，使吞入胃里的空气吐出，以防止溢奶（图1-3）。

图1-3　喂奶后抱直宝宝轻拍背部

（3）若宝宝含着乳头睡着了，或是母亲由于某些原因不得不中断宝宝吸吮时，母亲可用一个干净手指轻轻按压宝宝嘴角，使乳头从宝宝嘴中脱出，切不可用力把乳头硬拉出来，以免伤害乳头。

（4）母乳喂养不必加喂水，母乳含有宝宝所需的全部营养成分，其中包括水和维生素。世界卫生组织建议：4~6个月内的宝宝只需母乳，不必加喂水或其他饮料。即使是炎热的夏季，母乳中的水也足够满足宝宝需要。所以吃母乳的宝宝不必加喂水。水本身对宝宝并无害处，只是喂水就意味着宝宝减少了吃奶的次数，这一方面不利于宝宝对营养素的全面摄入，另一方面由于吸吮刺激的减少，会引起母亲泌乳相应减少。

混合喂养和人工喂养

母乳喂养的确有很多好处，但是由于种种原因母亲奶水不足或干脆无法进行母乳喂养时，就只能是母乳与牛奶、奶粉等混合喂养或纯人工喂养。

1. 混合喂养

由于母乳分泌量不足而采用混合喂养时，母亲应按宝宝的需要给宝宝哺喂母乳，然后再用奶粉补充不足的数量。

但每天母亲给宝宝直接哺喂母乳最好不少于三次。若每天只喂一两次奶，乳房会因得不到足够的吸吮刺激而使乳汁分泌量迅速减少，这对宝宝是不利的。

宝宝每天或每次需补充的奶量，要根据宝宝的月龄和母乳哺喂的情况而定。一般来说，在最初的时候，可让宝宝从奶瓶里自由吸奶，直到宝宝感到吃饱和满意为止。这样试几天，如果宝宝一切正常，消化良好，就可以确定宝宝每天每次该补多少奶了。随着宝宝月龄的增加，所补充的奶量亦要逐渐增加。若宝宝自由吸乳后有消化不良的表现，应减少吸奶量，待宝宝一切正常后再逐渐增加。

2. 人工喂养

（1）选择合适的母乳替代品

目前常用的母乳替代品为配方奶。配方奶是通过高科技手段对牛奶进行了改造之后的产物，其成分更接近母乳，故以前也称为母乳化奶粉，这是较为适合 4～6 个月宝宝食用的母乳替代品。

（2）奶瓶的选择：选择奶瓶的原则是内壁光滑，容易清洗干净，开水消毒不易变色或变形，带奶瓶帽。奶瓶的个数最好与宝宝每日喂奶、喂水的总次数相等。因为对于小宝宝来讲，奶瓶、奶嘴的彻底清洁与消毒很重要，若准备的奶瓶太少，每用过一个、两个就需彻底消毒准备下次用，对于喂养小宝宝来讲，一天就要消毒许多次奶瓶，多备几个奶瓶就可以抽一定时间消毒一批，对人力物力都是节约。

奶嘴不宜过硬，过硬的奶嘴不便于宝宝吸吮，但也不可过软，过软时会由于负压而变瘪，奶不易被吸出。

（3）奶瓶的消毒：清洗奶瓶时，先用冷水冲掉残留在奶嘴、奶瓶里的奶，再把奶瓶、奶嘴放入温水中，用奶瓶刷把奶瓶内部刷洗干净。然后，使刷毛位于奶瓶口处，旋转刷子，彻底刷洗瓶口内部螺纹，之后抽出刷子，洗刷瓶口外部螺纹处和奶嘴盖的螺纹部，最后用毛刷尖部清洗奶嘴上半的狭窄部分。值得注意的是，有螺纹或凸凹的地方容易残存奶垢，要格外留心清洗。把洗过的奶瓶、奶嘴用清水冲洗干净，然后放入开水中烫或锅内蒸（煮）5分钟左右，蒸（煮）塑料奶瓶时勿让奶瓶与锅壁接触，否则奶瓶可能变形。

（4）奶粉的调制：在调制奶粉时，要认真阅读奶粉袋上的说明，以其提供的小勺量取奶粉，并把小勺上的奶粉刮平，放入适量的温开水中，其温度为把奶滴在手背上不感到烫为适宜（图1-4），并使奶粉与水充分混合均匀。

图1-4　试温度

图1-5　人工喂养

如果配好的奶宝宝一顿没吃完，千万不可留给宝宝下一顿吃，可倒掉或让大孩子、成人喝掉。

（5）人工喂养注意事项：喂奶时，母亲先坐好，让宝宝紧贴胸前，母亲用一只手持握奶瓶使之倾斜，保持奶嘴及瓶颈部充满奶液（图1-5），这样宝宝就不会因吸入太多空气而胀肚、溢奶。

切不可把奶瓶单独留给宝宝，母亲离开去做其他事，这样做宝宝有被呛的危险。

 如何判断喂哺是否适当

每个刚当妈妈的人总会担心宝宝吃得不够，长得不壮，我们可以根据以下指标判断对宝宝的喂哺是否适当。

（1）喂奶时能听到宝宝的吞咽声，母亲有下乳的感觉，宝宝吸吮动作缓慢而有力。

（2）喂奶前母亲的乳房丰满、充盈，皮肤表面的静脉清晰可见，喂奶后乳房柔软。

（3）不添加水及其他食物的情况下每天（24小时）小便6次以上。

（4）两次喂奶之间，宝宝满足、安静。

（5）满月时体重增加500～1000克（平均每周增重125克～250克）。

具有上述表现，说明母乳分泌充足，喂哺适当。

 隔多长时间给宝宝喂一次奶好

第一、二个月不需定时哺乳，可按宝宝的需要随时喂哺。当宝宝啼哭时，母亲觉得奶胀时，就应给宝宝喂奶。

从一开始就定时喂哺，这不仅可能满足不了宝宝生长发育的需要，而且可能由于吸吮刺激不够频繁而导致乳汁分泌的减少。

但母亲需注意的是，哭是宝宝表达欲望、要求和不适的最自然的方式，但哭并不是表达饥饿唯一的方式，只有宝宝张着小嘴左右寻觅，有时在嘴碰到被角、衣袖时立即吸吮，在睡眠时还可能表现出吸吮或咀嚼动作，这些都表明该给宝宝喂奶了。

夜间孩子睡着时，即使是已有近3小时没吃奶了，也不一定要叫醒宝宝吃奶，但要注意的是，若宝宝平时属安静型，连续3个小时以上睡觉而不吃奶，应叫醒喂奶，因为喂奶间隔太长，宝宝血糖下降，可能出现低血糖性反应低下。

2个月后根据宝宝的睡眠规律可由从前的每2~3小时喂一次，逐渐延长到3~4小时一次，一昼夜喂奶6~7次。

4~5个月后每昼夜可减至5次，如每天晚上9~10点、早晨5~6点、上午9~10点、中午1~2点、下午5~6点各一次。4~5个月的宝宝在晚上9~10点后可不再喂奶、喂食，以免影响孩子和母亲的休息。

看画

目的　培养视觉的集中和注意能力。

前提　视觉正常，在觉醒状态做游戏。

方法　用自制15厘米×20厘米黑白图片10余张。先将模拟母亲的图片中的眼珠剪去，用线绳将图戴在脸上，观察新生儿凝视脸的时间，做好记录。当宝宝的视线移开时再换上图1-6中的系列图形直至宝宝疲劳闭上眼睛为止。在这一过程中，可以播放胎教用过的音乐使气氛活跃。新生儿有学习能力，每一次看新图形时大约8~10秒，每天温习，在3~4天后，时间缩短为 3～4 秒；头几天只能看 1～3 幅，以后可看得更多。家长可将图形作任意组合，如果宝宝能一次看得比上一次多，就要将他抱起来吻，同他笑，或者举起来以示鼓励。有了父母的鼓励和培养，宝宝从婴儿期起就能有较好的注意力，为以后各种学习打下良好基础。

图 1-6　看画

 逗笑

目的　为家庭创造快乐气氛；培养第一个条件反射。

前提　觉醒状态。

方法　父母怀抱着孩子，用手指在孩子胸前逗弄和欢笑。孩子的眼神渐渐由凝视变得轻柔，经过多次逗弄，孩子的口角渐渐向两边展开而出现微笑。

要注意区别逗笑与孩子在睡眠时脸部肌肉不自主收缩而出现的笑容。逗笑是指有人逗时孩子用笑来作答，是一种条件反射。脸部不自主的肌肉收缩并无条件作引导，不是条件反射。当宝宝看到父母的笑容，听到笑的声音，皮肤感到逗的接触，这些刺激传入大脑，由脑神经指挥面部的肌肉活动而出现笑容，这是孩子通过感官传入而作出有意识的传出肌肉活动。当父母看到自己的孩子出现甜甜的笑容时，心情是无比的快慰，逗笑成为家庭欢乐的来源，是家庭最温馨的时刻。

听音乐

目的 巩固胎教的成果，培养音乐爱好和陶冶性格。

前提 听力正常，觉醒状态。

方法 每天定时播放音乐。选择孩子精神旺盛的时间，如早晨吃饱和排大小便以后，或晚上 7~8 点孩子同父母玩耍的时间。每次重复一小段摇篮曲 2~3 遍，大约 5~7 分钟。父母可以抱着孩子按着节拍摆动，或者低声哼唱，大家都在欣赏美的旋律，悠然自得（图 1-7）。无论胎教或宝宝时期经常重复的乐曲都会在孩子的心灵中或大脑中获得深刻的印象。有些父母在孩子学习音乐时埋怨孩子"没有音乐细胞"，就是因为他们未能把握最佳时机让孩子接受音乐的熏陶。听惯音乐的宝宝在播放熟悉的乐曲时脸部有安详的表情，正在啼哭也会马上停止。有些宝宝特别对某一段乐曲表现出愉快的喜悦，会轻轻地舞动四肢，脸上出现高兴的表情，带动全家都快乐。

图 1-7　给宝宝听音乐

 看移动的东西

目的 目光随玩具移动，追视更灵敏，视野范围扩大。

前提 在看画的基础上培养看移动的东西。

方法 在宝宝面前显示彩蝶、哗铃棒、红环或花布条

图 1 - 8　看移动的东西

等物，做左右上下慢慢移动（图 1-8），如用手提彩纸制的彩蝶在宝宝面前抖动"飞飞"，或拿着小手去摸吊着的彩球，拉动漂亮的窗帘使宝宝看到它又开又关……隔一二周更换四周的图画和室内的饰物，使宝宝得到新的感受。有时小小的改动就会增添兴趣。例如，在原来彩蝶的后面加一两条飘带，或在原来的娃娃图上添顶帽子就会引起宝宝莫大的兴趣，不停地注视这新加上的部位，启发了宝宝对新事物的观察力。

亲子对话

目的　诱导宝宝啼哭外发音，启发沟通欲望，促进情感交流。

前提　觉醒状态。

方法　在照料宝宝时，父母要经常同孩子对话，口形可以夸张地变化着，有时悄悄地说话，有时发一个长音，或者吹口哨、鼓腮、伸舌、咂舌作响，做不同的表情。你会发现小宝宝不是被动地听着，他的小嘴也模仿着张合，有的还会伸舌、鼓腮。如果大人在咳嗽，你会发现宝宝也在模仿着咳嗽（图 1 -9）。

图 1 -9　亲子对话

当宝宝啼哭时，父母可以模仿宝宝的哭声。宝宝会暂时停哭，静听是自己发出的声音还是别人发出的声音。这时他会以啼哭同样的口形再叫几声，这是他第一次非啼哭而发出的声音。有了这种经验，他会在高兴时故意叫，在满月以前学会模仿发音。如无人诱导就会延迟到 3 ~ 4 个月。关键就在父母发出与宝宝啼哭时的回声，当母子一呼一应地发声对答时，宝宝产生一种愉快的沟通欲望，促使他自己发出声音。

 重温在母体的温馨

目的　让宝宝得到安慰，有安全感，建立信任感。

前提　啼哭状态。

方法　当宝宝在啼哭时，如果不是饥饿、尿湿、腹部胀满，此时可将他抱起，将他抱得紧一些，拍几拍，同他讲话。宝宝在几天时就需要人抱，因为在母体内他是紧紧地被包围起来的，抱起来能重温在母体的温馨，感觉舒适、安稳，以后大人的讲话声，拍拍，都有镇静止哭的功效。新生儿啼哭需要安慰，安抚之后就放下，不会形成经常要抱的习惯。

宝宝对母亲的心跳声音特别喜欢，让宝宝的耳朵贴近母亲的心脏，使他重温在母体内所听惯的母亲心跳的声音，会有神奇的止哭效应。用录音机将心跳声音放大也有同样效果。

夏季天气炎热，将哭闹的宝宝浸泡在温水中也有奇妙的止哭的功能。原来宝宝在母体内是浸浴在羊水中的，温水浴可以模拟宫内的环境使宝宝感到习惯和舒适。

用不同的方法去抚慰啼哭的宝宝，观察他最喜欢哪一种方法，随时调整，使他得到安慰。当宝宝感到舒适和安全时，他对父母产生信赖，以后也会相信人。得到抚慰的宝宝容易满

足，好哄，以后啼哭会逐渐减少。

练习抓握

目的　练习第一种手的技巧，抓握不同事物以扩大触觉经验。

前提　觉醒状态。

方法　在宝宝觉醒时，用铅笔样的钝棍或铃棒放入他手心，他会反射性地握住一会儿又掉下来。大人同他讲话，再放入，用手握住他的小手，使他知道你叫他怎样做（图 1 - 10）。此时他会放得更加频繁，让你多次替他放入和握住他的手。他开始用手同大人做游戏。

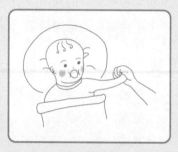

图 1 - 10　学习抓握

要找一些软的如布娃娃的手臂、布条儿、袜子等让他学握。也要找一些硬的如勺子把、筷子、套好的钢笔等让他学习抓握。不同的材料使他得到不同的触觉经历，成为日后触觉认物的基础。

宝宝反射性握紧只能坚持一小会儿，多练习后握物时间可略延长，这种练习能促进手指强壮，促进前臂前方屈指肌群和后方伸指肌群的发育，为下一步握物打下基础。

趴着自己转头

目的　锻炼颈部肌肉，渐渐由转头至抬头。

前提　出生 10 天以后。

方法 在两次哺乳间隔清醒时，将宝宝趴着放在床上成为俯卧位。此时宝宝会自己将头部侧转，让出鼻孔以便呼吸。如果宝宝还不会自己转侧，可由大人帮助，每天练习2~3次，几天以后宝宝就会自

图1-11 趴着学转头

己将头部侧转（图1-11）。此时可用摇铃棒在宝宝头顶方向摇动，诱导宝宝抬起眼睛观看，渐渐将头部抬起。

开步走

目的 延长步行反射，练习迈步。

前提 在硬床或木桌子上。

方法 托住宝宝腋下，用拇指支撑宝宝头部防止后仰。让孩子足部站在硬板上，孩子会协调地迈步。这是宝宝特有的行走反射，是先天的非条件反射。从出生第8天起每天练习3~

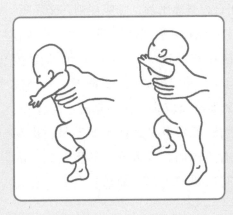

图1-12 练习迈步

4次，每次3分钟，练习时加上口令"开步走"，使宝宝有听觉和体能的配合，渐渐形成条件反射（图1-12）。有了这种练习以后，宝宝就能扶站迈步，到10个月前后就能独走。如果不锻炼，先天的行走反射会在五六天消失，

孩子要在 13～15 个月时才能独自行走。动作训练可促进大脑、小脑和前庭系统的发育，有利于视、听和身体平衡的配合，使孩子动作灵活协调，视听范围扩大，促进智力发育。

注意：早产和低体重儿，体弱和佝偻病儿，病后恢复期间及宝宝抗拒扶站时，都不宜勉强练习。一些宝宝特别喜欢行走，家长要注意每次只练 3 分钟，扶走 10 余步就要让宝宝休息，因为宝宝骨骼尚未硬化，不宜负重。

教育顾问

🎠 新生儿具有神奇的能力

过去认为新生儿只会睡、哭和吃奶，实际上新生儿具有令人意想不到的能力。新生儿会看、能听，有嗅觉、味觉和灵敏的触觉。不过这些能力和新生儿的状态有密切关系。新生儿有六种状态：①深睡：眼闭合，身体平静，呼吸规则；②浅睡：眼虽闭合，但面部表情丰富，有微笑、皱眉、噘嘴等，身体有少量自然活动，呼吸不规则；③瞌睡：眼可半张半闭，眼睛闪动，有不同程度的躯体运动；④安静觉醒：眼睁开，显得机敏，活动少，对视、听刺激有反应；⑤活动觉醒：眼睁开、活动多，不易集中注意力；⑥哭：对感性刺激不易引出反应。新生儿在不同状态有不同的行为表现。新生儿状态和成人相似，但每种状态持续时间不同。如新生儿每天要睡18～20 小时。

（1）新生儿有看的能力：新生儿生下来第一天就喜欢看

图案，不喜欢看单一色的屏幕。他们对类似人脸图形的兴趣超过对其他复杂的图形。要使新生儿看清物体，应将物体放在距眼 29 厘米左右处。如给新生儿看红球，当新生儿觉醒时，持红球距宝宝的脸约 10 厘米处轻轻晃动。当宝宝看到后慢慢地移动红球，宝宝的眼和头能追随红球移动的方向，头从中线位向左或向右转动，有时会稍稍抬头向上看，有的还会转动 180 度看红球。给宝宝看你的脸时，你可以说话或不说话。当宝宝注视你后，慢慢移动你的头向宝宝一侧，然后另一侧，宝宝会不同程度地转动眼和头部，追随你脸移动的方向。90% 以上的新生儿都有这种能力。新生儿会追随移动物体看，这是大脑功能正常的表现。

（2）新生儿有听的能力：新生儿对声音有定向力。用一个装有黄豆的小塑料盒，在婴儿看不到的耳边轻轻地摇动，发出柔和的咯咯的声音，新生儿的脸显得警觉起来，他的头和眼转向小盒的方向，并用眼睛寻找声源。在另一侧耳边摇动小盒，头会转向另一侧。然后父母用温柔的声音在新生儿耳边轻轻说："小宝宝，转过来看我，来来来!"他会转过来看你，换一侧呼唤，他又转向另一侧。宝宝不爱听尖锐、过强的声响，当听到这类噪音时，头会向相反方向转动，或以哭表示拒绝这种干扰。

（3）嗅觉、味觉和触觉：新生儿 5 天时，能区别母乳和其他母亲奶的气味。出生第一天，就表现为对浓度高的糖水有兴趣，吸吮强，吃得多。新生儿触觉是很敏感的。有的宝宝哭闹时，只要用手放在他们的腹部或同时限制婴儿的双臂就可使他们安静下来。

（4）新生儿具有和成人交往的能力：新生儿和父母或看护人交往的重要形式是哭。这些正常新生儿的哭有很多原因，如饥饿、口渴、尿湿等等，还有在睡前或刚醒时不明原因地哭闹，一般在哭后都会安静入睡或进入觉醒状态。年轻父母经过 2～3 周的摸索就能理解宝宝哭的原因，并给予适当处理。新生儿还用表情，如微笑或皱眉及运动等使父母体会他们的意愿。过去认为在父母和新生儿交往中，父母起主导作用，实际上是新生儿在支配父母的行为。

（5）新生儿具有运动能力：胎儿在子宫内就有运动，即胎动。出生后新生儿已有一定活动能力，如新生儿会将手放到口边甚至伸进口内吸吮。四肢会做伸屈运动，当您和宝宝说话时，宝宝会随音节有节奏地运动，表现为转头、手上举、伸腿类似舞蹈动作，还会对谈话者皱眉、凝视、微笑。这些运动和语言的韵律是协调的，有时宝宝手试图去碰母亲说话的嘴，实际上宝宝是在用运动方式和成人交往。新生儿还有一些反射性活动，如扶起直立时会交替向前迈步，扶座位时头可竖立 1～2 秒或以上，俯卧位有爬的动作，口有觅食的活动，手有抓握动作，并有抓住成人的两个手指使自己悬空的能力。

（6）新生儿具有模仿能力：新生儿在安静觉醒状态，不但会注视你的脸，还有模仿你脸部表情的奇妙能力。当面对面和宝宝对视时，你慢慢地伸出舌头，每 20 秒钟一次，重复 6～8 次。如果宝宝仍注视着你，他常会学你的样子，将舌头伸到口边甚至口外。宝宝还会模仿其他脸部动作和表情，如张口、哭、悲哀、生气等。不模仿的新生儿也是正常的，只是他们不愿意和你玩这种游戏罢了。

 如何从新生儿期开始进行早期教育

从出生到 2 岁是大脑生长发育最快的时期，良好的刺激对婴儿大脑结构和功能的发育极为重要。研究证明从新生儿期开始早期教育可以促进婴儿智力发育。当宝宝觉醒时，可以和他面对面地说话，当宝宝注视你的脸后再慢慢移动你的头的位置，设法吸引宝宝的视线追随你移动的方向。在宝宝耳边（距离约 10 厘米）轻轻地呼唤婴儿，使他听到你的声音后转过头来看你，还可以利用一些能发出柔和声音的小塑料玩具或颜色鲜艳的小球等吸引宝宝听和看的兴趣。在宝宝床头上方挂一些能晃动的小玩具、小花布头等，品种多样，经常更换，可锻炼宝宝看的能力。平时无论喂奶或护理新生儿时，都要随时随地和宝宝说话，使孩子既能看到，又能听到你的声音。也可播放一些优美的音乐给宝宝听。经常爱抚宝宝，使宝宝情绪愉快，四肢舞动。有时俯卧，可锻炼宝宝抬头和颈部肌力。但新生儿很容易疲劳，每次训练时间仅数分钟。疲劳表现为打哈欠，喷嚏，眼不再注视你，瞌睡或哭等，应暂停片刻再进行。要细心理解宝宝哭的原因，给予适当处理，利用声音和触觉刺激给予安慰。

对于在出生前后由于窒息、早产、颅内出血或持续低血糖等原因可能影响智力发育的高危儿，更应从新生儿期开始进行早期教育，因为此时宝宝大脑发育不成熟，可塑性强，代偿能力好，早期教育可以收到事半功倍的效果。研究证明早期教育可有效预防这些高危儿出现智力低下。

锻炼园地

皮肤抚摩

目的 增加爱抚，使孩子感觉舒适，活动肢体，促进血液循环。

前提 无皮肤损伤，觉醒状态。

方法 在宝宝觉醒时，父母用手抚摩宝宝的胸背和四肢，轻拍各个部分，同孩子逗乐。宝宝啼哭时，可抱孩子贴在父母胸膛及听母亲的心跳声。宝宝与父母肌肤的接触既可以传达温馨的爱抚，也可以使宝宝回味在子宫内经常与母体接触的快感。如果宝宝生活在没有人抚摩和拥抱的情况下，啼哭次数增加，称为"皮肤饥饿"。家长定时为宝宝做皮肤抚摩，常常梳头、摸手心、足心等，如同喂奶一样可使宝宝得到满足。宝宝往往喜欢父亲拥抱，因为父亲抱得紧些，使宝宝获得皮肤更密切的接触。

抚摩一般在宝宝觉醒时，隔着一层衣服，用手轻轻抚摩宝宝的四肢、胸腹部和手脚。每次 3～5 分钟，每天 5～6 次。

照顾宝宝的母亲一定要注意，在给宝宝做皮肤抚摩之前，要把手上的手表、戒指等金属物去掉，剪好指甲，并用肥皂将手清洗干净。

按摩操

1. 手臂按摩

方法 让宝宝仰卧，母亲将左手拇指伸到宝宝右手掌中，用其余手指轻轻扶持宝宝的手。
母亲用右手从宝宝手腕到肩的
方向轻轻地、缓慢地用适当的
力量按摩右臂（图1－13）。先
内侧后外侧。之后按摩左臂，
左右各做六七次。

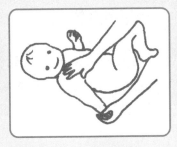

图1－13　手臂按摩

2. 腿部按摩

　　方法　①让宝宝仰卧，母亲用手掌轻轻将宝宝右脚握住，
左手从宝宝右脚尖到臀部方向分别对小腿、大腿的外侧与
后侧进行按摩（图1－14）。之后按摩左腿。左右各做六
七次。

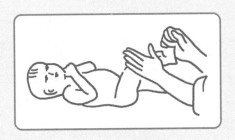

图1－14　腿部按摩

　　②母亲用左手轻握宝宝右脚后跟部。右手拇指、食指与中
指形成一个圆，从宝宝脚后跟向膝部方向按摩小腿，反复四五
次。然后按摩另一条腿。

　　3. 背部按摩

　　方法　让宝宝俯卧，母亲用左手握住宝宝的脚，用右
手背在宝宝脊柱两侧从臀部向头部方向交替按摩6～7次
（图1－15）。

4. 脚部按摩

方法 让宝宝仰卧，母亲用左手掌贴于宝宝右脚后跟，握住右脚（图 1 - 16），先用右手从宝宝趾根部向脚腕方向按摩脚背 4～5 次。然后从脚腕的上部向小腿方向按摩6～7 次。换手按摩脚底前部向脚后跟部按摩 4～5 次，接着从脚后跟上部向腿肚方向按摩6～7 次。换另一只脚按摩。

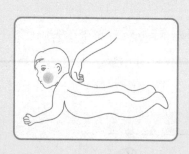
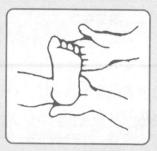

图 1 - 15　背部按摩　　　　　图 1 - 16　脚部按摩

注意事项：在给宝宝做按摩时既不能用力过度，也不应过于轻柔，因为动作过于轻柔会使宝宝感到不舒服，所以轻柔中应有一定力度。

怎样判断新生儿外观是否正常

为了正确作出判断，必须先熟悉新生儿的特点。新生儿头相对大，躯干长，头部和全身的比例为 1：4，而成人为 1：8（图 1 - 17）。胸腹部呈圆桶状。四肢相对较短，常为屈曲状。现在按身体的部位分别描述新生儿外观的特点。

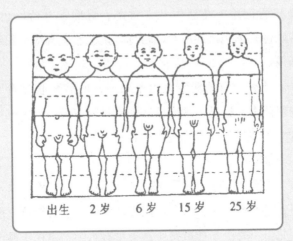

出生　2岁　6岁　15岁　25岁

图 1-17　新生儿头大、躯干长、四肢短

1. 皮肤

新生儿皮肤柔嫩，红色偏粉，有一层薄的毳毛。新生儿皮肤可有以下特点。

（1）胎脂：出生后，皮肤覆盖一层灰白色胎脂，有保护皮肤的作用。在皱折处胎脂宜用温开水轻轻洗去，新生儿皮肤柔嫩，易擦伤而引起感染，一定要保护好皮肤。

（2）黄疸：生理性黄疸多在出生后2~3天出现，表现为皮肤和眼球白色部分变浅黄，一般持续一周后消失。如果黄疸出现时间早，表现严重，并超过2周时为不正常，应找医生看病。

（3）新生儿红斑：常在生后1~2天内出现。皮疹大小不等，散布在头面部、躯干及四肢。宝宝无不适感，皮疹多在1~2天内消退。

（4）粟粒疹：在鼻尖、鼻翼、颊、颌面等处，常见到因皮脂腺堆积形成针头样黄白色的粟粒疹，脱皮后自然消失。

（5）青记：一些新生儿在背部、臀部常有蓝绿色色斑，此为特殊色素细胞沉淀所致，俗称青记或胎生青痣。随年龄增长而渐退。

（6）青紫：有的新生儿由于寒冷，四肢皮肤有青紫，保暖后青紫消失，这是正常现象。如果口唇或舌头青紫或保暖后皮肤青紫不消失，应去找医生检查。

2. 头面部

（1）颅骨：颅骨软，骨缝未闭，具有前囟及后囟。初生时因颅骨受产道挤压，常有不同程度的变形、骨缝可重叠。有的新生儿出生时由于产道挤压，头皮有水肿，常在头颅中央偏后，又称先锋头，数天后水肿逐渐消退。还有一种是头颅血肿，偏于头颅一侧，需很长时间才能消退，如发现头颅血肿应请医生检查处理。

（2）口腔：牙龈上可见黄白色小颗粒，俗称"马牙"，是由上皮细胞堆积或黏液包囊形成的，可存在较长时期，切勿挑破以防感染。硬腭中线上可见大小不等的黄色小结节，约有 2～4 毫米直径大，亦是由上皮细胞堆集而成，数周后消退。

（3）胸部：生后 4～7 天常见有乳腺增大，如蚕豆或核桃大小，或见黑色乳晕区及泌乳，2～3 周可消退，这是由于母体内分泌影响造成的，切不可挤压，以防感染。

3. 生殖器

（1）假月经，一些女婴在生后 5～7 天有灰白色黏液分泌物从阴道流出，可持续二周，有时为血性，俗称"假月经"。这是由于分娩后母体雌激素对胎儿影响中断造成的。一般对健康无影响。

（2）隐睾：男婴大多数两侧睾丸已下降。有些新生儿出生时睾丸下降不全，称隐睾症，表现为阴囊空虚，摸不到睾丸。可单侧也可双侧性。但 1 岁前，尤其出生后 3 个月内隐睾可能自行下降。如果过了 1 岁隐睾仍不下降，以后再下降的机会便少了。家长应带孩子找外科医生看病。隐睾不治疗的最大危害是引起孩子今后不能生育，还有可能变成恶性肿瘤。所以，家长应重视隐睾的治疗。

4. 姿势

正常足月新生儿仰卧位时能平躺，颈部与床间几乎无空隙；四肢完全屈曲，双手轻松握拳拇指外展与其他手指分开，当安静或睡眠时能自发地伸展闭合；将头保持在身体的中轴线位时，两侧肢体对称，两侧上肢下肢姿势应是相似的（图 1 – 18）。

图 1 – 18　正常新生儿仰卧位能平躺

如果仰卧时新生儿不能平躺，颈部与桌面有空隙或手紧握拳，拇指内收且被其他手指包住，不能自行张开，四肢伸直，两侧不对称，要考虑有异常，需要进一步观察或请大夫诊断。

为什么新生儿皮肤会发黄

正常新生儿在出生后 2 ~ 3 天皮肤开始发黄，4 ~ 6 天时黄得最重，可呈浅杏黄色，7 天后开始减轻，大约在二周左右黄色基本消退，早产儿皮肤发黄的时间可达 3 ~ 4 周，而且程度

要比足月儿重些，这种现象是正常的，称生理性黄疸。黄疸是由于体内蓄积的胆红素含量超过 1 毫克。新生儿的胆红素代谢和成人不同，首先是胆红素产生的量多，按体重计算为成人的一倍多，新生儿肝脏摄取和处理胆红素能力极差，加上肠道内无细菌，而有一种酶，它使肝脏中已结合的胆红素分解为未结合胆红素。从肠道吸收再达肝脏，因而加重了肝脏的负担。这种黄疸不太重，波及范围仅限于脸面躯干，不影响宝宝的精神和食欲，尿不黄而大便为黄色。

保健之窗

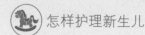 怎样护理新生儿

胎儿自出生后至 28 天叫新生儿，这一时期是宝宝生活环境变化最大的时期。胎儿在子宫内环境稳定，恒温，不受病菌直接侵袭，也不用自己摄食，出生后环境冷热不同，干湿不定，自己要吃奶，消化功能开始运行，有了大小便，自己要呼吸，心脏的血液循环也改变等等，真是换了人间。但新生儿自己生活能力弱，抵抗力差，家长做好新生儿的护理，顺利地度过这一时期至关重要。

1. 居室

空气要新鲜，时常开窗通气，最好选朝南房为新生儿居室，有利于阳光照射，室内光线不宜过强。经常湿擦家具、地板，保持卫生。避免生人接触和过多的人探视，保持安静、和谐的环境。

2. 脐带

脐带是新生儿的一个创面，易受病菌入侵，应盖上消毒纱布，不要沾水，防止感染，一般在出生后 3 ~ 7 天，脐带自然脱落，脱落后局部仍应保持干燥、清洁。若局部红肿有分泌物，应涂消毒药水，如 75% 酒精、1.5% 碘酒等，必要时找医生诊治。

3. 宝宝洗澡

新生儿出生 24 小时后即可洗澡，最好每天中、晚给宝宝各洗一次澡，洗澡可清洁皮肤，促进血液循环和新陈代谢，是很好的锻炼身体方法。

洗澡时间：早晨起床和晚上喂奶后 1 个小时。

洗澡用品：准备专用小浴盆，干净衣服，包被，大小浴巾，尿布，婴儿浴皂。

洗澡前准备：母亲或助手先把自己的手洗干净，把新生儿替换的衣服、尿布、包被按穿的顺序依次摆好，向洗净的澡盆内先倒冷水后再加热水，水温 38℃ ~ 39℃，以大人的肘关节探入水中不烫为宜（图 1 - 19），然后脱去宝宝的衣服。

洗澡顺序：从上到下，先洗脸、头、颈部、上半身、下半身。

（1）用一张大毛巾包裹宝宝全身，将宝宝夹在妈妈腋下，左臂抱住宝宝，左手托住宝宝的头，左指及中指夹住宝宝的两侧耳朵，让耳郭前翻，堵住耳孔，防止水流入耳中（图 1 - 20）。

（2）先洗脸、洗头。将专用洗脸小毛巾沾湿，给宝宝轻擦眼、嘴、鼻、面、额及耳朵，然后用水打湿宝宝头发，在手

上抹少许婴儿皂洗头部，然后清水洗净擦干即可。

图 1-19　试水温

图 1-20　用手堵住耳孔

（3）洗颈部及上、下身。解开毛巾，将宝宝放入盆中，左臂托住头、背和腋窝，从颈部开始依次洗净上、下身，注意要用手轻轻擦洗腋窝、肘窝、大腿根部的皮肤皱褶处。

（4）生殖器的清洗。女婴会阴部有分泌物时，要用水从前至后洗净。男婴阴茎包皮较长时，需翻开洗净。

（5）洗完后用干浴巾包裹宝宝，放在床上，轻轻擦干后，在皮肤皱褶处扑些宝宝痱子粉。如果脐部伤口没愈合，可用棉签蘸75%酒精从中间向外消毒。然后包好尿布，穿衣包好，即可喂奶。

（6）注意事项。①宝宝脐带未脱前应上下身分开清洗，不要把宝宝放入水中。②洗脸及洗全身均可不用宝宝皂及其他洗剂，仅洗头用少许宝宝皂即可。③新生儿洗澡时间不宜过长，5～7分钟完成。满月后洗澡时间可逐渐增加，如夏季可增加到15分钟左右，这要根据宝宝的身体状况而定。④洗澡水的温度，满月后也可逐渐降温，结合洗澡进行水浴锻炼，但这需要家长根据宝宝的健康状况，不可操之过急。

4. 大小便观察

新生儿每日大便 1 ~ 3 次，母乳喂养儿的大便呈糊状、黏性大，金黄色，牛乳喂养儿大便呈软膏状，淡黄色。大便次数增多，水样便，有黏液，带血色，应去医院诊治。新生儿小便次数多，若 6 小时无尿可能为脱水，应增加喂母乳次数，牛乳喂养者多喝水。

5. 尿布及其换洗

尿布要用轻便、柔软、吸水性强、耐洗、厚薄适宜的棉布制作，最好用浅色的棉布，做成长 0.5 米，宽 0.25 米，厚三层。新棉布和化纤布不吸水，刺激宝宝皮肤，不宜作尿布。也可用一次性消毒尿布。

新生儿大小便次数较多，要勤换洗尿布，先洗净新生儿臀部，给女婴洗时，将干净水从会阴部向肛门方向冲洗，洗完擦净。有尿布疹时，臀部要保持干

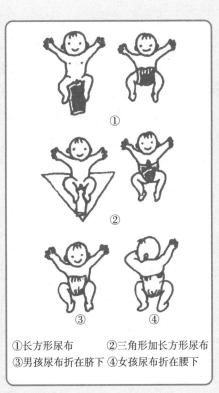

①长方形尿布　②三角形加长方形尿布
③男孩尿布折在脐下　④女孩尿布折在腰下

图 1-21　尿布的使用方法

燥，用 100 瓦灯泡，相距 50 厘米处照射臀部，每日 2～3 次，每次 15 分钟，再涂 1% 的鞣酸软膏。

换尿布前，将尿布折成三角形，将折成长方形的尿布竖着放于其上，一手提起新生儿的两脚，使臀部离开床面，再将尿布放于臀部下方，然后系好三角形尿布（图 1－21）。

尿布要及时洗净。再用开水烫、除去尿酸，经漂洗后晒干使用。

6. 穿衣及包裹

新生儿的衣服要宽大、柔软，呈和尚服式样。将包被和衣服平放在床上，新生儿平躺在衣物上，先将新生儿的一只胳膊伸入一侧袖子里。拉出小手，再将另一只手套入另一侧袖子内，拉平后背衣物，合好衣襟，兜上尿布。包裹新生儿不要将四肢绑直捆紧，不利于小儿的生长发育。正确的方法是用包被从新生儿腋下将下身裹住，裹好后可伸进手指，宝宝的双腿呈自然的屈曲，特别是髋关节，要自然屈曲，此时股骨头刚好在髋臼内，促进髋臼发育，防止先天性髋脱臼（图 1－22）。夏季天气炎热时，不需包裹，系上尿布即可。

①先将衣物平放　　②包裹不宜过紧

图 1－22　给宝宝穿衣

7. 宝宝小便训练

通过胎教的宝宝在出生的第一天就可进行把尿训练，当宝宝睡醒时，就可提起宝宝双腿给把尿，边把边作"嘘嘘"声，以便建立条件反射，一般经过几次把尿，宝宝就会形成条件反射。

注意：每次把尿时间不宜过长，1 ~ 2 分钟宝宝无尿就需停止，等宝宝下次醒时再把。

新生儿如何度过寒冷的冬季

新生儿的体温调节功能差，怕冷，如果宝宝持续处于寒冷的环境，可导致体温明显降低，食欲降低或拒食，倦怠，面部发红、水肿等一系列症状，严重损伤宝宝的健康，因此，在冬季保暖对新生儿来说非常重要。

整个新生儿期保暖都是非常重要的，如果家中备有空调设备，最好室内温度保持在 21℃ ~ 25℃，相对湿度为 50% ~ 60%。新生儿腋下温度维持在 36℃ ~ 37℃ 最为合适，宝宝在此温度时，不需出汗散热，也不需增加氧的消耗。产热量低，呈平衡状态。

暖气取暖，室温往往低于 25℃，可给宝宝盖上棉被，能让宝宝腋下温度维持 36℃ ~ 37℃ 即可。

有的家庭需自己烧煤，烧木炭取暖，一定要注意不要把取暖的火炉放在宝宝的室内，以防煤气中毒，可用多个热水瓶（袋）事先用棉套包好，放在离宝宝 10 厘米远处取暖用，也是较好的办法，但注意防止烫伤。

总之在冬季一定要注意给新生儿保暖，并注意在保暖过程中防止意外事故发生。

 新生儿如何度过炎热的夏季

气温对新生儿的影响极为明显，如果环境温度过高，宝宝的体温将会升高，导致发热或呼吸困难及其他症状，因此一定要注意，在夏季防止室内温度过高。

新生儿的房间一定要通风好，要经常开窗换气，并注意不要让宝宝包裹得太多，最好及早让宝宝穿上裤子，这样比包裹时容易散热；人工喂养的宝宝要多喂水。

如果家中有空调设备，室温最好保持在 20℃ 左右，相对湿度为 50% 为宜。温度切不可调得过低。

如果家中无空调设备，而天气极为炎热时，可采用电风扇降温，注意电风扇不能直接对着宝宝吹，可放在较远处；并可在地面洒水来降温，总之要尽可能让室内温度不能过高，保持新生宝宝腋下体温为 36～37℃ 为适宜。

 宝宝哭闹的鉴别与处理

哭闹是小宝宝表达其痛苦、不适或要求的一种表现。宝宝哭闹分生理性哭闹和病理性哭闹。

（1）生理性哭闹："哭"是孩子一种本能性反应，正常孩子哭声洪亮、有力、均匀、缓和，有一定规律。

宝宝饥饿，可出现饥饿性啼哭，以手指触及嘴角，小儿就会转过头寻找奶头，喂奶后啼哭停止，喂完奶后，得到满足即可入睡。

宝宝无规律性哭闹，哭声大、突然，仔细检查无病理情况时，可考虑喂养不当、卧位不适，尿湿，臀红及臀部皮肤糜烂，虫咬，或者肠蠕动加剧要大便等，遇到这种情况要仔细找原因，去除原因后即可停止哭闹，安静入睡。

（2）病理性哭闹：小儿由于疾病引起身体不适或疼痛所致的哭闹叫病理性哭闹。

中枢神经系统感染、颅内出血等疾病哭闹，音调高，哭声急呈脑性尖叫，伴有发热、头痛、呕吐等，应立即请医生进一步诊治。

急腹症，肠叠套的哭闹为阵发生、嚎叫不安，脸呈苍白色，出汗。

肠痉挛腹疼，哭声无力，时隐时现，并阵发性加重，多有寒冷刺激或咽部感染诱因。

小儿夜哭不止，烦躁不安，易惊，多汗，可出现在佝偻或低钙性手足搐搦。

营养性疾病、营养不良等，小儿好哭，哭声无力、烦躁、消瘦、体质虚弱。

发热引起的哭闹，小儿烦躁不安，面红耳赤，以手摸小儿头部或身上有发烫感觉。

某些感染性疾病，如中耳炎、皮下坏疽、皮肤感染等，小儿哭闹异常、规律、变音，若一时查不出原因应及早到医院诊治。

总之，宝宝哭闹必有原因，要及时排除造成哭闹的原因。如果原因排除，宝宝应安静下来。如果仍哭闹不止，找不出哭闹原因，应去医院请大夫检查。哭闹原因复杂，每个孩子哭闹的原因各异，应该根据每个孩子的情况仔细分析。

注意预防意外事故

因宝宝年小体弱，活动能力弱，防御能力差，需特别保护，以防意外损伤。

（1）防寒冷损伤：冬季天冷，刚出生的新生儿要注意保暖。否则新生儿体温降到 35℃以下，皮肤暗红或伴黄疸，四肢或全身冰冷，皮肤变硬似硬橡皮样，以小腿、大腿、臀部、面颊较多见，重者胸腹硬肿，呼吸困难，酸中毒，肺出血。早产儿更多见。医学上称新生儿硬肿症或新生儿寒冷损伤综合征。其预防措施是避免早产，小儿居室应注意保暖，新生儿出院前事先提高室温，准备好干热绒毯，加强新生儿护理等。

（2）防窒息：小宝宝不要睡太软的床和大而软的枕头，最好单睡一张小床。小床上不要放衣物、玩具、绳子等，以免套住宝宝的颈部或堵住宝宝的口鼻。若小宝宝与大人同床，最好分被睡，若与大人同床、同被更应小心，不要让被子捂住口鼻而窒息，医学上称捂被综合征。

（3）防烫伤：喂牛奶时，先将牛奶滴在手背上试温；用热水袋保暖时，水温在 50℃左右，拧紧塞子以防漏水，用毛巾包好放在垫被下面，距宝宝皮肤 10 厘米左右；洗澡时，先试温，不要将宝宝放在热水管下冲洗。

（4）防溺水：给宝宝洗澡，一定要专心，即使有电话，或其他事也应待洗好后再接，在非去不可时，也要用毛巾包好宝宝并放在安全可靠处。不能将宝宝留在盆里。

（5）防煤气中毒，冬天生火炉取暖，要注意室内空气流通，安装烟筒，防煤气中毒。

（6）防动物咬伤：养猫、狗等宠物的家庭，应将宠物转移到别处，同时关紧门窗，防止动物钻进室内伤害宝宝。有老鼠的居室要积极灭鼠，同时宝宝吃奶后，用湿毛巾轻擦口鼻，以免被老鼠咬伤。

（7）防跌伤：不能把孩子单独放在没有栏杆的小床上，不要把孩子单独放在桌上、椅子上等高处。否则很容易摔下来，如果有事离开，一定要把孩子安顿好才能短时离开。

 预防佝偻病宜从新生儿开始

1. 补充维生素 D

孩子出生后 14 天开始常规服用维生素 D。每日 400～600 国际单位，约合浓缩鱼肝油滴剂，每日 2～3 滴。早产儿、双胎儿更应重视佝偻病的预防性服药。

2. 多晒太阳

宝宝满月后，在风和日丽的季节要抱孩子到户外晒太阳，开始时每日 5～10 分钟，待习惯后每隔周增加 5 分钟，逐渐增加到每日外出 2～3 小时，冬天可在避风的阳光下晒太阳，夏天炎热，可在阴凉处玩耍。户外活动可提高婴儿抗寒能力，少患感冒，更重要的是婴儿皮肤接触日光照射后，紫外线作用在皮肤下面的 7-脱氢胆固醇，使其转变成维生素 D_3，促进钙的吸收，从而达到预防佝偻病的目的。

3. 补充钙剂

孩子生长发育非常快，早产儿、双胎儿生长发育更快，骨骼发育需要钙的补充。0～6 个月的孩子每天需要钙 400 毫克，6～7 个月的每天需要钙 600 毫克才能满足生长发育的需要，补钙的方法有以下几种。

（1）食物补钙，这是主要的补钙方法，让孩子多吃含钙高的食物是补充钙剂最好最安全的办法。为了保证母乳中钙的含量，哺乳的母亲也应多吃含钙量高的食物。要适当地服维生素 D 和钙剂，每日需钙 1500 毫克，为普通人的两倍，可补充母乳中钙的含量，和哺乳所造成的钙的丢失。

（2）补充钙剂，如果饮食中钙摄入不足，孩子缺钙明显，应在服维生素 D 的同时，服用钙剂，各种钙剂含钙是不同的，若每日要补充 400 毫克钙，需要 40% 碳酸钙 1 克，13% 乳酸钙 3 克，8% 的葡萄糖酸钙 5 克。

 注意卡介苗接种后的反应及复查

按照我国儿童免疫程序，卡介苗的接种时间为初生时一次，7 岁和 12 岁各复种一次。婴儿一般在出生 24 小时内，进行卡介苗直接接种。接种后发给 1 张卡片，上面注明，婴儿出生 3 个月时，应到当地结核病防治所作卡介苗接种后的复查，以检查疫苗接种效果。但有些家长往往忽略了这一步骤。

卡介苗是一种减毒的活疫苗，主要用于预防结核病。结核病为结核杆菌引起的慢性全身性传染病，易感者主要是小儿。卡介苗受种者的体内能产生对结核病的免疫力。一次接种免疫力可达 10～15 年。接种后一般无全身性反应。接种的局部在 2～3 周左右出现红肿硬块，逐渐形成小脓包，可自行吸收或穿破呈小溃疡。这时在溃疡处涂以 1% 甲紫（俗称紫药水）或 10% 磺胺油膏，会逐渐愈合。2～3 个月愈合后留下一永久性略凹陷的圆形疤痕。这局部反应的过程为正常反应。也说明接种是有效果的。

如果接种局部未出现上述反应，应在孩子出生 3 个月时到当地结核病防治所作卡介苗接种后的复查。

发育测评

 发育测评表的意义及使用方法

1. 意义

发育测评表中有六个栏目：大肌肉运动（大动作），小肌肉运动（精细动作），认知能力、语言理解、社会行为和自理能力。每个栏目内有若干项目，应在规定的月龄学会。这些内容是根据儿童生长发育的规律、典型发展状况，以及通过大量观察和实际测评而设计的。目的是让家长早期发现孩子潜在的能力，并及时给予提高和开发，或者存在哪些不足，及早给予帮助和纠正。小儿第一年由躺卧到会走经历许多变化；第二年以语言发展为主，但发音和理解词汇发生在 1 岁以内。第三年开始发展思维，又要以语言作为基础。婴幼儿发育一环扣一环，既有连贯性也会有飞跃性。每个项目都有发展的关键时期，一旦测出某一项还未学会，就应抓紧在关键时期内赶上。

2. 使用方法

0～1 岁婴儿在每个月末要做一次全面测评，1 岁以上可按表上规定时间测评。选用同年龄组的发育量表对孩子进行各项目测评。

如果宝宝在规定时间内学会或提前学会某一项目，可以开始学习下一个月本栏目内的若干小项目，使潜能早日开发。如果宝宝不能做到本月的某一小项或整个栏目，也请家长不要着急，可能上个月的要求还未达到，不如先将上个月本栏目中每一项再温习巩固，渐渐进入本月项目。每个孩子都有自己的特点，在六个

栏目中发展进度不尽相同。有些在大肌肉活动中，体能占优势；而另一个孩子在认知或语言上较优。或者孩子因生病或喂养不当整体发育较慢，待身体恢复之后可出现飞跃性的进步。

所以家长在做发育测评时要注意以下几点。

（1）不要只针对发育测评表中的项目进行训练，而要从不同方面，不同角度来培养和教育孩子，要考虑智力因素，也要考虑非智力因素，不仅注意某一特长爱好培养，更应注意全面发展。

（2）家长在做发育测评时，不仅要注意孩子通过了哪些项目，没有通过那些项目，而且要通过测评，来指导下一个周期的教育方案和重点，对于优势项目进一步培养，对劣势项目要加强训练，真正为有目的、有计划地去早期开发孩子的潜力服务。

（3）不要把测评的结果与别的孩子比较，只是与同年龄组儿童的常规及平均能力比较就可以了，因为每个孩子都是不同的，各有各的优劣。测评的目的是为了发掘孩子的潜力及克服不足，促进孩子发展。

0~30 天发育测评表

分类	测评方法	项目通过标准
大动作	宝宝趴在床上，双臂放在头两侧，脸侧在枕头上，用摇铃逗引使宝宝抬头（在 7~10 天后宝宝能左右转头时才开始测试） 扶宝宝双腋站在硬板上，宝宝自己迈步	满月时俯卧抬头，下巴离床 3~5 秒 扶腋站在硬板上能伸腿迈步
精细动作	宝宝手指松开，放入笔杆或铃棒能紧握片刻（3~5 秒），然后掉下	可握笔杆 2~3 秒

续表

分类	测评方法	项目通过标准
认知能力	自画黑白父母画像和黑白条纹图案轮流挂在宝宝床左右侧，记录凝视时间	初看新图凝视10~13秒，看熟后缩短到3~5秒
	用塑料瓶装绿豆20颗，在看不到处离耳15~20厘米，摇响，或听音乐看孩子是否能停止活动集中听	有皱眉，眨眼，纵鼻或四肢活动反应
语言理解	宝宝哭时大人发相同声音，宝宝会再发音作答，大人讲话时宝宝的口会张合模仿	除哭之外再发出不同声音或喉音
社交行为	家长用语言表情逗弄，也可用手指逗宝宝的胸脯，使宝宝快乐而报以微笑	经逗弄之后能报以微笑才算通过，睡前自发的脸部肌肉皱缩不能通过
自理能力	采取把的姿势，用声音、用便盆培养识把大小便	20天前后偶然成功，满月之前能完全识把大小便才算通过

第二章

第2个月

2~3个月发展目标

（1）俯卧能抬头，头能竖直。

（2）手指能自己展开合拢，能在胸前玩，会吸吮拇指。

（3）开始抓东西，但抓不准。

（4）眼睛能随物体移动。

（5）会转头寻找声源。

（6）能通过嗅觉、听觉、视觉辨认母亲。

（7）对新的声音和新的环境开始有觉察。

（8）开始发出"咿呀"声，会出声答话。

（9）逗引时会咯咯笑出声。

（10）懂得让人把大小便。

2~3 个月教育要点

（1）逐步建立起规律生活。

（2）适当让宝宝趴在床上练习俯卧。

（3）悬吊鲜艳、能动的玩具，让宝宝看、触摸和抓握。

（4）在不同的方位用不同的声音训练宝宝的听觉。

（5）适时抱宝宝到室外活动，观看周围的环境。

（6）尽量多地跟宝宝说话、唱歌、逗笑，培养好最初的母子感情。

生理指标

1. 体重

平均值　　男 5.6 千克　　　女 5.1 千克

平均增长　男 1.1 千克　　　女 0.9 千克

引起注意的值

高于　男 7.1 千克　　　女 6.6 千克

低于　男 4.3 千克　　　女 3.9 千克

2. 身长

男 54.4~62.4 厘米　　　平均值 58.4 厘米

女 53.0～61.1 厘米　　平均值 57.1 厘米

平均增长　男 3.7 厘米　　女 3.4 厘米

营养指导

 母乳喂养的有关问题

1. 母乳喂养要持续多长时间

母乳所提供的营养及乳量完全能满足出生后 4～6 个月以内宝宝生长发育的需要。所以在 4 个月前不必给宝宝添加其他食物。从 4～6 个月开始，宝宝增长速度加快，胃肠发育更成熟，适应及消化能力增强，需要添加辅食，但辅食意在辅助，母乳中的营养成分仍是宝宝所需要的。所以宝宝 4～6 个月之内最好是单纯母乳喂养，从 4～6 个月到 1 岁以母乳为主、辅以其他食物，逐步向母乳为辅过渡。母乳喂养最好能持续到孩子 1 周岁，若有条件，也可以继续喂至 2 周岁。

2. 母亲短时外出时的喂养

母亲应尽量将外出时间与给孩子喂奶的时间错开或给宝宝喂奶后外出，下次喂奶前返回。若做不到这样，可用手或吸奶器将奶挤出，放在冰箱中保存，在宝宝需要时给予哺喂。若母亲外出一天以上，可给宝宝喂奶粉等，母亲则应定时将乳汁挤出，以刺激乳汁的分泌，以免母亲回来后乳汁分泌减少，无法满足宝宝的需要。

3. 母亲生病时的喂养

母亲患一般疾病，如乳头破裂、乳腺炎、感冒、肠胃不适等，原则上并不影响母乳喂养。此时母亲体内的抗体可以通过乳汁传给宝宝，也可提高宝宝抵抗疾病的能力。这种情况下母亲用药应慎重，要告诉医生你正在哺乳，请医生帮助选择对宝宝无不良影响的药物。

乳头破裂：乳头破裂多是由于宝宝不正确的吸吮方式造成的，如只含住乳头，未将大部分乳晕也含在口中而造成了乳头皮肤损伤。正确的处理方法是每次喂奶先喂健侧，再喂患侧，喂奶后，将剩余奶挤出并留几滴奶涂在乳头上；哺乳间隔让乳房多暴露在空气或阳光中。保持乳头干燥，有助于乳头破损皮肤的愈合。

乳腺炎：母亲患乳腺炎，仅是乳腺管周围的组织有炎症，乳腺管内的乳汁仍是清洁无菌的。所以继续给宝宝喂母乳是安全的，母乳喂养同时还能减轻和防止乳腺炎的扩散。

慢性病：当母亲患有心脏病、高血压、糖尿病、肾脏病时，只要没有严重的并发症，可在医生的指导下坚持母乳喂养。

4. 什么情况不宜进行母乳喂养

母亲患传染病、属于急性传染期，患慢性病有严重并发症，治疗各种疾病时使用对宝宝有害的药物等情况下不能进行母乳喂养。母亲及其他家庭成员应为宝宝选择适当的母乳替代品，以保证宝宝的健康成长。

游戏时间

 哪幅图画最好看

目的 诱导视觉分辨和美感判断能力。

前提　已经能区别看熟了的黑白图形。

方法　在墙上挂上3～4幅彩图（妇女全身或半身生活彩图、儿童生活彩图、食物或动物彩图），竖抱宝宝观看挂着的彩图，一面看一面说图的名称，你会发现宝宝的视线长久落在其中一幅彩图上。每天重复1～2次，逐渐宝宝会对其中一幅显出特有的兴趣。一周后更换为另外的3～4幅彩图，如男人的广告、女孩漂亮的裙子、动物、车辆等。宝宝观看时大人要说出图中的人或物的名称，每次词句要一致，渐渐宝宝会选出他喜欢看的图画。这种图片每周更换一组，到第四周将每次选出喜欢的图片重新罗列展出，让宝宝在喜欢看的图片中选择最喜欢看的一幅。也可以将看过的图片按不同组合再展出，看看孩子在选择上有无改变。

 谁笑得最响

目的　诱导快乐气氛，促进面部表情肌发育。

前提　已经学会逗笑。

方法　父母面对着宝宝，用玩具、图画、做怪脸或做某种动作引导孩子笑出声音。宝宝往往特别喜欢某种玩具和某种动作配合，或者喜欢父亲做一种诙谐的动作或发出一种诙谐的声音并因此而高兴地笑出声音。这时，父母或在场的所有人都会不约而同地开怀大笑，要故意笑出声音使孩子应和。每天都要有几次这种笑出声音的练习，宝宝往往会形成笑的条件反射，一旦看到某种动作或声音时就十分容易开怀大笑。经常大笑而笑出声音就会使脸部表情肌发育，面部显得活泼可爱。早期少笑或不会笑的孩子面部表情肌不发育，面部显得呆板；一旦偶然出现的笑容给人以啼笑皆非的感觉。家长一定要多同孩子逗乐，大家都爽朗地大声笑，看谁笑得最响，使全家快乐。

 随音乐跳舞

目的 变换体位促进前庭平衡系统的发育，加强宝宝节奏旋律美的感受。

前提 在上月欣赏摇篮曲和过去胎教基础上。

方法 每天上下午各利用20分钟父母轮流抱着宝宝随音乐跳舞。在有节奏的旋律中摇晃着身体，共同享受着节奏和音乐的艺术美。宝宝的眼神缓

图 2-1 随音乐跳舞

和，脸带笑容，四肢会随着节拍而摆动。渐渐家长会发现孩子对某一段乐曲最有表情，显出了特异的爱好。

 动一动，响一响

目的 学会有目的地活动肢体，从而学会控制游戏。

前提 清醒状态。

图 2-2 戴上发响的镯子

方法 将带铃手镯松松地挂在宝宝手腕上或脚踝上。大人帮助宝宝动手腕使玩具作响，以后让宝宝自己活动（图 2-2）。初时他会全身滚动使玩具发声，几次之后他会试着活动上肢或下肢，最

后学会只动一个手腕就能发出声音。过几天可以更换手腕或踝部，而宝宝也会很快就试出来滚动哪个肢体能使玩具作响。每次当宝宝找对了都要给予表扬和鼓励，拍手说"好"！

目的　模仿发出 1～2 个元音如 a、o 等。

前提　啼哭之外能发出声音。

方法　大人面对孩子，做张口、吐舌及说话、发音，诱导宝宝发出单个元音如啊、喔，或啊咕、啊咕等声音。或者在宝宝自己发出声音时大人模仿，引诱宝宝作答。大人的口形要略为夸张，音要拉长，便于孩子模仿。当孩子高兴发出清楚的声音时，开始用录音机录下，在孩子清醒时播放，以诱导孩子更清晰地发出声音，通过训练有的孩子在本月就能发出 1～2 个元音。

 摸娃娃

目的　从无意识地碰摸到有意识去摸。

前提　手指松开，在清醒状态。

方法　在床栏上挂上自制的或购买的布娃娃或其他小玩具，孩子无意识地碰到它，产生了触碰的感觉，这种触摸就会诱使宝宝再次动手去碰它，渐渐从无意碰摸到有意去摸（图2-3）。床栏上的小玩具可以换为木线轴、塑料球、铃棒等不同质地的物

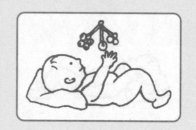

图2-3　触摸质地不同的东西

体，以增加触觉的范围，促进动作发展。

 拉拉手

目的 练习抓握，促进情感交流，社会性发展。

前提 手指松开，清醒状态。

方法 大人把食指放在宝宝手心让他握住，同他说"拉拉手""你好"（图2-4）。宝宝逐渐学会握住大人的手指，高兴地随大人上下左右摇动，长时间不松开。通过反复训练后，在6个月前后，当见到小朋友或见到熟人时，大人说"握握手"孩子就会伸手与别人握手。

 抬头看铃

目的 锻炼颈部肌肉。

前提 在两次喂奶之间，学会趴着转头之后。

方法 让宝宝趴在床上，在头顶方向摇动响铃，告诉他、"在这边"，引诱宝宝抬起眼睛观看（图2-5）。初时他用眼睛看一小会儿，头仍枕在床上，逐渐锻炼至颈部肌肉强健后，他整个头能向前看，下巴支在床上。每天要让宝宝趴在床上3~4次，从30秒开始，逐渐延长时间。用不同的玩具逗引，使宝宝颈部能支持头的重量。

图2-4　拉拉手　　　　　　图2-5　抬头看铃

哪种最香

目的　发展嗅觉。

前提　清醒状态。

方法　让宝宝闻闻妈妈的奶味，爸爸的汗味，以及各种家庭烹调用品的气味。如用筷子蘸醋放在孩子鼻前，宝宝会出现皱眉和撸鼻等表情。将剥开的大蒜、洋葱等分别放在宝宝鼻前，他会将头转开，作躲避的反应。也可将香皂放他鼻前，观察他出现的表情。

教育顾问

给宝宝提供丰富的视觉刺激

宝宝通过各种感觉器官输入大脑的刺激越多，孩子将来就越聪明。满月后，宝宝对色彩就有了反应，提供丰富多彩的视觉刺激，可以促进宝宝视觉，乃至大脑的发展。

为了给宝宝提供丰富的视觉刺激，爸爸妈妈要给宝宝布置一个丰富多彩的生活环境，在睡床的周围及整个房间里都有鲜艳的色彩，使他有机会看到一些鲜艳的颜色，如红、蓝、绿、黄等。还可在宝宝睡床的上方悬挂一些彩色玩具，如吹气塑料玩具、彩色气球或用彩纸折叠成的小玩具等等。这些玩具悬挂在宝宝胸部上方 70 厘米左右，还应经常换换位置，以免宝宝睡偏了头或造成斜视，而且每换一次位置宝宝都有一种新鲜感，还可以使宝宝从不同的角度认识同一个物体。悬挂的物品也经常更换，使宝宝能够感受到不同的色彩和形体。

除了上述做法外，还可以在小床周围的墙壁上张贴几幅大的有人脸图案的画片或者贴些用彩纸剪成的较大的简单的几何形体。当宝宝清醒且情绪好时，妈妈、爸爸可以用手指这些玩具或图片、画片让宝宝看，并轻轻地细语。

图2-6　给孩子丰富的视觉刺激

　　总之，父母应利用各种机会让孩子用眼睛去接受各种刺激，了解这个世界（图2-6）。

 0~1岁宝宝的适龄玩具

根据孩子发育特点，此阶段主要为宝宝提供一些促进知觉和动作发展的玩具。

1. 成长必备玩具

0~2个月　脸谱、哗铃棒、彩环或彩球

2~4个月　悬挂的塑料玩具、吊拿玩具

4~6个月　能捏响的软塑玩具，镜子，小积木

6~8个月　指拨玩具，吸盘小人或动物

8~12个月　有图大积木、各种形象的动物、图片、图书、大蜡笔

2. 参考玩具

0~2个月　八音盒、音乐旋转、拉响玩具

2~4个月　不倒翁、吸盘玩具

4~6个月　发条启动的小动物、小汽车

6～8个月　敲响玩具、软硬球

8～12个月　小套桶、滚筒、小推车、拖拉玩具

 母子健身操

第一节　两臂胸前交叉动作（图2-7）。

预备：让宝宝仰卧，妈妈将大拇指放入宝宝手心中，让宝宝握住，其余手指轻握宝宝手腕部。

动作：

（1）将宝宝两臂轻轻向左右展开肘关节伸直。

（2）将两臂向前移动，在胸前交叉。重复两个8拍。

图2-7　两臂胸前交叉

第二节　上肢交替伸屈运动（图2-8）。

预备：让宝宝仰卧，妈妈轻握宝宝手腕，使两臂向前平举。

动作：

（1）左臂肘关节屈曲。

（2）伸直还原。

图2-8　上肢交替伸屈

（3）右臂肘关节屈曲。

（4）伸直还原。

重复两个8拍。

第三节　下肢伸屈运动（图2-9）。

预备：让宝宝仰卧，妈妈双手轻握宝宝两脚踝外侧，双脚伸直。

动作：

（1）把宝宝两腿同时屈缩至腹部。

（2）还原。

重复两个8拍。

第四节　两腿伸直上举运动（图2-10）。

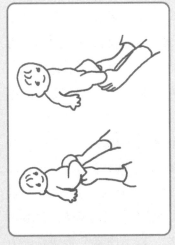

图2-9　下肢伸屈运动

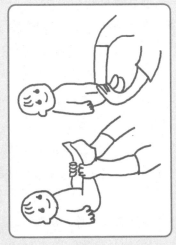

图2-10　两腿伸直上举

预备：让宝宝仰卧，两腿伸直。妈妈两手轻握宝宝膝部。

动作：

（1）把宝宝两腿上举与腹部成直角（臀部不离开桌面）。

（2）还原。

重复两个 8 拍。

注意事项：此套母子健身操在 2～6 个月内均适用。

（1）母子操主要依靠宝宝自己的肌肉力量来进行，父母只是起协调的作用。如做四肢屈伸运动时，父母应轻握宝宝的手腕或脚腕，诱导宝宝自己伸屈上肢或双腿，顺着宝宝的劲轻轻地屈伸他们的腿和胳膊。如果宝宝不想做，大人也不要强硬弯曲或拉直宝宝的胳膊、腿。

（2）室内温度最好在 20～22℃。风和日丽，气温在 20℃以上时，也可在户外进行。做操时宝宝要穿轻便、宽大的衣服，便于活动，也可裸体进行。

（3）发烧、有病时不适合做操。空腹饥饿时或刚刚吃饱时不宜做操。在宝宝吃奶后半小时，或吃奶前半小时比较合适。做操之前给宝宝把尿，并要撤掉尿布，把做操的床面（或桌面）铺上褥子。

（4）在给宝宝做操时，最好和着节奏舒缓、明朗的乐曲，一边做，母亲一边注视着宝宝的眼睛，并微笑着对宝宝说着口令"一二三四五六七八；二二三四五六七八"。在这种气氛下，宝宝会发出愉快的笑声，主动地活动自己的身体。每节动作可活动 2～3 次，也可做 4～8 次，以不使宝宝感到疲倦为宜。如果宝宝露出不高兴或厌烦的神情时，应立即停止做操。

做完操后，要让宝宝休息 20～30 分钟。经常夸奖宝宝。大人夸奖会使宝宝感到高兴。锻炼的强度和持续时间应本着循序渐进的原则，从小开始，坚持不懈。

 怎样给宝宝做温水浴

用大一点的浴盆，水温控制在 37 ~ 37.5℃。与人体温度相同，即用手摸起来不烫手不感到凉为宜。将宝宝的胸腹部、四肢浸泡在水中，母亲一只手托住宝宝的头部，另一只手轻轻抹擦宝宝皮肤，要注意保持水温。宝宝在水中的时间开始可短些，约 7 ~ 12 分钟，以后可逐渐延长。宝宝从水中抱出后，用大的柔软毛巾包裹，将水擦干，穿好衣服。

怎样给宝宝做空气浴

空气浴就是让全身皮肤暴露在新鲜的冷空气中。当气温低于体温时，身体便以辐射和对流的方式向外散热。紧贴在皮肤周围的空气很快被体温烤暖，暖空气轻、分子运动快，迅速离开人体，周围的冷空气立即流过来补充。这样冷暖空气不断交替，体温也不断散失。在一定限度内体温散失并非坏事。人体皮肤分布有丰富的感受装置。寒冷刺激借神经通路传递给大脑后，大脑即刻兴奋支配全身各系统发生必要的生理反应，使全身各系统互相配合，协调一致，以保持自身的恒温状态。

通过长期锻炼，可使宝宝对外界的温度变化能够做出迅速、顺利的反应，增强婴幼儿对冷热环境的适应能力，减少呼吸道疾病。此外，空气浴还可促进宝宝中枢神经系统发育、促进新陈代谢、增加血液中红细胞及血红蛋白的含量、加强消化系统的功能、加速肾脏及皮肤的排泄功能。

空气浴锻炼也要遵循循序渐进原则。应先在室内给宝宝做空气浴，宝宝满月后，在给宝宝换尿布和衣服时，不要急于给宝宝穿衣服，先让宝宝身体的一部分在冷空气中裸露一两分钟。

满2个月后，可以早晚更衣或午睡后换尿布时或洗澡后积极地让宝宝进行空气浴。空气浴的时间开始阶段可持续二三分钟。宝宝四五个月时可延长五六分钟。夏季可逐渐加至 2～3 小时。空气浴可与健身操一起结合着做。

在冬季，空气浴的室内温度最好在18℃～22℃之间。随着宝宝的成长，3 岁以下室内温度可逐渐降低到16℃左右。风和日暖的天气，户外温度在20℃以上时，最好在户外进行。

户外睡眠或室内开窗睡眠，也是空气浴锻炼的一种形式。

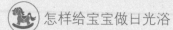 怎样给宝宝做日光浴

日光浴（图 2-11）是使儿童全身大部分暴露在日光中的一种锻炼方法。

①露出脚　　②膝下　　③大腿以下

④肚脐以下　⑤胸部以下　⑥腹部　⑦背部

图 2-11　日光浴的步骤

阳光对人体有多种生理作用，和空气、水一样，都是自然界赋予人类最重要的保健因素。日光浴时，人体不仅受到日光中的红外线、可见光线和紫外线的作用，同时也受到空气的温

度、湿度、气流及其他气象因素的影响。阳光中的紫外线能使皮肤表面的类脂质转变成维生素 D。维生素 D 可促进消化道对钙、磷的吸收和利用。钙是骨骼的重要成分。肌质中钙含量不足时，宝宝会患佝偻病。宝宝正处于生长发育阶段，钙、磷需要量较大，所以应注意晒太阳。适量的紫外线照射可促进机体的新陈代谢和造血功能。

做空气浴一两周后（出生一个月后），将宝宝抱到有阳光处，暴露出腿的一部分，让阳光照射半分钟左右。这样做三四天后，再逐渐增大照射面积，直至全身（头部除外）。逐渐延长时间，能达到一次全身能够日光浴 25～30 分钟为止。在锻炼时，胸背两面交替进行。进行日光浴时，注意不要让阳光直射眼睛、脸及头部，要给宝宝戴上小帽遮挡一下。日光浴不要在喂奶或饭后马上进行，要在饭后一个半小时后进行。日光浴也不宜在空腹（饥饿）、疲劳等情况下进行。日光浴的时间：夏季最好在上午 10 点，下午 3～6 点。中午日光过于强烈，应避开这段时间。冬季在正午前后。春秋在上午 10 点至下午 2 点。做完日光浴后，将宝宝身上的汗擦干，再给宝宝喝点凉开水或果汁等来补充水分。

由于阳光中的紫外线不能透过玻璃，所以隔着玻璃做日光浴是收不到效果的。

大夫信箱

宝宝溢奶和吐奶有哪些原因

溢奶与真正的呕吐不同，主要表现为喂奶后即有 1～2 口乳汁返流到口腔或口角边，亦有的喂奶后不久因改变体位而引起溢乳。除溢乳外，小儿一般状况好，不影响生长发育，其原因在于食管的弹力组织和肌肉组织发育不全，绝大多数小儿在生后 6~7 个月即可停止溢乳，个别可持续到一岁。

吐奶是小宝宝常见的症状之一，引起吐奶的原因很复杂，常见因素有以下几种。

①喂养不当，最常见。如喂奶次数过多、奶量过多、奶嘴孔过大、过小、牛奶太热或太凉，喂奶后未拍背排气即平卧，或过多、过早翻动小儿。

处理方法：改进喂养方法，喂奶后拍背排气，然后将小儿头、颈、背略抬高右侧卧位，即可防止呕吐发生。

②贲门、食管松弛，每次喂奶后平卧时即吐，吐物为奶汁，每日呕吐的次数多而量少，1～2 个月可痊愈。奶后采取半卧位即可不吐。

③各种感染因素均可引起吐奶，包括上、下呼吸道感染，胃肠道感染等等，治疗方法应是控制原发病。

④宝宝反刍症：在没有胃肠道功能异常的情况下，宝宝进食后反复呕吐，伴有体重下降，多发生在 3～12 个月的宝宝，宝宝反刍症主要与亲子关系不良、紧张有关，宝宝得不到很好的照顾，缺乏母爱时反刍现象会加重。

预防措施：主要是增加对宝宝的关心和照顾，在喂奶时多给予爱抚，注意喂养方法，还可采用厌恶疗法，每当出现呕吐行为不要过分紧张，用柠檬汁或黄连水滴上两滴在口中，时间长了宝宝形成条件反射，就会见效。

保健之窗

母乳喂养中的常见问题及处理

1. 防止母乳喂养危象

新生儿期母乳喂养比较顺利，到第 2 个月后，宝宝生长发育达到最高速度，需要更多的营养，母乳的分泌就显得不够，因而小宝宝常感到饥饿，并啼哭，这时若给宝宝增加牛奶或其他代乳制品，母乳就会逐渐减少，这叫母乳喂养危象。解决的办法是增加喂奶的次数，宝宝的吸吮是母乳分泌的良性刺激，吸吮越多，母亲的催乳素就越多，乳汁分泌就会增多。

2. 母乳喂养与黄疸

母乳喂养儿的生理性黄疸消退快，这是因为早期吸吮母乳，肠道的胎便以及吃下的母乳经过消化后的未吸收物质排泄快，胆汁随之排出，黄疸自然消退快。有的新生儿黄疸持续下去，到满月后仍能见面部及白眼珠发黄，肝功能检查正常，这叫母乳喂养性黄疸，与肝脏的酶发育不够和母乳中有一种物质抑制肝细胞酶的作用有关，此时应停止母乳喂养，临时改喝牛奶 2～3 天，然后再喂母乳，黄疸就会自行消退，为了保证母乳的分泌，在喂牛奶的同时，母亲应每间隔 3～4 小时将自己的乳汁挤出。

如何给宝宝称体重、量身长、测头围、测胸围

1. 称体重

（1）方法：①在晨起空腹，将尿排出后或于平时进食 2

小时后进行，并除去包裹孩子的衣被的重量。②1 岁前的，孩子最好选用盘式杠杆秤，准确读数至 10 克，也可用老式提秤（图 2－12）。

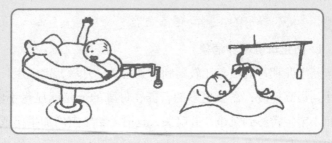

图 2－12　测婴儿体重

（2）意义：定期测体重能监测营养状况，及时发现孩子是否存在营养过剩性肥胖及营养不良。

2. 量身高

（1）方法：0~3 岁孩子要仰卧桌面上，将宝宝头部固定，用一本书紧贴头顶并与桌面垂直，并用笔作直线标志。另一人轻轻按住宝宝的双腿膝部，使双下肢伸直，用书抵住宝宝脚板并与桌面垂直，用笔标记，测量两线之间的长度为宝宝身长。

（2）意义：了解孩子骨骼生长发育情况，结合体重了解孩子的营养状况，如果孩子身高低于或高于正常值较多时，应引起家长注意，请大夫检查有无骨骼发育及内分泌功能异常。

3. 测头围

（1）方法：用软尺通过眉弓上缘和枕部最高的部位绕头一周。

（2）意义：头围大小与脑的发育密切相关，出生前半年头围增加 8~10 厘米，后半年增加 2~4 厘米，第 2 年增加 2

厘米。我国新生儿头围为 33.5～34.1 厘米，平均约为 34 厘米。6 个月为 44 厘米，1 岁时为 46 厘米，2 岁时为 48 厘米。2 岁前测量非常有价值，大脑发育不全常呈小头畸形。头围过大，应怀疑脑积水和佝偻病。

4. 测胸围

（1）方法：用皮尺沿乳头下缘水平绕胸一周的长度为胸围。

（2）意义：胸围大小与肺的发育、胸廓骨骼肌肉和皮下脂肪的发育有密切关系，出生时胸围比头围小 1～2 厘米，第一年末，头胸围相等，以后胸围超过头围，如果小儿肥胖，3～4 个月胸围超过头围，如营养较差、佝偻病，胸围超过头围的时间将推迟。

囟门的大小与健康有关

囟门有三种：前囟、后囟、侧囟。在头前方的叫前囟，俗称天门盖，是两侧额骨和顶骨交接处，在头后方的叫后囟，是枕骨和两块顶骨交接处。在头颅两侧耳前上方的叫侧囟或太阳穴，是顶骨、额骨和颞骨交接处（图 2～13）。

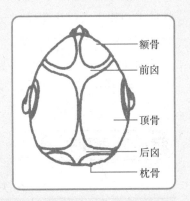

图 2－13　囟门

侧囟——新生儿出生时即已关闭，只有个别新生儿还存在，但多在出生不久、发育过程中自行关闭，因而很少被人们注意。

后囟——在新生儿出生时还存在，一般在出生 3 个月内关闭，个别发育不好的，或者患佝偻病的关闭的时间要延长一些。

前囟——存在的时间长，一般在一周岁至一岁半关闭，少数情况下，前囟关闭可提前或拖后。由于前囟存在时间较长，其大小、膨出或凹陷、闭合早晚可反映出儿童的健康情况，因而备受人们关注。

（1）测前囟大小：前囟两对边中点连线长度为前囟大小，前囟出生时大小约 1.5～2 厘米，6 个月前随颅骨发育增大，6 个月后逐渐骨化而变小，约在 1～1.5 岁时闭合。如前囟早闭或过小，见于小头畸形。前囟迟闭、过大（大于 4.5 厘米）见于佝偻病、克丁病或脑积水。

（2）测前囟的紧张度：在宝宝安静时，垂直抱住孩子，正常情况下孩子前囟微凹或平坦，有搏动，家长当孩子正常时可摸摸孩子前囟，了解正常情况下自己孩子前囟的情况。

前囟膨隆、饱满、紧张、搏动消失常常反应脑脊液过多。常见于脑积水、维生素 A 中毒、脑炎、脑膜炎等疾病，应及时去医院诊治。

前囟凹陷常见于腹泻，为脱水的一种表现，需要引起注意，及时治疗。

发育测评

31～60 天发育测评表

分类	测评方法	项目通过标准
大动作	趴在床上，用玩具逗引，头能完全离开床面	俯卧床上，头、脸、下巴完全离开床面
	竖起来抱孩子，头部完全不扶持	竖抱时，头部不用扶持能完全伸直

续表

分类	测评方法	项目通过标准
精细动作	仰卧时双手达胸前，能握住大人手中之物，将物和手都放嘴里	仰卧时双手在胸前，能握稳放入手中之物超过1分钟
认知能力	竖抱宝宝观看墙上的图画	会自己表露出对某一幅图画喜悦的情绪，如笑、注视、四肢活动，对另外图画无此反应
	用红毛线球距眼20厘米从中央向左右移动	能用视线追随红毛线球左右移动各20厘米
	仰卧，宝宝能否伸双手到眼前注视	注视自己的手达5秒
	在宝宝耳边摇响玩具或说话	听到声音时头和眼睛转到发声的方向
语言理解	醒时的表现	自由发音，能发啊、啊咕、喔、咿等几个元音
	看饥饿啼哭时的反应	饥饿时，听到母亲的脚步声、说话声或准备喂奶的动瓶子的声音，就会停止哭
社交行为	家长与宝宝逗笑	逗乐时不但会微笑，还会笑出声音
自理能力	用勺喂食	能适应勺子喂食，会吸吮吞咽，不将食物顶出

第三章

第 3 个月

 俯卧时以肘支起前半身

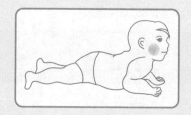

 生理指标

1. 体重

平均值　　男 6.4 千克　女 5.8 千克

平均增长　男 0.8 千克　女 0.7 千克

引起注意的值

高于　男 8.0 千克　女 7.5 千克

低于　男 5.0 千克　女 4.5 千克

2. 身长

男 57.3～65.5 厘米　均值 61.4 厘米

女 55.6~64.0 厘米　均值 59.8 厘米

平均增长　　男 3.0 厘米　女 2.7 厘米

营养指导

奶水不足怎么办

很多母亲不能坚持母乳喂养，过早添加牛奶、奶粉、粥等，认为孩子光吃自己的奶吃不饱。事实上，对于其中的大多数人来讲，这可能只是暂时的感觉。因为在宝宝出生的头两周内，母子双方处于相互调适阶段，在宝宝的吸奶量有所增加时，如果母亲的乳汁分泌量没有立刻跟上去，此时，母亲及家人不要紧张、焦虑，母亲应相信自己有能力用自己的乳汁喂养孩子，并注意做到以下几点。

（1）坚持勤哺乳，在原有的喂奶次数的基础上再多喂几次，并坚持夜间哺乳。

（2）保证宝宝每次哺乳有足够的吸吮时间，每侧乳房至少吸吮 10 分钟。有的宝宝刚吃几口奶就睡着了，致使吸吮时间过短，为防止这种现象的发生，在给宝宝喂奶时让宝宝凉些，不要穿或盖过多；宝宝睡着时可以轻轻捏宝宝的小手、小脚，也可轻拍宝宝面颊或移动乳头唤醒宝宝，以保证足够的吸吮时间。

（3）保证母亲休息好，同时要加强母亲营养，多喝汤水，如鸡汤、鲫鱼汤、排骨汤等。

一般来讲，经过上述努力两三天后，母亲就会感到奶水充足起来，所以母亲不必急于给宝宝加奶粉，能否坚持母乳喂养

的关键是宝宝出生后头半个月。

　　大约有1%以下的母亲确实不能分泌足够的乳汁哺喂宝宝。如果确实如此，在采纳上述三项措施的同时，还可以服用一些催乳药物，包括中药、西药，也可以针灸，这都有助于增加乳汁的分泌量，但具体该如何做，应请医生给予指导。

　　母乳确实不够宝宝吃时，需采取混合喂养，这种情况下也应尽量多给宝宝吃母乳，如此慢慢地母乳分泌量会增加，有的到第2个月时便不需增加代乳品，可达到全母乳喂养。

变魔术

　　目的　立即注视桌面的玩具，观察物体在变动。

　　前提　会选择最喜欢的图画。

　　方法　抱宝宝坐在小桌旁边，一会儿放一个小红球，一会儿放一个小瓶子，又换成一个小方盒，看看孩子是否立即发觉桌上的东西变了，看他对哪一个表现出热情，四肢摆动，露出笑容。最后大人把一个小圆盖放在桌上一会儿，再把它旋转起来，一面说"转转！"。拿着孩子的小手在桌上划圈，待盒盖倒下时拿孩子的小手将它按下说"停"。这种不断地变化，加上动手参与使孩子感到新鲜和快乐。

哪里响

　　目的　引导宝宝听声转头、促进听觉定向能力发展。

　　前提　头能随意转动。

方法　在室内不同的方向发出声音，如摇动哗铃棒或在另一侧用筷子敲碗，再在另一个方向搬动桌椅；然后母亲从别的方向边说话边走近宝宝，看看他的头部是否随发出声音的方向转头。通过训练的孩子可很快准确地将头转向声源。

 辨认父母

目的　早日辨认父母，促进社会性发展。

前提　母亲亲自照料宝宝，否则就辨认照料人。

方法　母亲短暂离开后突然出现在宝宝面前，并对宝宝微笑，拍手，或呼叫宝宝的姓名，宝宝将欢笑、呼叫、挥手、蹬腿、扭身马上投入母亲怀中（图3-1）。如果母亲不能亲自照料，宝宝也能辨认照料人，但缺乏上述的热情。经常照料宝宝的父亲也会得到孩子的欢迎，常常同宝宝玩"举高高"的爷爷也会得到宝宝的辨认。

图3-1　辨认父母

 踢打吊球

目的　发展手眼协调能力，促进肌肉发展，练习手和脚运动技巧。

前提　学会有意识摸床边的布娃娃后。

方法　在宝宝床上把支架横放在中间，吊着两个玩具，旁边各吊一个圆环，大人牵拉玩具放入宝宝手中，让他玩一会儿。然后让宝宝的两手各抓一个吊环，提起双脚去踢玩具，玩具最好是能踢响的。这样每次踢动发出响声，宝宝非常喜欢（图3－2）。玩具前后晃动发出动人的声音，引诱宝宝伸手再次想抓它或踢它。宝宝开

图3－2 踢打吊球

始还不可能够得着，多次练习之后，他能将吊球打响或将它踢响。吊着的玩具最好每5～7天更换一次，新鲜的东西能吸引宝宝去击准它，发展手眼协调能力。当他击中或踢中时，大人要给以鼓励："宝宝真棒"！宝宝非常乐意玩这种游戏。

 歌唱

目的 发出拉长的元音。

前提 能发出"啊""哦"等元音。

方法 当宝宝在喃喃自语地发出1～2个元音时，大人也模仿宝宝发出声音，有意将声音拉长，引导孩子模仿。当他试着发出拉长的元音时，大人用称赞的神态抚摩他，拥抱他。他得到鼓励就会再次拉长声音发出元音，如同歌唱家在练声一样。家长可把近日宝宝发的声音录下来同前十几天比较。

 踏蹬

目的 发展宝宝下肢活动。

前提 解开包被，让宝宝穿连脚裤或袜子。

方法 在宝宝床尾摆放一个带响的充气玩具（图3－3）。大人握住宝宝的腿蹬到玩具上发出声音，宝宝会自己尝试，全

身使劲弄出响声。多次活动之后他就知道只用腿来踏蹬就会弄出声音，他会经常踏蹬弄出声音逗大人笑。

图3-3　带响的玩具

图3-4　坐摇篮

 摇呀摇

　　目的　发展平衡能力。

　　前提　孩子无神经系统损伤。

　　方法　家长可把宝宝床脚垫高，让宝宝仰卧或俯卧在床上，随着年龄增长可让宝宝坐或站在床上，然后轻轻地摇动（图3-4）。还可将宝宝床挂在门栏上做成秋千前后左右摇动。每天进行2~3次，让孩子躺在摇篮中摇动，是发展平衡能力的很好的方法。有研究表明，自从摇篮消失后，孩子的平衡能力普遍下降，因此不要认为摇篮是古老的用品，并认为经常摇动孩子会养成不摇就哭的坏习惯而放弃这种发展孩子平衡能力的好办法。

 看世界

　　目的　看周围事物，促进视听能力发展。

　　前提　竖抱时头能伸直不必扶托。

方法 家长抱起宝宝在室内及室外到处走走，遇到什么，让他看看，给他说说（图 3 - 5）。宝宝会边听边伸头张望，四肢活动减少。他会对一些事物感兴趣，盯着看个究竟，有时会伸手摇摇，用身体使劲不让家长走开。经常抱到外面去的孩子，在大人抱起时会伸手指着门的方向，手舞足蹈表示要出去。大人指着花说"花，真漂亮"，或者看到汽车说"汽车，嘀嘀嘀"等。

图 3 - 5　边说边看

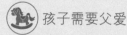 孩子需要父爱

父爱对孩子的健康发展必不可少。任何一个孩子如果长期得不到父亲的关心和爱抚，就会得一种叫作"父爱缺乏综合征"的心理性疾病，表现为：性格孤僻，胆小怕事，烦躁不安，爱哭闹，精神抑郁，多愁善感等症状。久而久之，就会严重影响孩子的生长发育和智力发育，危及孩子的身心健康。

年轻的母亲应多鼓励丈夫参与照料孩子的活动；年轻的父亲应每天抽出一些时间来爱抚您的宝宝，孩子需要您的爱。为了防止自己的宝宝得"父爱缺乏综合征"，从孩子出生后，父亲就应尽量多和孩子接触，多给孩子一些爱抚。例如上班前、下班后抱抱或亲亲孩子，闲暇时协助妻子。为孩子换尿布、喂水、喂奶、洗澡，多陪孩子去室外玩耍、晒太阳，对孩子说话要微笑等等。坚持这样做，既能培养父子之间的感情，又有益于孩子形成健康的人格（图3-6）。

图3-6　孩子需要父爱

锻炼园地

抬头挺胸

目的　锻炼颈部肌肉、用臂支撑上身的力量。

前提　能够俯卧抬头，下巴离床（图3-7）。

方法　让宝宝趴在床上，在宝宝抬头时，将不倒翁放在他的前方，让不倒翁摇来摇去，引诱他用胳臂支撑，抬起胸脯去观看。此时可教孩子用肘部将上身撑起；个别强壮的宝宝会用手去支撑，整个胸部完全离床。

学侧转

目的　学习转侧90°。

前提　能够俯卧抬头，下巴贴床或短暂离床之后。

方法　宝宝仰卧，在宝宝一侧立一面镜子。大人用玩具逗引，一面说"翻翻身"，用手在宝宝背面帮助他侧身让他看到镜子（图3-8）。孩子会对着镜中的自己看着笑。起初有必要

用一些小褥子或枕头固定背后，让他侧睡。经过多次练习之后，当镜子立在一侧时，孩子会自己转过去看镜子，不必在背后垫东西也能稳定。

图 3-7　抬头挺胸

图 3-8　学侧转

大夫信箱

 小儿白口糊是怎么回事

　　白口糊又称鹅口疮，是由白色念珠菌引起的口腔黏膜炎症，新生儿期最常见。表现为口腔黏膜上出现白膜，很像凝固的奶，但不易擦去。这种白色念珠菌平时就寄居健康人皮肤、肠道及阴道。其感染途径通常是由于哺乳的工具（如奶头）消毒不严，亦可通过喂哺人员的手，少数在出生时经产道感染。使用抗生素及腹泻患儿易发生本病。

　　预防方法：每日煮沸消毒喂奶用的工具，每次给小儿喂奶前要彻底洗手，喂母奶者要清洗奶头。防止滥用抗生素，对服用抗生素者经常检查口腔黏膜，可以及时发现本病，以便早期治疗。

保健之窗

 孩子何时要进行预防接种

预防接种就是打针或服预防药，以预防传染病。自从有了预防接种，人类提高了身体抗病能力，传染病也就减少了。

计划免疫：根据传染病的流行情况，各种疫苗产生抵抗力的特点，有计划地对预防接种进行安排，叫计划免疫。有的预防针打一次，抵抗力就起来了，有的要打 2 ~ 3 次抵抗力才起得来，这些均叫基础免疫。有的预防针打完后抵抗力很高，过了一段时间又下来了，还要再打一次以加强免疫力。由于各地传染病的流行情况不同，预防注射的先后次序稍有区别，现以北京市施行的计划免疫为例说明如下（表 3 – 1）。

表 3 – 1　儿童免疫程序

起始免疫月（年）龄	疫苗
	卡介苗
2 个月	脊髓灰质炎疫苗
13 个月	脊髓灰质炎疫苗
	百白破混合制剂
4 个月	脊髓灰质炎疫苗
	百白破混合制剂
5 个月	百白破混合制剂
8 个月	麻疹活疫苗
1.5 ~ 2 岁	百白破混合制剂
4 岁	脊髓灰质炎疫苗

续表

起始免疫月（年）龄	疫苗
7 岁	卡介苗、麻疹活疫苗
	吸附精制白喉破伤风二联类毒素
12 岁	卡介苗（农村）

注：百白破混合制剂指百日咳、白喉、破伤风三种疫苗的混合制剂

乙脑疫苗和流脑疫苗于流行季节前进行接种。乙脑疫苗北方每年 5 月、南方每年 4 月接种。孩子 6 个月至 1 岁内基础免疫接种两次，两次间隔 7～10 天，2 岁、3 岁及 6～7 岁各加强接种一次。流脑疫苗每年 11 月接种，接种年龄同乙脑疫苗接种年龄。

乙肝疫苗注射，于出生当天、满月时、满半岁时各注射一次，有可能传染乙型肝炎的人，特别是澳抗阳性、e 抗原阳性的母亲所生的新生儿，或者与乙肝病人密切接触的易感染者一定要注射。

哪些孩子暂时不能进行预防接种

如孩子正在发烧，患有急性传染病、哮喘、风疹、湿疹等疾病或有心脏病、肾炎及肝炎等疾病时，暂时不要打预防针。

孩子腹泻时不要吃小儿麻痹糖丸，等病好后两周才能补吃。

有"羊痫风"病史及药物过敏史的都不要进行预防接种。

孩子打过预防针要注意什么？

（1）要让孩子适当休息，不要做剧烈活动。

（2）不要吃辣椒等刺激性食物。

（3）暂时不要洗澡。

（4）有的小孩子有时会发生"接种反应"，如轻微发热、精神不振、不想吃东西、哭闹等，一般都不严重，只要好好照料，多喂些开水很快就会好的。

（5）极个别的小孩子可能会发高烧，可请医生看看，给予对症治疗。

发育测评

61~90 天发育测评表

分类	测评方法	项目通过标准
大动作	宝宝仰卧时，用镜子或玩具在一侧逗引，使一腿放在有玩具一侧腿上，轻推身体成侧卧	自己从仰卧翻身 90°变为侧卧
	俯卧，用玩具逗引使宝宝抬头，半个胸脯抬起	抬起半胸，用肘支撑上身
	宝宝俯卧家长用双手在宝宝胸部左右将宝宝托起	俯卧托胸，头与躯干平、髋伸膝屈成游泳状
精细动作	宝宝清醒状态仰卧玩耍时	眼看双手，手能互握，会抓衣服、抓头发、抓脸
	用小绳将小铃固定在宝宝看得见处，从小铃拉绳结在松紧带的手镯上，先系手腕，使宝宝动右手打响吊铃，以后移动手镯到左腕或左踝，使宝宝活动该肢体才能打响吊铃	宝宝会摇动手镯捆住的肢体，使铃子发出响声
认知能力	用红毛线球让宝宝学习追视	宝宝学会向左右、上下和环形追视红毛线球的晃动
语言理解	家长同宝宝说话时，大人讲完后会出声咿咿啊啊	宝宝会发长元音、尖叫、重复元音 4~5 个，会出声答话

续表

分类	测评方法	项目通过标准
社交行为	认母亲，见母亲来时和母亲离开时的反应	认母亲，见母投怀，母亲离开时哭
	见熟人会笑，看镜中的自己也会笑	见镜中自己的影子的反应
自理能力	用勺进食的反应	会舔食勺中食物，不用吸吮法，见勺张口

第四章

第 4 个月

扶着两手或髋骨时能坐

4~6 个月发展目标

(1) 俯卧抬头，双臂能支撑，胸能离床。

(2) 能从仰卧转为侧卧。

(3) 扶持下能静坐几秒钟。

(4) 手能有目的地抓东西、接东西，会把东西放进嘴里。

（5）听到名字时会注视和笑。

（6）听声指物，能找到目标。

（7）能大笑，能发出啊、哦、呀、咦及类似大、打、爸、妈的声音。

（8）会伸手让母亲抱，母亲离开时会呼叫、哭喊。

（9）喜欢照镜子，会同镜中人笑、点头、说话。

（10）能自己扶奶瓶、自己吃饼干。

4～6 个月教育要点

（1）让宝宝练习用手臂支撑前身和翻身。

（2）经常抱宝宝坐在膝上玩耍。

（3）多户外活动、串门、认识大自然、人和物。

（4）教宝宝抓、取、捏、敲、摇、推玩具。

（5）边做边说，吸引宝宝观察周围事物和成人的各种活动。

（6）经常叫宝宝的名字。

（7）叫宝宝看和指认经常见的人和物。

（8）有意识用不同的语调、表情、手势，表示赞同、反对、高兴、愤怒等情绪反应，训练宝宝分辨不同的情绪反应和正确表现自己的感受的能力。

（9）不让宝宝玩过小的、带尖的、有毒的东西。

生理指标

1. 体重

平均值　男 7.0 千克　　女 6.4 千克

平均增长　男 0.6 千克　　女 0.6 千克

引起注意的值

高于　男 8.7 千克　　女 8.2 千克

低于　男 5.6 千克　　女 5.0 千克

2. 身长

男 59.7 ~ 68.0 厘米　均值 63.9 厘米

女 57.8 ~ 66.0 厘米　均值 62.1 厘米

平均增长　男 2.5 厘米　女 2.3 厘米

母亲工作时如何坚持母乳喂养

1. 一日内尽可能多次地给宝宝喂母乳，特别是夜间哺乳

如果可能，带婴儿一起去上班，或者在休息的时候回家给宝宝喂奶。或托人定时把宝宝带到你工作的地方喂奶。在夜间、清晨、节假日，只要母亲在家，就继续坚持母乳喂养。上班当天母亲早起一些，留出半小时左右挤奶，将奶挤在一个干净的瓶或杯子里，再用一块清洁的布盖好或加盖放入冰箱或家中最凉爽的地方，在母亲上班期间，由家人喂给婴儿吃。白天工作间隔，母亲最好能坚持挤奶 2 ~ 3 次（约 3 小时一次），以免奶胀、漏奶和乳汁分泌量减少。单位无冷藏设备时，可自备冰包，将挤出的奶放入储奶杯冷藏保存，下班时带回家，放入冰箱，留给婴儿第二天吃。无条件保存奶时，奶可挤掉，这样能促进母乳分泌，保证泌乳量不减少，以便母亲下班回家有足

够的奶水喂养婴儿。

用挤出的母乳喂婴儿时，不需重新加热煮沸（因加热会破坏母乳中的抗病物质），只需在杯子或奶瓶外用热水复温后即可哺喂婴儿。复温的奶最好一次喂完，不可留到下次再喂婴儿。

2. 挤奶方法

（1）准备一个经过消毒的茶杯，或广口瓶，彻底洗净双手，把杯子放在桌上或拿在另一只手中收集挤出的乳汁。

（2）身体前倾，用手将乳房托起。把大拇指放在乳头上方乳晕处，食指放在乳头下方乳晕处。

（3）用拇指和食指的内侧向胸壁处挤压乳晕，使乳头夹在拇指与食指之间，做"挤、捏、挤、捏……"的动作（图 4–1）。

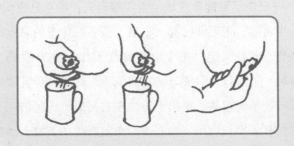

图 4–1　挤奶的方法

刚开始可能无乳汁流出，但挤了几次后，乳汁就开始滴下。若喷乳反射活跃，乳汁会不断流出。

（4）用同样的方法，不同角度的双侧挤压乳晕，要尽量使所有乳腺小叶中的乳汁都排出。

 看滚球，追手电光

目的 目光追随移动快的物体和光线，使视觉灵敏。

前提 能立即注视看得到的物体。

方法 抱婴儿坐在桌边，观看皮球从桌子一端滚向另一端。婴儿全神贯注，头随着视线转动。在傍晚天渐黑时，抱婴儿坐在膝上，大人拿手电筒让亮光照在墙上大幅度转动，观察婴儿头部随光转动，大人边说"抓住它、抓住它"（图4-2）。或者在有阳光处用镜子反射阳光也有同样效果。

图4-2 抓手电光

 抓核桃

目的 练习手的抓握技巧。

前提 能够拍击悬吊的玩具。

方法 在婴儿能抓到的地方放两个洗干净的核桃或小积木。婴儿先用手抓起一个（图4-3），歪歪扭扭地捧起双手企

图4-3 练习抓握

图将核桃送入口中，开始时婴儿还较笨拙，捧到嘴边就掉下来。到月底婴儿不但能顺利抓一个核桃，还会用另一手去抓第二个。

 照镜子

目的 观看自己的容貌，认识镜中的自己。

前提 能辨认母亲。

方法 母亲抱孩子到大镜前，指着镜子说孩子的名字，再指着母亲的镜中影说"这是妈妈"（图4-4）。孩子会伸手摸镜子，同它笑、发出声音。经常照镜子的孩子会在镜前做怪脸，看到镜中人也做怪脸就会开怀大笑。

图4-4 照镜子

 同宝宝谈天

目的 发展语言，自由发音，增加亲子感情。

前提 会发拉长元音。

方法 父母经常同宝宝说话："你好啊！今天吃饱了吗？咱们看看这匹大马，滴答、滴答，跑得真快。"看看窗外说："今天出太阳，天气真好！"拿出玩具说"这只小猫会叫，喵喵。"随机看到什么都要说说，宝宝看到大人的嘴巴活动，他也会"咿呀"地回答（图4-5）。经常同宝宝讲话，当父母不在时，宝宝会躺在小床上咿咿呀呀地自言自语，有时会大声尖叫，希望大人快来。

 打哇哇

目的 发音与动作配合，表示高兴。

前提 会伸手拿东西。

方法 大人用手在自己的嘴上打哇哇，然后握住孩子的小手在他的小嘴上打哇哇。使他手的动作与发出的声音配合，孩子一面做一面笑，母子一起快乐。

图4-5 同宝宝聊天

 弹起来

目的 发展平衡和触觉能力。

前提 无神经系统的损伤。

图4-6 弹起来

方法 让宝宝仰卧或俯卧在弹簧床、沙发上（图4-6），然后在孩子的前后或左右用手上下按压弹簧床或沙发，使之震动，也可跪和站在旁边震动床、沙发，逐渐加大，还可在床或沙发上跳起将孩子弹起到半空中，开始震动的幅度可小一点，逐渐加大，边震动床垫或沙发，边与孩子逗笑。宝宝非常喜欢这种游戏。

目的　发展味觉。

前提　会用勺子舔食。

方法　用小勺子盛一点大人餐桌上的菜汁、水果汁等各种食物汁，让宝宝尝一尝。宝宝喜欢吃炒菜的好味道，会伸手抢勺子。酸甜菜汁是宝宝最喜欢的。如果吃苦瓜也不妨让宝宝尝尝，尝到苦味他会躲开，闭紧嘴唇表示不爱吃。不要让宝宝吃太咸的味道，因为 4 个月时肾脏还不可能将过多的盐排出体外，盐存留过量会使宝宝皮下积存水分而成水肿。

找朋友

目的　发展与人交往的能力。

前提　见人会笑。

方法　抱孩子在街心公园玩，让他看到有些小朋友在学走，或在滑梯上玩耍。先让他在远处观察，渐渐走近，如果宝宝在笑，表示他喜欢同小朋友接近，让他同小朋友"握握手"（图 4－7）。如宝宝扑到母亲怀中，表示他害怕，不要勉强，只让他在旁观看，直到出现笑容时才让他与别人亲近。

配乐摇摆

目的　配合音乐节律，用身体做摇摆运动。

前提　学会扶腋站起和迈步。

方法　在胎教音乐节律下，家长握稳宝宝双腋，悬空提起，按着节拍使宝宝左右摆动。渐渐减少左右摆动的力量，观察宝宝会自己使劲，使身体左右摆动。以后再学习配乐旋转，使宝宝学习旋转平衡。

图4-7　与小伙伴交往

图4-8 配乐摇摆

🐴 爱抚——孩子发育的"食粮"

　　近年来国外普遍谈论，要给孩子三种"食品"：饮食营养、智力刺激和爱抚。饮食营养是维持身体健康和脑的正常发育，以保证有正常智力的基本条件。智力刺激包括感官刺激和知识，它是大脑的另一种食品。爱抚指慈爱的感情和身体的抚摩、搂抱，它是培养良好性格和道德品质的有益"食品"，缺了它，孩子会显得冷漠、无情，对人易产生敌对情绪。因此，要像重视饮食营养，智力刺激一样，重视爱抚对宝宝发展的价值。

　　要多对宝宝抚摸、搂抱，并伴以柔声细语和微笑，这不仅给宝宝提供了触觉、动觉、视听觉的综合刺激，有利于大脑的发育，更主要的是使宝宝情绪稳定有安全感，逐渐建立起对父

母亲的信任，为今后良好的性格和道德品质的形成奠定最初的基础。当然，也要注意，不要因此而形成孩子只能抱着玩耍，而不能自己躺着玩耍的毛病，当孩子哭时，可用抱的方式，也可用其他方式逗乐孩子，让他安静下来。

 ## 不要过分逗弄宝宝

年轻的父母常常抱着宝宝用力向上抛扔，这种过分逗弄宝宝的做法对宝宝的身心发展很不利。从宝宝的发育看，大脑发展较早，所以头部比较重，但颈部肌肉却很松软无力，抛扔宝宝则使宝宝脑部受到较强烈的震动，对智力发展不利，甚至会使脑部受到伤害。

有的父母爱子心切，只要宝宝醒着就逗他玩，时间久了，宝宝不善于自己嬉戏，一会儿也不肯自己玩，一觉醒来不见父母在身边就哭喊。当初引逗宝宝带来的快乐，不久就成了永无止境的苦差了。正确的做法是，适当地和宝宝戏耍，另外可在他的小床或小车周围布置几件彩色带响的玩具；稍大些的宝宝，可以给他一些玩具拿在手里玩。

 ## 从小培养孩子对音乐的兴趣

从出生到3~4个月时，是一个可利用的重要时期，如果在这时期内逐渐让孩子听胎教音乐，可以逐渐培养宝宝对音乐的兴趣，从小培养孩子有感受音乐的能力。

让宝宝听音乐，不存在"听懂"或"理解"的问题，而是让宝宝感受，着眼于"熏陶"和"感染"。听乐曲的时间可安排在孩子吃饱或睡醒后情绪稳定的时候，每次听乐曲的时间不要过长，以十几分钟为宜。乐曲以选择一些旋律优美、节奏舒缓的乐曲，或节奏明快的轻音乐为宜。最好不要让宝宝听摇滚乐。在每天晚上临睡前放音乐陪伴宝宝入眠也是一个很好的做法。

锻炼园地

 撑起来往前拱

目的 俯卧时，学习身体向前拱为匍行做准备。

前提 趴在床上会上臂支撑挺起胸脯。

方法 让孩子趴在床上，前面不远放个摇摆着的不倒翁作引诱。大人用手顶住孩子足底，告诉他"抓住不倒翁"

图4-9 撑起来往前拱

（图4-9）。大人和孩子一使劲，孩子会向前拱出不到半米，让他拿到不倒翁并夸赞他"真棒"。这次练习之后，孩子的手会埋到腹下，要帮助他将双手撑到前面才可以做第二次练习。

 扶站迈步

目的 延续先天本能的反射成为条件反射。

前提 前几个月每天经常扶站迈步。

方法 每天仍按时扶站迈步，此时步行反射已消失。注意宝宝足部要完全踏平，要坚持在硬板上练习（图4-10）。如果在软床上迈步有时宝宝会用足的外侧着床，难以支持体重。此时大人可帮助宝宝将足底放平。练习仍以每次3分钟之内为宜。

 学游泳

有条件的家庭，在宝宝小的时候，就应带宝宝游泳，但应从夏季开始。根据自己宝宝的体质情况来确定在水中游泳的时间，以不感疲劳为宜（图4－11）。开始学游泳时，在水中时间要短些，随着身体的适应，可逐渐加长游泳时间。另外，在游泳中要注意安全。

图4－10　扶站迈步　　　　图4－11　学游泳

 大夫信箱

 尿布性皮炎的防治

尿布性皮炎俗称尿布疹，是指尿布接触部位发生的炎症。

发生尿布性皮炎的主要原因是沾了大小便的潮湿尿布长时间与皮肤接触，尿中的尿素刺激皮肤表面或粪便中的细菌分解产生的氨刺激皮肤而发生的。腹泻患者的稀便对皮肤的刺激性很大，亦能促使本病的发生。

本病主要表现在病变部位的皮肤可见斑疹、丘疹、水疱疹、糜烂、溃疡，如有细菌感染可发生脓疱。

本病关键在于预防，首先要及时更换尿布，尤其是腹泻宝宝尿布应及时更换，及时清洗臀部，使皮肤保持清洁，并在局部涂以鞣酸软膏或氧化锌油膏。尿布的选择可用细软的旧棉布，以减少机械性或化学性刺激（有的小孩对化纤织物会发生皮炎），外面不要用塑料布和橡皮垫。勤换尿布，并清洗尿布，洗尿布用的洗涤剂要漂洗干净，注意不要用碱性强的肥皂，最好用开水烫洗，将尿布放在阳光下晒干，有条件可用市售的尿不湿。发生轻度尿布性皮炎时用氧化锌糊剂或鞣酸软膏，如有渗液应作湿敷，然后涂用 0.5% 新霉素的炉甘石搽剂，有水疱、糜烂或脓疱时可用百多帮或含有抗生素的氧化锌糊剂，亦有人用蛋黄油涂在有溃疡的尿布性皮炎处，也能取得良好的效果。

保健之窗

 科学地安排宝宝一日生活

随着宝宝的生长发育，活动时间增长，睡眠时间减少，合理安排一日生活，帮助宝宝建立良好的生活制度，让宝宝养成吃、玩、睡的生活习惯，有序地生活，对孩子的智力发展和性格培养都有重要意义，所以家长务必引起重视。

4～12 个月宝宝的生活安排

5:30～6:00　起床，换床布，盥洗，第一次喂奶。

6:00～7:30　第一次活动，做操、游戏、户外锻炼。

7:30～9:30　第一次睡眠。

9:30～10:00　第二次喂奶、喂鱼肝油（8～9 个月增加辅食）。

10:00～11:30　第二次活动，游戏户外活动、锻炼。

11:30～13:30　第二次睡眠。

13:30～14:00　第三次喂奶（6～7 个月增加辅食，9 个月后完全由辅食代替）。

14:00～15:00　第三次活动（游戏户外活动锻炼）。

15:30～17:30　第三次睡眠。

17:30～18:00　第四次吃奶（4～5 月后增加辅食，6～7 个月完全由辅食代替）。

18:00～20:00　第四次活动（游戏、户外活动、锻炼，盥洗）。

20:00 至次日 5:30～6:00　夜间睡眠。

22:00　第五次喂奶。

家长可根据孩子的实际情况作适当调整。

（1）要保证睡眠时间。2～4 个月为 16～18 小时；5～9 个月为 15～16 小时；10 个月～周岁为 14～15 小时。

（2）要保证每日进食 5 次。

（3）根据不同季节选择不同时间到户外活动。冬季上午 10:00～11:30，下午 2:00～3:00，夏季上午 10 点以前，下午 3:00 以后，每天最好让宝宝外出活动 3～4 小时。

怎样观察 3 岁内孩子视力是否正常

由于孩子对语言的理解能力及语言的表达能力较差，所以进行视力检查有一定困难。只能靠父母平时观察和耐心来发现孩子视力是否正常，下面根据不同的月（年）龄特点介绍一下视力检查方法。

3 个月：拿一个 10 厘米大小的红毛线球，放在宝宝眼前 25 厘米左右摇晃。孩子双眼应随红球移动，左右眼各移动 90°。或宝宝能注视自己的手，提示视力正常。

用一个毛线球或用手突然在孩子眼前一摇晃，孩子出现眨眼反应，提示视力正常。如果对光眨眼反应缺失，提示视力障碍。

6 个月：双眼可随意转动，能注视一个固定的物体，如孩子眼睛始终不能随物体转动，则提示有视力障碍。

1 岁以后的孩子还可通过日常活动来观察孩子的视力是否正常，如孩子能准确地捡起桌上的面包屑，提示其视力良好。

还可把一个 10 厘米的红毛线球或孩子喜欢的玩具放在远近不同的距离，让孩子走过去把玩具捡回来，如孩子能看见 2 米远的毛线球或玩具，说明孩子视力无明显异常。

单眼视力不良的检查方法。如果孩子单眼视力不良。可用遮盖法很快查出孩子有无单眼视力异常或哪只眼睛视力不良，其方法是，用手或手巾遮盖孩子的一只眼睛，如果遮盖的是视力正常的那只眼，孩子将会尖声叫喊，或摇头不接受遮盖。仅仅出生数周的孩子也会试着用手去抓除遮盖物。而如果遮盖的是孩子视力异常的眼睛，孩子会继续用健康的那只眼睛继续玩

玩具，继续注视有趣的事物，无明显得异常反应。

如怀疑孩子视力异常或有其他眼疾均应立刻去医院进一步检查确诊。

发育测评

91～120 天发育测评表

分类	测评方法	项目通过标准
大动作	让宝宝俯卧用玩具逗引	宝宝上身完全抬起，用手支撑、脸与上身与床成90°
	仰卧时给宝宝盖上被子或让他踢吊起的玩具	腿能抬高，能蹬去衣被及踢吊起的玩具
	宝宝仰卧时，大人用双手拉宝宝起坐，听口令"坐起"使宝宝同大人配合动作	会随口令握住大人的食指坐起，头伸直不后仰也不前垂
精细动作	在宝宝床上横吊一个小球，家长拿宝宝的手学习拍击，使小球前后摇动并发出声音	手眼协调地用手拍击吊起的小球
认知能力	家长拿线轴从桌子一边滚向别一边，宝宝能随线轴滚动沿桌子长度观看	追视180°，从桌子一头追视到另一头
	铺白纸在桌上，放1～3粒红色小丸，宝宝盯住观看	视力集中，能盯住桌上红色小丸
语言理解	家长用夸张的口形说"妈"时，宝宝会模仿可发出"妈，不，爸，咕"等辅音1～2个	会发辅音两个
	播放胎教音乐或重听父母哼唱过的胎教歌曲时表现快乐	重播胎教催眠曲时入睡，呼名会转头

续表

分类	测评方法	项目通过标准
社会行为	见家中亲人会笑，投怀表示亲热，对生人凝视，没有亲热表情	会分辨亲人，对亲人笑，对生人凝视
	大人用布蒙脸拉开玩捉迷藏	用布蒙脸拉开时会笑，喜欢这种游戏
自理能力	睡前喂饱后，可以睡 5~6 小时，渐渐使母亲有 6~7 小时睡眠时间	晚上时间延长，白天有觉醒时间，有昼夜之分
	用勺子喂药、钙剂等，配合熟练	会配合喂食，见勺张口，用舌舔食不外流

第五章

第5个月

 坐在妈妈身上能抓住玩具

 生理指标

1. 体重

平均值　　　　男 7.5 千克　　　女 6.9 千克

92

平均增长　　男0.5千克　　女0.5千克

引起注意的值

高于　　　男9.3千克　　女8.8千克

低于　　　男6.0千克　　女5.4千克

2. 身长

男61.7~70.1厘米　　均值65.9厘米

女59.6~68.5厘米　　均值64.0厘米

平均增长　男2.0厘米　　女1.9厘米

3. 牙齿

4~10月开始萌出1~2颗。

营养指导

 如何给孩子添加辅食

随着孩子消化吸收功能逐渐完善，营养需要逐渐增加，第五个月孩子无论是母乳喂养，人工喂养或混合喂养的孩子都应按照下述方法添加辅助食品，为孩子做好断奶准备，使孩子适应各类食物，慢慢过渡到年长儿和成人饮食。

1. 辅食添加原则

（1）从少到多，如蛋黄从1/4开始，如无不良反应，2~3天加到1/3~1/2个，渐渐吃到一个。

（2）由稀到稠，米汤喝10天左右→稀粥喝10天左右→软饭。

（3）从细到粗，菜水→菜泥→碎菜。

（4）习惯一种再加另一种。

（5）在孩子健康，消化功能正常时添加，出现反应暂停两天，恢复健康再进行。

2. 辅食添加时间安排

（1）4个月后先从晚餐开始，先加辅食后喂奶，按上述原则进行，根据孩子情况，一般1个月后，晚餐可完全由辅食代替。

（2）6～7个月，晚餐逐渐由辅食代替同时，从中餐开始，逐渐添加辅食，到第9个月，中餐、晚餐均可由普通食物代替母奶或牛奶，早餐也可增加辅食，孩子可由5次喂奶改为3次喂奶，早晨5～6点一次，晚上9～10点一次，中午1～2点一次即可。

（3）一周岁可基本过渡到以粮食、豆类、肉蛋、蔬菜水果为主的混合饮食。

3. 辅食添加方法

（1）在愉快的气氛中进餐，进餐前保持愉快的情绪，不能训斥、打骂孩子，并先做好准备，如给孩子洗手、围餐巾、使之形成良好的条件反射。

（2）从一勺开始：每添加一种新食物都从小量开始，用小勺挑一点食物，轻轻放入宝宝嘴里，待宝宝吞咽后再取出小勺。

（3）观察反应：每次添加辅食时，要观察孩子的大便，有无拉稀和未消化的食物，如孩子加辅食后拉稀或有食物原样排出，应暂停加辅食，过一两天后，孩子状况较好又可进行，孩子不吃不要强迫，下次再喂。不吃某种食物，并不等于以后不吃，应多试几次。尽可能使食物多样化。

4. 辅食添加顺序

4~5个月：鸡蛋黄、稀粥、豆制代乳粉、菜泥、胡萝卜、果泥、肉汤。

6~8个月：蛋羹、豆腐、肝泥、鱼泥、瘦肉末、稠粥、烂面、饼干、碎菜、碎水果。

5. 蛋黄的制作与喂食

将鸡蛋煮到十成熟，然后去皮并剥去蛋白，取1/4蛋黄放在小碗中，用小勺将蛋黄压碎，研磨，再放入少许白开水或奶，慢慢用小勺喂给婴儿吃。也可以将磨得非常碎的蛋黄放入奶瓶与奶一同喂给孩子。

 认灯

目的　听声音让目光注视目的物。

前提　认识母亲。

方法　从第5个月起，选择第一种东西让孩子学认。最容易学习的是台灯，母亲抱着孩子在台灯前用手开关台灯，使灯又亮又灭，一面慢慢说"灯"（图5-1）。初时

图5-1　认灯

孩子盯住母亲的脸，渐渐目光落在母亲手上。他觉得灯在闪

光，目光渐渐转移到灯上。经过多次重复之后，当母亲说"灯"时，孩子会把目光注视着台灯。母亲可抱孩子在室内不同位置，看看孩子的目光是否仍能寻找到灯。

有些孩子对灯不感兴趣，他常常爱看一幅猫的图画，就可以"猫"作为第一个听声认物对象。孩子喜欢认发光的、会跑的、色彩鲜艳的东西，以他的兴趣作目的物效果最佳。当孩子学会注视之后，要拿住他的小手去抚摸目的物，从而过渡到听声指物。

 听名字回头

目的 让孩子听懂自己的名字。

前提 宝宝会听声转头之后。

方法 首先要将孩子的名字固定，最好从一开始就用正名称呼而不用小名。如果家长一会儿称他宝宝，一会儿称他正名或是外加的什么爱称，孩子就不知道大人到底在呼唤谁，要证实孩子真听懂自己的名字，可以在有另外的孩子在场时，先叫别人的名字，看他是否回头（听声转头）；然后叫孩子的正名，如果他回头知道他能听懂自己的名字了。

家长常常同孩子谈话，而且全家都用同一名字称呼，孩子就会在第5个月听懂自己的名字。完全未受训练者要在第7个月时才能听懂自己的名字。

 藏猫猫

目的 让宝宝理解暂时看不到的事物仍然存在，要设法去找它。

前提 认识父母之后。

　　方法　用大手帕蒙住自己的脸或玩具。母亲问"在哪儿?"在孩子寻找时,突然拉掉手帕露出笑脸并叫一声"猫儿",逗孩子笑。然后将大手帕蒙住孩子的脸,让他学着将手帕拉开,大人们高兴地叫一声"猫儿",全家人开心地笑起来。宝宝都很喜欢这个游戏,他会学着用手帕、衣服、被单蒙住自己反复地同大人玩,而且学着发出"猫儿"的声音,这个游戏使大家都很快乐。

 寻找掉下的东西

　　目的　学习寻找从视线中突然消失的东西,培养观察能力。

　　前提　会从桌子一头追视滚球到另一头之后。

　　方法　用一个滚动能发出声音的玩具球从桌子边滚到另一头,让它自然落地而发出声音,看看孩子能否用眼睛随着声音发出的方向寻找。宝宝在 3 个月之前只能用视线随着滚球注视一定距离,直到 4 个月也只能盯着视线所能及的物品。到 5 个月孩子开始对突然消失的物和人产生寻找的欲望,有了看不见的物体并非消失的意识。于是他会伸头去观察发出声音的地方是否有他的玩具。平时母亲可以故意把金属勺子、小刀等掉在地上,发出声音,看看宝宝是否伸头去找。当他看到勺子时,母亲要用夸张的语气说:"啊! 在这儿,宝宝会替妈妈找,真棒!"通过表扬,使孩子更愿意寻找失落的东西,开始有了观察能力。

 拉线团

　　目的　锻炼眼手协调能力。

　　前提　能拍打悬吊的玩具。

　　方法　先将会滚的线团用松紧带系上,让线团从桌子滚到

远处，家长把松紧带一拉将线团拉回来。让孩子模仿抓住松紧带一头将线团拉回来。

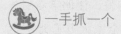 一手抓一个

目的　锻炼手的抓握能力。

前提　学会抓核桃之后。

方法　桌面上或地上两块积木或两个核桃或两个其他玩具，孩子会伸手先抓取第一个；然后再伸另一只手去再抓住第二个。要事先将放桌上的东西洗净，因为孩子能抓住东西后，会马上放入嘴里啃咬，看看它能不能吃，有时抓不稳马上又摔到地上使东西弄脏。这时大人应摇头摆手告知"不能吃"。

 旋转

目的　在音乐中练习身体变动和平衡。

前提　清醒状态。

方法　在音乐旋律伴奏下，家长抱起孩子跳舞旋转身体，使宝宝转 360°，并向上下移动身体。孩子非常喜欢这种运动，不但不哭，反而开心地笑，有时会活动四肢表示快乐。在乐曲中活动比安静地旋转更好，它是一种节律的旋转刺激。使孩子对音乐和以后律动舞蹈都潜藏着兴趣。

 教育顾问

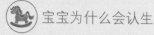 宝宝为什么会认生

孩子的认生多发生在 5～6 个月，表现为对陌生人的亲近

和爱抚，做出回避或大哭的反应（图5-2）。

认生是孩子认识能力发展过程中的重要记忆变化。它一方面明显地表现了孩子感知、辨别和记忆能力的发展，即能够区分熟人和陌生人，能够清楚地记得不同人的脸；另一方面，也表现出孩子情绪和人际关系发展上的重大变化，表现了孩子对亲人和对不熟悉人的不同态度。

图5-2 孩子会认生

在宝宝认生时期，当陌生人到来时，应让孩子逐渐和陌生人接近，不要让他一开始就单独与陌生人在一起。只要父母能从容地面对陌生人，孩子便会很快消除顾虑，这是因为孩子对陌生人的好奇远远超过对陌生人的惧怕。

多和宝宝说话好

佳美的妈妈希望佳美早点学会说话，于是从佳美出生时起就利用各种场合跟她说话，如早晨佳美刚好睡醒了，妈妈一边抱起她一边说："天亮了，起床了。""来，洗洗脸，真干净。""宝宝，饿了吧，来，张开嘴喝奶了。"特别是到了第4个月，妈妈和佳美说话比以前更多了，爸爸不耐烦地埋怨妈妈："她根本不懂，你整天跟她唠叨什么啊？"然而，妈妈却有了新发现：每当对佳美说话时，她会聚精会神地听着，目光注视着妈妈的脸，等她稍作停顿，小家伙就会咿咿呀呀地"回答"。佳美一个人待着时，也会反复做这种练习。

确实，多和4个月的宝宝说话，不仅能促使宝宝多说，而

且能帮宝宝以更快的速度学会发出越来越复杂的声音，早些学会说话。这是因为，宝宝的语言是在与父母和其他照料者的交往中产生的。

出生后第 1 年是儿童学话的准备期，它大致经过以下几个阶段：①反射性的发声阶段（出生后 5 个月内），②咿呀学语阶段（出生后 4～9 个月），③开始理解语言的阶段（出生后 8、9 个月起），④说话萌发阶段（9 个月起），⑤说话阶段

图 5－3　多和宝宝说话

（1 岁左右）。因此，从孩子一生下来开始，父母要利用各种场合多和宝宝说话，从 4 个月开始增加和孩子的这种语言"交流"，并注意说话时富有表情，努力为孩子提供良好的语言环境。这样做不仅能促进孩子语言的发生发展，而且使孩子有安全感，并建立起最初的对周围人的信任感。

锻炼园地

摇荡荡

目的　让孩子安逸地躺在毡中摇荡，使身体与变化的位置保持平衡。

前提　清醒状态。

方法　把孩子放在大毛巾或被毯上，父母二人拉住四角轻

轻摇荡（图5-4）。

注意：观察孩子是否安稳，如果孩子不愿意或害怕时，他会翻身掉下。要事先用亲切安详的话语告诉孩子，这是好玩的游戏，爸爸妈妈都在身边，不要害怕。

图5-4 躺在毛巾中摇

 学飞翔

目的 锻炼腹肌和头部、颈部肌肉。

前提 能俯卧抬头。

方法 让宝宝俯卧，脚朝向母亲。母亲用左手从上面握住宝宝两只小腿，并向上提起宝宝两腿，右手放在宝宝的臂部，然后上下、前后运动。这时，宝宝就会在母亲的手上，用力伸展背部，抬起头与肩（图5-5）。运动时可在床边进行，并接近床面，以免发生意外。

 降落游戏

目的 发展运动协调与平衡能力，锻炼颈腰肌肉本体感觉能力。

前提 宝宝能抬头。

方法 让宝宝俯卧在床上，父亲或母亲用左手扶住宝宝的胸部，右手扶住宝宝的背部，然后抬高宝宝的身体到10厘米左右，放下，抬高放下来回运动（图5-6）。正常宝宝在突然放下时会机灵地朝前伸展双臂和伸开手掌以防坠落，如6~9个月后宝宝抬身时头部不能抬起，而是下落，突然放下时，双臂不能前伸，可能为异常。

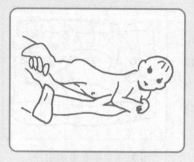

图 5 - 5　学飞翔

图 5 - 6　降落游戏

 俯卧翻至仰卧

目的　学习 180°身从俯卧位翻至仰卧位。

前提　会自己翻身 90° 侧转之后。

方法　在宝宝俯卧时，将玩具或镜子放在宝宝一侧，帮助他将该侧的胳膊放平。轻轻用玩具逗引让他眼和头往侧看，帮他把足和臂部放在仰位，孩子会轻松地翻或仰卧。

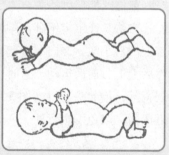

图 5 - 7　俯卧翻至仰卧

多练习几回孩子就会自己从俯卧位翻至仰卧位（图 5 - 7）。

 大夫信箱

 宝宝阵发性哭闹时要警惕肠套叠

一般人们都认为宝宝哭闹是饥饿和不高兴的表示。但是 4 ~ 12 个月的宝宝突然有阵发性哭闹，可能是肚子疼，要警惕肠套叠的可能。

肠套叠是宝宝时期最常见的急腹症。所谓肠套叠是指肠管的一部分套入另一部分内，形成肠梗阻。其危险性在于套叠的肠管如果压迫时间超过 24 小时，会使血液循环受阻，进一步发生肠坏死。威胁小儿的生命安全。

当发生肠套叠时，大多数患儿会突然无任何原因的出现大声哭闹，有时伴有面色苍白，出冷汗，过 10～12 分钟后宝宝恢复安静，但隔不久又哭闹起来，形成阵发性哭闹，说明患儿有阵发性剧烈腹痛。同时，患儿常伴有呕吐，不吃奶等症状，哭闹过 8～12 小时之后患儿还可排出果酱样血水便。揉肚子时，在右上腹或右中腹能摸到一个鸡蛋大小的肿块。综上所述，腹痛、呕吐、血便和腹部肿块是肠套叠的四大症状。有的患儿可能没有呕吐或血便的症状，但绝大多数患儿有腹痛，也就是说都会表现阵发性哭闹。所以阵发性哭闹对肠套叠的诊断是个有力信号，应当引起家长们的重视。

宝宝患了肠套叠，没有办法在家中处理。我们的目的是让家长们能够尽早发现症状，如果早期就诊，95% 以上的患儿可经气体灌肠法治愈，方法简便，效果显著，患儿也无痛苦，如果到了晚期（超过 48 小时以上），患儿出现发烧、脸色不好、脉搏细弱等危重症状时，不能用气体灌肠法，就是做了急诊手术，危险性也较大。所以本病的早期诊断很重要。

保健之窗

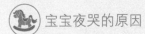

宝宝夜哭的原因

宝宝大脑兴奋性低，神经活动弱，普通的外界刺激对他来说过强等，都是新生儿期睡眠多的原因。新生儿每天睡眠18～

20 小时，2 ~ 3 个月为 16 ~ 18 小时，5 ~ 9 个月为 15 ~ 16 小时。

睡眠时大脑不是完全处于抑制状态，而是在抑制状态为主的情况下，仍然有局部的兴奋状态，做梦、说梦话就是这种兴奋的表现。当睡眠不深，身体不舒服或有毛病时就会啼哭。

常见啼哭原因有以下几种。

（1）时间颠倒：白天和晚上睡颠倒了。多见于新生儿时，由于溺爱，孩子白天一哭就抱，不让孩子哭一声，把孩子又是摇，又是拍，结果白天睡多了，晚上就不睡，哭闹不休，遇到这种情况，要改变孩子白天睡觉的习惯，白天哭两声，只要不是生病就没有关系，不用理他，哭一段时间后孩子就会停止啼哭，新生儿啼哭能增加肺活量有助于呼吸换气，有助于发育。

（2）喂养不当：喂养不当也是孩子哭闹的原因，牛奶过稀，不顶饿，是饥饿性啼哭。牛奶消毒不严，有细菌污染，小儿腹痛也可啼哭，晚上喂牛奶太勤，干扰孩子睡眠太多，影响睡眠也可啼哭。总之，晚间尽量少喂奶或不喂奶，保证孩子休息，同时要注意卫生、消毒、减少感染的机会。

（3）缺钙：孩子缺钙，患佝偻病，神经系统过于兴奋常出现夜惊、夜啼、睡眠不安，要抱孩子到户外晒太阳，吃鱼肝油、钙片来防治。

（4）疾病：孩子感冒，发烧，不舒适，常常哭闹，特别是可能有中耳炎，耳痛厉害难忍，更是哭闹不停，应赶快到医院治疗。

（5）其他刺激：孩子有湿疹，蚊虫叮咬，有蛲虫，衣服上或床上有较硬、较尖锐的东西刺疼皮肤也会哭闹，总之，孩子睡觉时哭闹的原因很多，要具体分析，具体处理，才能去除原因而使孩子安静入睡，保证睡眠质量。

发育测评

121~150天发育测评表

分类	测评方法	项目通过标准
大动作	让宝宝俯卧，家长帮助提起一腿，用玩具引诱使同一侧上肢拿取，宝宝在用劲使身体向上拿取玩具时会向一侧翻动而成仰卧	使躯干与四肢共同向一侧使劲而翻身达180°，由俯卧翻成仰卧
	仰卧时自由抬腿，使手能抓足趾	能抓住足趾
	大人扶宝宝腋下，宝宝能蹦跳，下肢伸直，能短时负身体的重量	大人扶宝宝腋下，让他蹦跳，双足能负担体重
	宝宝仰卧，大人说"坐起"时宝宝不但能坐起，而且能双腿使劲站起来，让他靠着扶坐	拉手不但能起坐也能起立，可靠垫学坐一会儿
精细动作	宝宝仰卧，在胸前上方吊着玩具，宝宝双手去够取，将小球抱住，然后转到一手，五个手指在同一方向将物抓住	双手够取吊着的玩具，再由一手一把抓住
认知能力	宝宝在大人说"灯"时用眼睛盯住灯，或盯住宝宝最爱看的图画	在大人说物名时能用眼睛看住该物
	将小铃或金属用具掉到地上，宝宝用目光寻找	跟随声音，转头到地上寻找丢到地上之物
语言理解	模仿发出"妈妈，爸爸，打打，拿拿"等双辅音	会发出辅音1~2个
社交行为	大人用手帕蒙脸拉开，宝宝也拉衣被自己蒙住，拉开逗大人笑	大人用手帕蒙脸拉开会笑，宝宝会自己拉衣服蒙脸同大人玩
自理能力	人工喂奶者，将奶瓶放入宝宝双手，让他接住放进口中，母乳喂养者，让宝宝寻找乳房	会双手捧奶瓶，将奶嘴放入口中，母乳喂奶者会用头寻找乳房，找到乳头

第六章

第6个月

扶着两只前臂时可以站得很直

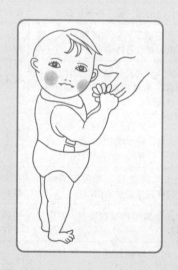

生理指标

1. 体重

平均值　　　　男 7.9 千克　　　女 7.3 千克

平均增长　　　　男 0.4 千克　　　女 0.5 千克

引起注意的数值

高于　　男9.8千克　　女9.3千克

低于　　男6.4千克　　女5.7千克

2. 身长

男63.3~71.9厘米　　均值67.6厘米

女61.2~70.3厘米　　均值65.7厘米

平均增长　男1.7厘米　　女1.7厘米

3. 头围

44厘米。

4，牙齿

4~10个月开始萌出，本月可出牙2颗。

营养指导

 别忘了给宝宝添加辅食

无论是母乳喂养或者牛乳喂养的宝宝，出生后半年内生长发育较好，但是到后半年母乳或牛乳的营养已不能满足宝宝生长发育的需要，为此应给宝宝添加含热量高的固体饮食或半流质饮食，也就是常说的辅食，以保证宝宝继续良好地生长发育（图6-1）。

添加辅食以宝宝4~6个

图6-1　别忘了添加辅食

月开始为宜。此时宝宝的味觉、肠道分泌消化酶的功能均发育起来；宝宝的咀嚼肌也开始发育起来，具备了添加辅食并进行消化吸收的良好条件，是添加辅食的关键期。

预防营养性缺铁性贫血从现在开始

1. 早期发现贫血

贫血的发病较缓慢，自觉症状不明显，不易早期发现。一般来说，贫血常发生在 6 个月以后的宝宝。症状为面色苍白，疲倦，乏力，精神萎靡，食欲不好。症状明显者嘴唇及眼结膜色淡红，牙床、手掌缺乏血色，毛发枯黄；检查可发现体重不增，肝脾肿大。血色素降低，6 岁以下儿童每升血中血色素低于 110 克，即可确定为贫血。

2. 贫血的预防和治疗

（1）坚持母乳喂养，母乳中的铁易吸收利用。

（2）根据月龄，及时添加含铁丰富的辅食：蛋黄，鱼，肝泥，肉末，动物血，绿色蔬菜泥，豆腐等。动物性食物中的铁吸收利用率比植物性食物要高。菠菜含草酸多，妨碍铁吸收，应煮开，过滤后吃。

（3）多吃新鲜蔬菜、水果等含维生素较丰富的食物，以促进食物中铁的吸收。

（4）提倡用铁锅、铁铲做菜，可增加铁的供给。

（5）贫血严重的孩子可在医生的指导下吃强化铁的食品，如强化铁的酱油、饼干、面粉等。

（6）定期测血色素，1 岁内婴儿可 3 个月测一次，1 岁后半年测一次，2 岁后一年测 1 次，并每月测体重 1 次，体重不增要查明原因。

游戏时间

认识食物

目的　认识1～2种最爱吃的食物名称。

前提　认识灯。

方法　观察婴儿平常最喜欢吃的食物，如香蕉。大人将未剥皮的香蕉洗净，拿给宝宝看看，闻一闻它的香味，让宝宝拿在手上告诉宝宝"香蕉"。在宝宝面前将香蕉皮剥开，用小勺子喂宝宝一小口，一面说"真香，真甜，真好吃"。第二天抱宝宝进厨房，拿出一串香蕉问宝宝："香蕉在哪里？"如果宝宝指对位置，就剥开皮让宝宝吃。如果未指对位置，就要连续说几次，直到指对了才让宝宝吃。

第三天，带宝宝一上街，在水果摊前停下，对着成串的香蕉问宝宝："香蕉呢？"指对了，才把香蕉买下，带回家。

宝宝常常先学会认漂亮的水果如桃子、苹果等，以后渐渐学认牛奶、鸡蛋、饼干等。

积木传手

目的　练习手的技巧，学会解决问题。

前提　会一手抓一个积木。

方法　宝宝靠坐，床上放几块积木，让宝宝先拿一块，大人可再递给宝宝一块，宝宝

图6-2　积木传手

如果扔掉手中的再去拿新的时，大人应拿住宝宝的小手，将手中的一块放到另一手中，不要扔掉（图6－2）。练习几次之后，宝宝要再拿新东西时，就会先传手再去拿，这时大人要表扬他"真棒"，以巩固这种本领。

唱儿歌做动作

目的 理解语言，用动作配合语言。

前提 会听声指物之后。

方法 拉大锯——大人宝宝面对面坐在膝上，大人与宝宝手拉手一面念儿歌一面前后摇动，作拉锯样。念到"也要去"时让宝宝身体向后倾倒。以后每念到"也要去"时大人不动，看宝宝是否将身体向后倾倒（图6－3）。

图6－3　唱儿歌做动作

拉大锯

拉大锯，扯大锯，

姥姥家，唱大戏，

妈妈去，爸爸去，

小宝宝，也要去。

其他儿歌也可以配合动作，动作只在某一句上做同样的一种，不能每句都做动作，6个月的宝宝只能学会一个儿歌做一个动作。

自己坐

目的 从倚坐过渡到独坐。

前提 能够倚坐。

方法 在宝宝倚靠着垫子坐起来玩时，渐渐让宝宝离开靠垫的东西，大人的手在宝宝两侧作保护，让宝宝独坐一会儿。经过多次练习，宝宝渐渐学会用两手支撑身体，不必靠着东西自己坐起来，从两手支撑到一手支撑再过渡，到完全不必支撑，两手拿玩具玩，身体还可以左右侧转而保持平衡，这就是真正的能坐稳了。

 自己拿饼干吃

目的 练习自己吃固体食物，学习咀嚼。

前提 握稳并能放进嘴里。

方法 将饼干条或烤脆的馒头条面包条让宝宝握稳，告诉宝宝"可以吃"，让宝宝学习自己啃咬。固体食物能引起咀嚼运动，使牙龈强健。如果在这时期不接触固体食物，宝宝以后也会拒绝固体食物，就会影响消化系统的发育和热量的摄入，妨碍全身发育。

 点头摇头

目的 学会用动作表示自己的意思。

前提 看懂大人用动作表达意见。

方法 经常用点头动作表示"对啦"，用摇头表示"不对或不好"。当大人做动作时要加上口头语言"对"或"不对"，宝宝渐渐学会模仿大人的表示方式。当宝宝要东西时，大人故

意拿宝宝不想要的，看看宝宝能否摇头，如果宝宝不会，大人做给宝宝看，等宝宝用摇头表示之后才拿给宝宝所想要的东西，并用点头示意让宝宝照着做。经过几次训练之后，宝宝就会主动用"点头"表示对；"摇头"表示不对。

教育顾问

为何要逗宝宝玩

对宝宝来说，玩的意义远远不只是"有趣"，宝宝通过玩耍可以学会很多。玩耍可以促使宝宝使用身体的各个部位和感官，开发智能。现在拿给宝宝的玩具与将来他5、6岁时给他的教具有同样的价值；大人现在和宝宝做的游戏与将来他一年级时教师教授的课程同样重要。

宝宝从满月之后，醒着的时间多了；宝宝非常愿意每次醒来都和大人一起玩。但7、8个月前，宝宝还不会独立移动自己的身体，宝宝还是个"被动"的小东西，大人要以逗宝宝玩为主。如果不常逗宝宝玩，不给宝宝丰富的适度刺激的话，宝宝的脑袋里就只能是一片空白。因此，千万别低估了逗宝宝玩的教育意义，更不要以忙为借口逃避和宝宝一起玩。

宝宝依恋妈妈好吗

6～7个月的宝宝，明显地表现出对妈妈特别亲近，不愿意让妈妈离去，形成了一种对妈妈的情感依恋关系。这种依恋关系的好坏将直接影响宝宝将来的发展，如果当有依恋之情的宝宝需要安慰与爱抚时，妈妈能及时地予以满足（图6-4），宝宝的依恋之情就会逐渐加深，并形成良好的母子关系。宝宝从对妈妈产生信任感，并逐渐形成对自身的安全感，进而形成对周围世界的信任感和安全感，为儿童个性的发展奠定良好基础。反之，如果宝宝寻求安慰与爱抚的需要被忽视或拒绝，宝宝便会产生一种不安全感和焦虑的情绪，不利于他以后人际关系的发展。

图 6-4　依恋妈妈

 让宝宝多用小手摆弄物体

宝宝 6 个月时，已能做到眼手协调，手的动作有了方向性和有了目的性。宝宝非常乐于摆弄一切到手的东西，在摆弄中感知物体的大小、形状、软硬、轻重、光滑程度等各种属性。

大人要为宝宝创造摆弄物体的条件。

图 6-5　多让宝宝小手摆弄物体

（1）给宝宝提供很多材料让他摆弄（图 6-5）。从 6 个月到 1 岁，给宝宝提供的玩具要逐渐增加复杂程度。

（2）让宝宝有很多机会观察大人用手。第一年的最后几个月，是宝宝越来越愿意模仿，也是最善于模仿的时期。大人可以因势利导，用动作教他拧下盖子、用线

穿小圆圈、推玩具车或泼水等，经过模仿、理解、实践，使宝宝的双手越来越灵巧。

 绕大圈

目的 增强肩部肌肉力量。

前提 清醒状态。

方法 让宝宝仰卧，两只手分别握住大人的拇指，大人用其余手指轻轻握住宝宝的手腕。将宝宝的掌心朝向内侧，两臂伸直贴于腰部两侧。

（1）先将宝宝两臂向左右斜上方上举二三次，做一下准备活动；

（2）将伸直的手臂以肩为圆心从前向上举起落于头侧（图6-6）；

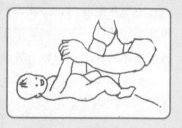

图6-6 绕大圈

（3）再将手臂贴着床面画弧还原于体侧。左右臂交替运动。

 转磨磨

目的 巩固俯卧抬头，为匍行做准备。

前提 俯卧抬头，会用手支撑上身体重。

方法 让宝宝卧床上，大人用玩具在宝宝一侧引诱。这时宝宝会以腹部为支点，四肢腾空，上肢想够取玩具，下肢也着

急地摇动，身体在床上转磨磨
（图6－7）。

 连续翻滚

目的 学会360°滚及连续
翻滚。

前提 会180°从俯卧翻到
仰卧翻到俯卧。

图6－7 转磨磨

方法 与以前学翻身相同，用镜子或玩具放在一侧，让宝
宝学翻。再将玩具放远，让宝宝再翻，当宝宝能连续翻身达
360°时大人鼓掌叫好，诱导宝宝连续翻身。

 大夫信箱

 小儿高热如何观察和护理

发热是小儿疾病最常见的症状，是机体抵抗病菌侵袭的一
种防御性反应，有利于机体与疾病斗争，所以病因未明确时不
要急于用大量退热药，强使退热，会抑制机体防御疾病能力，
同时把热型搞乱，影响疾病的诊断和治疗。

儿童体温（以腋下温度为准）超过37℃可认为发热，体
温在37～38℃为低热，38.1～39℃为中度发热，39.1～40.4℃
为高热，40.5℃以上为超高热。

新生儿大脑体温调节中枢发育还不成熟，有时体温高于
37℃，但在37.5℃以下，仍为正常体温。

一般来说小儿患病时，体温的高低反映疾病的重或轻。但对于身体极虚弱的小儿，严重疾病时不一定发热，甚至体温低于正常，这要根据小儿的体质和整个疾病的病情而定。

发热时除体温升高以外，常伴随有手脚发凉，脸红，呼吸急促，心跳加快，烦躁不安，消化功能紊乱，如腹泻、呕吐、腹胀、便秘等症状。呼吸道感染时，常伴有咳嗽、流鼻涕、打喷嚏、呼吸加快、气喘甚至鼻翼扇动、口周青紫等。消化道感染时可有恶心、呕吐、腹痛、腹泻、尿痛、尿黄、大便灰白、皮肤巩膜黄染。中枢神经感染时还有头痛、恶心、喷射性呕吐、精神萎靡、嗜睡、脖子硬、两眼发直等。皮肤感染时，局部有红、热、肿、痛等炎症表现。因此，小儿发热时要细心观察，有无其他伴随症状，以协助医生及早明确诊断，及时治疗。

发热的护理：

（1）卧床休息，减轻机体的消耗，促使机体产生抵抗力。

（2）饮食清淡、流食、多喝开水。

（3）体温在 38.5℃ 以上，小儿烦躁不安，甚至易惊或有抽风迹象时，可给予退热剂。退热有物理退热和药物退热。

①物理退热：方法简便、安全、效果好，特别是小宝宝降温疗效好。小宝宝发热可打开衣服或包裹；冰凉水袋放于枕下；冷水毛巾置于小儿额前做冷湿敷；可以温水擦浴全身；温热水洗手脚，用白酒或 30%～50% 乙醇擦洗颈部两侧、腋窝、大腿内侧根部（新生儿不要用酒精擦大腿根部）等。

②药物退热：按医生处方服用。病毒引起者，得病后少则

3～5天，多则1周以上才能自愈。体质弱的儿童常迁延多日，或者反复感染，抗生素治疗效果不佳，因而预防感冒至关重要。

 如何预防小儿感冒

（1）提倡母乳喂养。初生宝宝进行母乳喂养，特别是吃上初乳对于促进健康、预防感冒极为重要。牛乳喂养的宝宝患感冒的机会要比母乳喂养的宝宝多3～4倍，这是因为母乳特别是初乳含有大量的抗感染物质。

（2）营养要全面。要及时添加辅食：鱼肝油、深色新鲜蔬菜、肝等。这些食物含有丰富的维生素A、胡萝卜素、锌等，能增强机体的抵抗力。维生素A缺乏，患感冒的机会要增加2～3倍。

（3）多进行户外活动，多锻炼。能呼吸新鲜空气，接受日光照射，有助于新陈代谢，增强皮肤对冷空气刺激的防御能力。夏日的三浴锻炼，即日光浴、冷水浴、冷空气浴就是很好的锻炼方式。

（4）加强护理。在寒冷季节或气候多变的日子，早晚多穿件衣服或背心，中午暖和时脱下。儿童玩耍时汗多，回屋后要及时擦去汗水，将汗湿透了的衣服换掉。

（5）感冒流行期间少串门，避免和感冒病人接触，减少感染机会。

（6）室内空气要流通，特别是冬天要保持室内空气清洁、湿润。常在地上洒些水，或在暖气片、火炉上放一盘水，有加湿器就更好。

发育测评

151～180 天发育测评表

分类	评测方法	项目通过标准
大动作	俯卧时大人双手托住宝宝胸部，可见头与躯干持平，下肢髋和膝都伸直成一平线	头、躯干和下肢完全伸平
	仰卧时宝宝会自由抬腿手抓住足趾并把足趾放入嘴内啃咬	手可玩足，足趾入口
	俯卧时，以手将上身抬起动上肢在床上转	俯卧打转达 180°
精细动作	用拇指，食指和中指握物体体，左右手各拿一玩具	两手各拿一个玩具能拿稳
	一手拿物，要再取时，往往将手中之物传到另一手，用更灵敏的手法去再够取	能将玩具传手拿稳
认知能力	学会听声音，看物后远离目标会伸手指物移动的方向，本月内最少应会认 2～3 种物品	能听声音看目的物 2 种，或用手指其方向
语言理解	发双辅音 2～3 个如发出"妈妈"音时会用眼看母亲；但多数仍随意发音玩耍，并不是称呼大人	会发 2～3 个双辅音，并懂得其意义
	大人背儿歌时到某一句做一种动作，宝宝能记住，每次背到这句时就做这种动作	在大人背儿歌时会做一种熟知的动作
社交行为	照镜子笑，同它说话，用手摸它	照镜时笑，用手摸镜中人，同他说话
自理能力	用手拿固体食物自己吃，有咀嚼能力	会自己拿饼干吃，会咀嚼

第七章

第7个月

会爬

7~9个月发展目标

（1）能独坐片刻。

（2）躺下会坐起、会翻身、会爬行，能扶站。

（3）能用拇指和食指抓住小球、用食指戳洞。

（4）会扔东西，用双手调换拿东西。

（5）能发出"爸爸、妈妈、大大、打打"等声音。

（6）会自行寻找突然不见的物体。

（7）能听声指认二三种物体。

（8）能分辨生人、熟人。

（9）明显依恋母亲，母亲离开时会哭闹。

（10）能分辨和蔼与严肃的表情和声音。

（11）能用不同的声音和动作表示喜欢与不喜欢等情绪。

（12）会跟大人玩类似捉迷藏的游戏。

（13）大小便前会做出表示。

（14）会在大人拿着的杯中喝水。

 7～9 个月教育要点

（1）帮助宝宝练习坐、翻身、爬、站立等动作。

（2）给宝宝提供便于手拿的小球、积木、铃铛等多种玩具，教孩子用拇指、食指相对捏取小玩具、玩具换手、对击。

（3）说话要准确，避免用娃娃腔。

（4）经常用言语、动作教宝宝认识日常事物。

（5）及时用温和与严肃的语言、表情、手势，鼓励宝宝良好行为，禁止不良行为。

（6）多让宝宝与人交往，训练宝宝用微笑、注视、语言、手势等与人打招呼，培养与人交往的初步能力。

 生理指标

1. 体重

平均值　　　　男 8.3 千克　　　女 7.6 千克

平均增长　　　男 0.4 千克　　　女 0.3 千克

引起注意的数值

高于　　　男 10.3 千克　　　女 9.8 千克

低于　　男 6.7 千克　　　女 6.0 千克

2. 身长

男 64.8 ~ 73.5 厘米　　均值 69.2 厘米

女 62.7 ~ 71.9 厘米　　均值 67.3 厘米

平均增长男 1.5 厘米　　女 1.6 厘米

3. 牙齿

在生后 4 ~ 10 月开始萌出，本月可出牙 2 ~ 4 颗。

 日常铺食制作

1. 鲜果汁

将新鲜水果洗净，去皮、核，用榨汁机榨取果汁，或用刀切碎水果，放入清洁纱布中用力拧挤，使果汁流入碗（杯）内，再加入适量白糖，就做成了鲜果汁。

2. 菜水和菜泥

将蔬菜（如菠菜、小白菜、菜花、莴苣叶）等洗净，切碎后加适量盐和水煮沸 15 分钟，上层的清液即菜水，可直接给宝宝喂食，下面的蔬菜以刀背或勺剁碾，再用牙签挑出粗纤维，即成菜泥。

3. 土豆泥、胡萝卜泥

土豆、胡萝卜洗净切成小块，放入锅中加水和一大勺汤、盐少许煮沸，然后用文火煮 15 ~ 20 分钟，再用小勺将土豆、胡萝卜碾压碎，与锅中所剩极少汁液拌匀即可。

4. 豆腐蛋羹

取 1/2 ~ 1/4 个生鸡蛋蛋黄放入小碗中，加南豆腐一勺、

肉汤一勺、盐少许，混合成均匀糊状，用小火蒸至凝固，食前可滴香油。

5. 猪肝泥

猪肝50克，洗净剖开，去掉筋膜、脂肪，放在菜板上用刀轻轻剁成泥状，将肝泥放入碗内，加入适量香油、酱油、盐调匀，用文火蒸20~30分钟即成。

6. 青菜粥

将青菜（菠菜、油菜、小白菜的叶）洗净切碎备用。将大米淘洗干净，放入锅内，加清水用旺火煮开，转微火熬至黏稠（若大米事先用水泡1小时左右，可缩短熬粥时间），在停火前加入少许盐及碎菜，再煮10分钟左右即成。

7. 营养面条

将面条煮烂，慢慢加入搅拌好的生鸡蛋，开锅后再加入用植物油炒熟的菜末（小白菜、油菜、胡萝卜、西红柿等，西红柿要先用开水烫一下剥掉皮）。也可以将鸡蛋换成肉末、肉松、鱼泥、豆腐等。

8. 橘子乳糕

取2~3瓣橘子，去皮核研碎，再在锅中放牛奶200毫升，加2小勺玉米面混合后用微火边煮边搅拌，呈糊状时加少许蜂蜜，倒入小碗放凉呈胶冻状，食时上蒸锅稍蒸即可。

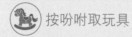 按吩咐取玩具

目的　扩大认物范围。

前提　能听声看物及听声指物后。

方法　将玩具 3 ~ 4 种放在宝宝够得着处。大人说"给我娃娃""给我小车"等，让宝宝找到玩具递给大人（图 7 - 1）。如果宝宝还未听明白，或者不知道玩具的名称，大人可以将玩具拿给他，告知名称，再让他拿给大人。以后游戏可以扩展为取用品、取食物等使宝宝认物范围不断扩大。

图 7 - 1　按吩咐取玩具

 指鼻子

目的　认识人体五官和身体部位。

前提　会指识物品。

方法　大人抱宝宝在镜前，拿着他的小手指他的鼻子说鼻子。然后再拿着他的小手，指大人的鼻子，也可以拿着他的小手指娃娃的鼻子（图 7 - 2）。宝宝学认五官只能先学认一处，千万不要一次学几处，否则分辨不清。待宝宝已经顺利地在大人说"鼻子"时指自己的鼻子，确认无误时再让他学认眼睛等。

图 7 - 2　指鼻子

 找玩具

目的 培养宝宝敏锐的观察力，树立物体恒在的观念。

前提 会寻找掉下的东西。

方法 大人同宝宝玩耍，在兴趣正浓时当着他的面将他的玩具放在大人的口袋里或枕头下、床单下。玩具最好大一些，露出一部分，看看宝宝能否从大人兜里或枕头下、床单下取回自己的玩具。如果宝宝很快能发觉而且能取到玩具，大人应马上抱起宝宝，称赞他"真棒！真聪明！"鼓励宝宝发展敏锐的观察力。以后可把玩具藏到宝宝够得着处，露出的部分少些让他寻找。

 练习发辅音

目的 模仿发双辅音，将音与人和物联系。

前提 会发几个元音。

方法 大人每天都要同宝宝聊天，互相模仿发出双辅音，如大大，打打，哥哥，娃娃，拍拍，咳咳等。每发一种辅音就指相应的人和物或做出相应的动作，使音与意义联系（图7-3）。例如在玩娃娃时，说"拍拍娃娃睡觉"，或者"打打"做出打娃娃的动作，"拿拿"伸手拿东西，"咳咳"时咳嗽几声。宝宝会很喜欢这种游戏性的发音，经常练习使辅音增多对学习语言极有好处。

图7-3 练习发辅音

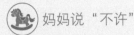 妈妈说"不许"

目的 让婴儿学会约束自己，不做大人不许的事。

前提 懂得表扬和批评。

方法 当婴儿将玩具放入嘴里或拿不该拿的东西时，大人要一面说"不"一面摇头摆手做出不许的表情。如果宝宝听懂了不继续干就应马上说："好宝宝，真听话!"如果仍继续做表示还未听懂大人的话，就要一面制止活动，一面板起面孔说"不好"。宝宝学会约束自己的行为是一件很重要的事。大人要注意自己的表情，不应在宝宝做了不该做的事时仍嬉皮笑脸，否则宝宝就专门去做不该做的事，以为能让大人开心。

 教育顾问

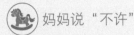 宝宝用左手好，还是用右手好

手的动作受大脑的支配，人的大脑由左右两半球组成，两半球的支配作用又有不同分工。大脑的左半球为语言、逻辑思维的神经中枢，控制人的右侧肢体活动；大脑的右半球为感觉、形象思维中枢，控制人的左侧肢体活动。

人一般习惯于用右手操作，但也有宝宝用左手活动，并逐渐成为习惯，这是先天发育或后天练习的结果。

大人如果发现宝宝使用左手，没有必要纠正，因为习惯用左手并不影响宝宝的智力。理想的是发展宝宝左右双手的活动，从而促进大脑两半球的充分发展。

 正确对待宝宝扔东西

宝宝为什么扔东西呢？因为宝宝被一种新技巧深深吸引，想整天地"熟练"下去。如果大人把宝宝扔掉的东西又扔回来，宝宝立刻意识到这是一种可以两个人玩的游戏，他扔的兴致会更高，很容易养成随手扔东西的习惯。

大人最好不要把宝宝扔掉的玩具马上捡起来交给宝宝，这样如上所说，他就会把扔东西当作一种游戏，可能会养成随意扔东西的坏习惯，最好让宝宝自己把东西捡起来。要记住，对扔东西的宝宝大喊大叫地训斥，得不到好的效果。

 请给宝宝朗读

实践已证明，念书给宝宝听，有助于宝宝学习新词语，发展口语和文学语言表达能力，启发想象力，延长注意力集中的时间。

给宝宝选读的书应该是有启迪性、知识性的书，也应该选择具有文学性和长期阅读价值的书。大人用较大的声音朗读，吐字要清晰，速度要稍慢，但不要太具表演性，因变换太多的语调会干扰宝宝的注意力，忽略了故事情节。

有些宝宝特别好动，总是不能安静地坐下来。这时大人不要着急，更不能责备和强迫，这会影响宝宝情绪，对听朗读产生反感。可以给他一些彩笔和纸，使手忙着，慢慢安静下来，听读书。要想让宝宝接受听读书，平日大人要以身作则，让宝宝每天能看见大人在一定时间看报读书，而不是把时间消磨在电视机前或玩牌当中。

 母子健身操

（1）仰卧起坐（图7-4）

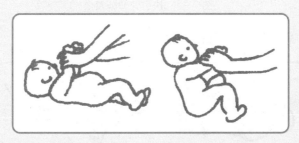

图7-4　仰卧起坐

预备：宝宝仰卧，妈妈轻握宝宝手腕。

动作：①拉起宝宝两臂使宝宝坐起；②放下宝宝使之平躺。

重复两个8拍。

注意：拉起时动作要轻柔、缓慢，以免牵拉臂部致使关节脱位，最好顺着宝宝自己用力的方向进行，如宝宝不愿起身不能强行进行。

（2）扶手臂仰卧起坐（图7-5）

预备：宝宝仰卧，妈妈右手握住宝宝右手腕，左手按住宝宝的双膝。

动作：①右手拉起宝宝坐起；②放下宝宝平躺床上。

左右手轮换做，重复两个8拍。

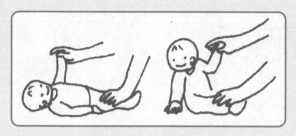

图 7 - 5 扶手臂仰卧起坐

（3）腰部运动（图 7 - 6）

图 7 - 6 腰部运动

预备：宝宝仰卧，妈妈用右手托住宝宝腰部，左手按住宝宝双足踝部关节。

动作：①托起腰部，使宝宝腹部挺起成桥形；②放下宝宝于原位。

重复两个 8 拍。

注意：托起腰部尽量提高，但头部不应离开床面。

（4）跪起直立运动（图 7 - 7）

预备：宝宝俯卧，妈妈站在宝宝背后，两手握宝宝的腕部。

动作：①扶宝宝跪直；②扶宝宝站直；③扶宝宝跪下；④还原使宝宝俯卧。

重复两个 8 拍。

图7-7　跪起直立

（5）提腿运动（图7-8）

图7-8　提腿

预备：宝宝俯卧，使宝宝两肘关节屈曲，放在身体前面，妈妈双手握住宝宝的两只小腿。

动作：①提起宝宝的双腿约30°；②还原让宝宝成俯卧位。

重复两个8拍。

（6）弯腰运动（图7-9）

预备：大人站在宝宝身后，左手抱住宝宝双膝，右手扶住宝宝腹部，在宝宝前方放一个宝宝喜欢的玩具。

动作：①让宝宝弯腰去捡玩

图7-9　弯腰

具；②左手向上扶起宝宝胸部让宝宝站立。

重复两个 8 拍。

（7）跳跃运动（图 7 - 10）

图 7 - 10　跳跃

预备：母子对面站立，大人双手扶婴儿腋下。

动作：①向上抱起婴儿腋部离开床面；②放下婴儿。

重复两个 8 拍。

什么叫手足搐搦症

宝宝手足搐搦症又叫维生素 D 缺乏性手足搐搦症，在宝宝时期发生，多数在冬春季节发病。患儿主要由于维生素 D 及钙质供给不足，血清中钙含量减低，出现抽风和手足搐搦等症状。

宝宝手足搐搦症表现为突然抽风，不伴有发热及其他异常情况，抽风多次发作，每日可发作 1~20 次不等，每次发作持续几秒钟或半小时。发作时，患儿失去知觉，手足做有规律性的抽动，面部肌肉痉挛，眼球上翻，大小便失禁。发作以后，患儿一般情况正常。

宝宝手足搐搦症和佝偻病的关系密切，大多数手足搐搦症患儿同时患佝偻病。所以预防本病的方法与预防维生素 D 缺乏性佝偻病的方法相同。宝宝出生后，最好坚持母乳喂养；出生 14 天后每天给浓缩鱼肝油 400 单位；多在户外晒太阳，使宝宝皮下胆固醇得到紫外线照射而产生维生素 D，这样就可以预防佝偻病的发生。当宝宝手足搐搦症发作时，应及时去附近医院，给予急救措施。

孩子发生抽风时该怎么办

抽风学名惊厥，是小儿常见的急症，来势凶、起病急、变化快，因此家长应了解一些应急的处理办法，设法先止惊，然后送医院治疗。

小儿抽风表现形式多种多样。当四肢抽动伴有面色苍白或青紫、意识丧失时易被发现，而有些抽风仅表现为一侧眼肌、面肌、口角肌小抽动或眼球转动、凝视等，常常被家长忽视。

发现孩子正在抽风时家长千万不要惊慌及大喊大叫，应保持环境安静，减少刺激。要立刻将孩子平躺在床上，头偏向一侧，防止呕吐物或分泌物吸入呼吸道而引起窒息。将衣扣松开，使小儿呼吸通畅一些。然后用包着纱布或手绢的筷子横放到孩子的上下牙之间，也免得咬伤舌头。但如牙关已咬紧，切不要强力撬开，以免引起损伤。迅速止抽可用针刺"人中""十宣"（手十指尖）和"合谷"等穴，刺激要强些，情况紧急时可用

指甲重掐"人中"，也能奏效。伴有高烧的孩子应设法降温，可用冷毛巾或冰袋敷在额部或枕于脑后，每 5～10 分钟更换一次。也可用50%的乙醇擦身子、头、颈、四肢及腋窝、大腿根等大血管暴露的部位，可反复轻轻搓擦，加快降温。

抽风后应尽快去医院诊治，因为长时间的抽风可造成脑损伤，同时应明确抽风发作的原因，进行有针对性的治疗，预防复发。

 保健之窗

 宝宝生病时如何喂养

宝宝患急性呼吸道感染、腹泻等病时，经常出现食欲减退，有时还有呕吐，以致进食量较平时减少。发热、出汗、腹泻又致使消耗增加，两方面的原因常常使宝宝体重减轻，严重的还可能发生营养不良。若能在疾病期和疾病恢复期合理安排宝宝喂养，不仅能预防营养不良的发生，还有助于疾病的康复。

母乳喂养者要继续哺喂母乳，人工喂养者在调制鲜奶或奶粉时，要比平时略稀。宝宝生病时食欲差，可采用小量多次的原则，增加哺喂次数，使每天吃的总奶量不少于平时。若发热、出汗、腹泻较重，则总的吃奶量应比平时略多，以保证病儿所需的营养和水分，有利于病儿康复。

已添加辅食的宝宝，可继续给予已经习惯食用的辅食，但生病期间不宜增加新的辅食品种。

给生病的小儿安排饮食要注重营养、易消化，如鲜果汁、酸奶、蛋羹、碎菜、豆腐、肉末粥、烂面等。制作时要比平时切得碎、煮得烂，并要格外注意饮食卫生。

在疾病的恢复期要注意补充患病时损失的营养，每日增加一次哺乳或每日加一餐，至少持续一周，但要注意切勿急躁，以免过度饮食引起消化不良，再次发生疾病。待小儿完全康复后，要鼓励小儿多吃营养丰富的食物，适当增加蛋白质、维生素、矿物质等的摄入量，以恢复体质，增加抵抗疾病的能力。

发育测评

181~210 天发育测评表

分类	评测方法	项目通过标准
大动作	用手和腹匍行，越使劲越向后，大人用手推动足底，可帮助向前匍行	俯卧向后匍行，手推足后可向推进
	从靠着到独坐，先会利用双手支撑防止前倾，经过练习后可以完全不扶不靠独立片刻	用双手支撑着坐到短时间独坐
	学会伏卧翻到仰卧，再由仰卧翻回伏卧，有时为够到远处玩具会连翻滚去够取	能连续翻滚几个360°够取远处玩具
精细神作	握积木或核桃两手各握一个就能敲响	两手各握一块积木对敲作响
	用纸巾上放爆米花或葡萄干3~5个，宝宝会用手掌去把弄，或者一把抓住几个	用手掌扒弄葡萄干或爆米花，但捡不着
	用手在盒中或筐内取到积木或核桃放入口中	用手从盒中拿到积木马上放入口中

续表

分类	评测方法	项目通过标准
认知能力	拉走正在玩的玩具会尖叫，四肢转动来反抗	觉察正在玩的玩具丢失了，用尖叫和动作表示反抗
	听到物品能用目光看或用手指出方向	按大人的声音看物或用手指出方向
语言理解	拿玩具入口时听到"不可吃"就不敢放入口内	懂得"不许"的意义
	会摆手"再见"，拱手"谢谢"等1～2种	会做"再见""谢谢"等1～2种手势语言
社交行为	大人用语言和表情表示赞许和批评能积极或中止正在做的活动	懂得大人用语言和表情表示的表扬和批评
	离开7～10天的熟人再见面亲热，与生人不同	记住离别7～10天的熟人，如奶奶、姥姥、姑姨、叔叔等3～4人
自理	大人托住杯底，宝宝双手捧杯学喝水除动作外会用声音表示要求大小便	会从大人托住的杯中喝水，会用声音和动作表示要求大小便

自己会坐

生理指标

1. 体重

平均值　　男8.6千克　女7.9千克

平均增长　男0.3千克　女0.3千克

引起注意的数值

高于　男 10.7 千克　女 10.2 千克

低于　男 6.9 千克　女 6.3 千克

2. 身长

男 66.2～75.0 厘米　均值 70.6 厘米

女 64.0～73.5 厘米　均值 68.7 厘米

平均增长　男 1.5 厘米　女 1.5 厘米

3. 牙齿

4～10 个月开始萌出，本月可出牙 2～4 颗。

营养指导

 多吃含钙和维生素 D 丰富的食物

含钙丰富的食物有奶及奶制品、红小豆、芝麻酱、小白菜、海带、虾皮、鱼虾等。

含维生素 D 丰富的食物有动物肝脏、鸡蛋黄、鱼、绿叶蔬菜。

游戏时间

 看图书

目的　让宝宝知道图是代表真正的东西，学认图中物品的名字。

前提　学会听声看物和听声指物。

方法 先用水果或蔬菜的图和实物放在一起，让宝宝学会听声指物和指图，然后再慢慢讲解图书的每一幅图。选择一图一物或一图一种动物的宝宝画册，用慢而清晰的语言讲解。鼓励宝宝跟着发 1~2 个音，让他用手摸它，学习指物。

 巩固"不"的意义

目的 从表情动作及语言进一步理解"不"，发展自制力。

前提 懂得妈妈说"不许"。

方法 在伸手去取物之前常常要看看大人的表情，有时大人会摇头、撇嘴，或者有不高兴的表示，宝宝就会懂得是"不"的警告，应当停止。有时宝宝实在憋不住，仍想继续去干，这时大人应当更加严肃地说"不"给予制止。如果此时宝宝不听就要强行把他手上的东西拿走，不能怕宝宝哭闹让他养成不服从的"毛病"。有过一次宝宝哭闹大人让步，以后宝宝会用哭闹去要挟，学会耍赖，成为不良性格的源泉。

学叫爸妈

目的 学会见父叫"爸"，见母叫"妈"。

前提 认识家人，会发音。

方法 母亲抱宝宝迎接父亲下班回家，母亲说"谁回来了？快喊爸爸"，鼓励宝宝叫出声音（图 8 - 1）。早上起床

图 8 - 1　学叫爸爸

也要让宝宝学习叫大人。

 自己玩

目的 让宝宝学习独立自己活动。

前提 宝宝情绪较好时。

方法 将宝宝放在一个安全的地方，将玩具分两部分，一部分放在近处，一部分放在远处。让宝宝坐好，或趴在床上，大人躲在宝宝看不到的地方观察，看看宝宝如何从坐变俯卧，然后匍行或爬行向远处够取玩具。如果宝宝喊叫或者快要跌倒时大人马上伸手扶持。渐渐宝宝能自己玩要10～15 分钟，在无人帮助时能变换体位。

 学坐便盆

目的 培养自理能力，训练完时能坐盆大便。

前提 会坐稳。

方法 把便盆放在固定的地点，根据宝宝大便习惯，或发现宝宝发呆，扭动两腿，神态不安时及时让他坐盆大便，每一次坐盆2～3 分钟（图8－2）。不要让宝宝长时间坐在便盆上，坐盆时不要逗他玩耍、看书、讲故事或喂食。冬天便盆要用棉布包边，以免太凉而使宝宝拒绝坐盆。

图8－2　教宝宝坐便盆

教育顾问

爬行促进宝宝发育

　　爬是一种极好的全身运动，能使全身的各个部位都参与活动，得到锻炼。当宝宝爬行时，他需要昂着头，挺着胸，抬着腰。上、下肢要支撑身体，动作要协调才能保持平稳。由于姿势的经常变换，还会促进小脑平衡功能的发展。爬能促进宝宝眼、手、脚协调运动，从而促进其大脑的发育。

　　从宝宝的心理发展来说，爬行对宝宝的运动知觉、深度知觉、方位知觉的形成都有积极作用。爬行是宝宝对世界更主动的探索，宝宝可以克服"距离"的障碍，去接近他感兴趣的人和事物，随着活动范围的扩大，为宝宝扩大和深化对周围世界的认识及开发智力创造了条件。

　　有些父母担心宝宝到处爬会出危险，总喜欢让宝宝安静地坐着，殊不知宝宝期没有充分得到爬行锻炼的宝宝，到了学龄前期，就会显得反应迟钝、动作笨拙、游戏能力逊于同龄伙伴，而且不经过爬行阶段就会走路的宝宝，其动作发展将不及会爬行的宝宝。

　　因此，宝宝到了 6 个月左右，要教会他爬的动作，当宝宝俯卧时，大人可将他最喜欢的玩具摆放在前面，并拿拿、动动玩具，以吸引他向前爬过去抓取，当他撑起身体跃跃欲试时，大人可用手掌顶住宝宝的脚掌，帮助他用脚蹬着成人的手向前爬，可以多次练习。宝宝会爬以后，要为他创造一个可以爬着玩的环境，如大而平的硬床、干净的地板、铺上席子或毯子的水泥地等，让宝宝玩得痛快，爬得更痛快（图 8 - 3）。

图 8－3　布置一个有利于宝宝爬行的环境

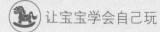让宝宝学会自己玩

出生后 7～8 个月到 1 周岁前，宝宝能够独立地移动自己的躯体了，表现出敢动的独立性。他积极地探索周围环境，简直是见什么抓什么，抓什么就咬什么，不喜欢大人对他的摆布和限制。这时，恰好可以让宝宝自己玩一会儿，借此时机逐渐培养宝宝的独立性，避免养成缠人和严重依赖性的不良行为习惯。

让宝宝自己玩，并不等于大人就没事了。在保证宝宝安全的前提下，要精心为宝宝选择和提供合适的玩具，为大人创造一个他乐于探索的物质环境。同时，要在精神上予以支持和鼓励，及时用语言和非语言相配合的方式肯定宝宝自己玩得好（图 8－4）。

图 8－4　自己玩

这个阶段的宝宝喜欢双手拿着玩具倒来倒去地摆弄，或拾起玩具扔出去。喜欢拿着玩具不停地敲打出声响。以前玩的生活用品、玩具（如小碗、小勺、小盘、小篮子等）仍然合适，小球、沙包、不倒翁或木制的小动物、小人、可敲打的小鼓等都比较适合，此外，各种有盖无盖的塑料瓶子、盒子、装食品的

小筒、摩擦启动的小汽车、积木也都是宝宝十分喜爱的游戏材料。

锻炼园地

 手膝爬行

    目的   锻炼宝宝爬行能力。

    前提   会俯卧匍行，手支撑体重。

    方法   在宝宝前面放一玩具，逗引宝宝爬行到玩具跟前拿到玩具（图 8-5）。如果在爬时宝宝腹部不能离开床铺，可用一条毛巾放在宝宝腹下，提起腹部，使体重落在手和膝上，训练手膝爬行。

 推大磨

    目的   增强上肢与肩部肌肉力量。

    前提   坐稳，两手自由活动，前倾取物后能还原。

    方法   母亲与宝宝面对面坐着，握着宝宝的两手，使宝宝的两臂交替向正前方伸展（图 8-6）。

图 8-5　学手膝爬行　　　　图 8-6　推大磨

🐴 宝宝湿疹是怎么回事

湿疹是一种过敏性疾病，发病的诱因很多，部分患者有一定的遗传倾向。

本病多见于出生后 2 个月到 2 岁的小儿，病情轻重不一。一般分三种类型。

（1）渗出型（湿性）：较多见，一般先在面部发生皮疹，双颊有对称性小点状斑丘疹，很快转成疱疹及水疱，发生糜烂，渗出淡黄色液体，干燥后形成黄色痂盖。皮疹可向其他部位蔓延，易继发细菌感染。患儿感到特别瘙痒，因而烦躁不安。

（2）干性型：急性期之后，渗出不显，皮疹以丘疹、红肿、硬结、脱屑及结痂为主，此时搔痒较前减轻。

（3）脂溢型：主要为红斑疹，渗出浅黄色脂性液体，成半透明褐黄色痂皮，多位于头皮部、眉际及耳后，此型痒感不明显。

以上三型可同时或单独存在。症状时轻时重。

预防：如患儿对牛奶过敏者酌情改用豆奶或其他食品，条件不许可者亦可将牛奶煮沸时间延长，亦有人提出在喂哺前先让患儿吃 5～7 毫升牛奶，一小时后再正式哺乳。对一般病儿避免喂养过多。忌用热水给患儿洗澡，防止小儿用手抓患处。另外哺乳中母亲忌食辛辣食品。

治疗：轻者仅需局部治疗，如哈西奈德霜剂、可的松软膏涂患处。重者需要加上全身治疗，全身治疗可在医生的指导下进行。

谈谈出牙与牙齿发育

乳牙发育与营养摄入有关，初生宝宝以母乳喂养为主，不需要牙齿。6个月后母乳量满足不了宝宝的生长发育，需要添加辅食，进食半固体、固体食物，此时正是宝宝乳牙开始萌出时期，乳牙对于辅食极为重要，乳牙的萌出标志着断奶期的开始。

乳牙：共20颗，大约从宝宝6个月开始萌出乳牙，2岁时乳牙长齐。最初萌出的乳牙是门牙，医学上叫切牙，有8颗切牙。首先萌出的是中切牙，继之是侧切牙萌出，1周岁时，8颗切牙出齐。此后相继萌出第1磨牙，尖牙，第2磨牙，1岁9个月至2岁，所有20颗乳牙出齐。

恒牙：儿童在6岁时开始出恒牙，首先出的恒牙是第1磨牙，叫"六龄牙"，以后相继出的恒牙是切牙、双尖牙、尖牙，第2、3磨牙，恒牙共32颗。

出牙迟缓：10个月的宝宝还未出牙叫出牙迟缓，多见于佝偻病。出牙晚虽是宝宝缺钙的表现，但更确切地说是妈妈缺钙。牙齿的发育分四阶段，以门牙为例，胎儿6周时牙胚开始发育，4个月时开始钙化，出生后6~7月才萌出，1岁半到2岁时牙根形成。也就是说母亲妊娠6~10周胎儿乳牙开始发育，4~6个月为钙化期，妈妈缺钙，胎儿乳牙的发生及钙化

必然受到影响，以致宝宝出牙晚。

此时的孩子正处出牙期，多吃含钙丰富的食物，多户外活动及晒太阳、适量地服鱼肝油等，以促进牙的萌出和发育。给宝宝哺乳的妈妈也要多吃含钙的食物。

宝宝出牙期间可能出现烦躁、流口水、咬乳头甚至短暂的发烧，这是正常的生理现象，牙齿萌出后就会消失，不需特殊处理，若体温过高，烦躁疼痛明显，可在医生指导下服退热、镇痛药。

发育测评

211～240 天发育测评表

分类	测评方法	项目通过标准
大动作	用手或毛巾吊提腹部学习手膝爬行，渐渐放手，婴儿的腹部离开床铺	能用手和膝爬行，腹部短时离床
	在座位或匍行时试着扶物站起来	能扶物站起来
	俯卧时会抬起上身，并翻过身来使下肢坐起	能从俯卧或匍行而扶物坐起
精细动作	食指能插入转动的洞内拨动转盘，探入瓶中抠出小物	食指能转动转盘或抠入洞内
	拇指与其他四指相对使劲捏响玩具	捏响玩具
认知能力	大人说"鼻子"时拿着婴儿的手指自己或大人的鼻子，经过练习当大人说"鼻子"时婴儿会指鼻子	学指鼻子
	宝宝玩玩具时，当他的面将玩具盖住大部分露出一点儿，让宝宝揭开盖布	能找出用手绢或被子盖住大部分露出一点的玩具

续表

分类	测评方法	项目通过标准
语言理解	让宝宝拿玩具给大人宝宝会拿玩具到正确方向有时舍不得真的给别人	会把玩具给指定的人
	会招手“再见”或拱手“谢谢”或摆手“不”	做 1 ~ 2 种动作表示语言
社交行为	理解大人脸部的表情，知道大人高兴或生气，自己也会做各种表情，如挤眼，噘嘴等	懂得大人脸上表情，如高兴、生气、害羞等
	看到亲人展开双手要亲人抱，表示亲近	展开双手要亲人抱
自理能力	进餐时会抓馒头，抓碟子内的食物吃，掉下的饼干也会捡起吃掉	用手指抓东西吃
	按宝宝便前习惯的动作和声音，及时让他坐盆，家长在旁边监护	便前有所表示，开始学习坐便盆

第九章

第9个月

能扶着栏杆站立

生理指标

1. 体重

平均值　　男8.9千克　女8.2千克

平均增长　男0.3千克　女0.3千克

引起注意的数值

高于　男 11.0 千克　女 10.5 千克

低于　男 7.1 千克　女 6.5 千克

2. 身长

男 67.5～76.5 厘米　均值 72.0 厘米

女 65.3～75.0 厘米　均值 70.1 厘米

平均增长　男 1.4 厘米　女 1.4 厘米

3. 牙齿

4～10 个月开始萌出，本月可出牙 2～4 颗。

 宝宝辅食要多样化

7～10 个月是宝宝以吃奶为主到 1 岁左右以吃饭为主的过渡时间，我们也把整个时期称为断奶期。宝宝断奶期的辅助食品可分为四大类，即谷类、动物性食品及豆类、蔬菜水果类和油脂、糖类。

（1）谷类：谷类食物是最容易被宝宝接受和消化的食物，所以添加辅食时也多先从谷类食物开始，如粥、米糊、汤面等。宝宝长到 7～8 个月时，牙齿开始萌出，这时可给宝宝一些饼干、烤馒头片、烤面包片，帮助磨牙，能促进牙齿生长。

（2）动物性食品及豆类：动物性食物主要指鸡蛋、肉、鱼、奶等，豆类指豆腐和豆制品，这些食物含蛋白质丰富，也是婴儿生长发育过程中所必需的。对于 1 岁以内婴儿来说，母

乳喂养者每日每公斤体重需供给蛋白质 2.0～2.5 克，混合喂养、人工喂养需供 3～4 克。

（3）蔬菜和水果：蔬菜和水果富含宝宝生长发育所需的维生素和矿物质，如胡萝卜含有较丰富的维生素 D、维生素 C，菠菜含钙、铁、维生素 C，绿叶蔬菜含较多的维生素 B_2，橘子、苹果、西瓜含维生素 C。对于 1 岁以内的宝宝，可以通过食用鲜果汁、蔬菜水、菜泥、苹果泥、香蕉泥、胡萝卜泥、红心白薯泥、碎菜等方式摄入其所需的营养素。

（4）油脂和糖：油脂和糖是高热能食物。宝宝胃容量小，所吃的食物量少，热能不足，所以必须摄入油脂、糖这类体积小，热能高的食物，但要注意不宜过量，油脂应是植物油而不是动物油。

认手指

目的　认识名称配合动作。

前提　学会认鼻和眼。

方法　抱宝宝坐膝，数弄宝宝的脚趾头。点一个说一句，宝宝喜欢听大人说话，一面配合着动动脚趾。

大人边玩宝宝的手指边说手指儿歌，告诉他每个手指的名称（图9－1）。当大人说"大拇哥"时，

图9－1　认手指

自己举出拇指，让宝宝模仿着做。

大人一面说一面出示手心或手背，让宝宝模仿着出示自己的手心或手背。

 看图识字

目的　培养宝宝对文字的敏感，激发识字的兴趣。

前提　认识五官和物名。

方法　用 15×15 厘米的大纸写上"鼻"字，在字下面用曲别针别上画好的鼻子。大人先指图说"鼻子"再指自己的鼻子，又再指字再说"鼻子。"多次重复之后，宝宝懂得图和字都是鼻子，当大人指图或字时他指自己的鼻子。以后取去

图9-2　看图识字

图，大人指字时看看宝宝能否指自己的鼻子（图9-2）。用同样方法宝宝可以学"眼"字。学会两个字之后，随时调换两个字的先后次序和位置，反复在大人指字时宝宝指自己的五官。以后再慢慢学认耳、嘴、头、手、脚和宝宝已经学会的物名，如香蕉、勺子等。宝宝认得第一个字时家长会十分兴奋，这种惊讶的表情激励宝宝愿意认字。而且家中其他人也会认为宝宝"真聪明""真棒"。这些表扬都会激发宝宝进一步分辨字符的积极性，对宝宝视觉分辨和认物都有推动作用。

如果宝宝对文字不感兴趣，不要强迫宝宝认字，可以以后再进行。"认字"不是要求认识多少字，而是培养宝宝对文字的敏感，发展视觉分辨率。

儿童识字的最佳期是 4 岁以后，因此视宝宝的情况而定，

切不能强迫宝宝认字，以识字作为本年龄阶段发展的首要任务都是不对的。

 学手势做动作

目的 用手势表示语言。

前提 学会招手表示再见之后。

方法 大人示范拍手叫"好"，拱手表示"谢谢""你好"，将双手伸展表示"大"（图9－3），用拇指、食指合拢表示"小"，还可以学习竖起示指表示自己"1岁"。当他做对时大人一定不要忘记表扬"真捧"，以鼓励学习。

图9－3　用手势代表语言

 学用勺

目的 练习在碗中用勺取到食物。

前提 会用食指、拇指摄取之后。

方法 吃饭时摆好小桌小椅让宝宝自己拿勺子先吃几口，然后大人用另一个小勺再帮助喂饭。不要夺他的勺子，仍然让他自己用勺学吃饭（图9－4）。如果大人给机会，到1岁过后孩子能完全自己吃饭。如果完全由大人喂，则2岁之后孩子仍张口待喂，不会自己动手。

 装电筒

目的 培养观察能力。

前提 已认识几种物名。

方法 父亲拿起手电筒，在宝宝面前拆开零件，取出电池，然后将各部位安装好。打开开关用手电照亮各处，再关上。宝宝喜欢发亮的东西，会伸手去摸，学习按开关。学着自己装电池，或拧开、拧紧电筒底盖（图9-5）。

图9-4 学用勺   图9-5 装手电筒

如何培养宝宝的记忆力

正确的培养和教育能增强宝宝的记忆力，具有了较强的记忆力才能更好地学习和获得经验。根据宝宝记忆的特点，培养宝宝的记忆力在方法要注意以下两个重要的方面。

（1）采用生动形象、有声有色、颜色分明鲜艳的东西作为记忆材料。大约在宝宝出生6个月左右就已出现了形象记忆，如宝宝认母亲的脸，想要曾经吃过的食品。周围环境中的物品、图片、玩具都可以成为宝宝记忆的材料。

（2）在日常生活中、在游戏活动中训练宝宝的记忆力。大人可以有意识地在日常生活中利用各种机会训练宝宝的记忆

力，如拿一个大苹果给宝宝看，对宝宝说"大苹果"，把想让宝宝记住的东西，多次重复，并在语言中突出来。也可以特意设计一些游戏，训练宝宝的记忆力，如把苹果（或其他有趣的物品）当着宝宝的面藏起来（用布盖上），说"苹果哪去了？""咦，苹果出来了。"总之，用这些宝宝感兴趣的形式，让他在不知不觉中记住许多东西，获得许多经验，逐渐提高记忆力。

 经常抚摩孩子好

抚摩宝宝对其身心发育及性格塑造起着十分重要的作用。可采用以下抚摩方法。

（1）拥抱。大人每天要拥抱宝宝几次。采用头碰头、胸与胸相触的全身性拥抱，可以使宝宝身心舒适愉悦。

（2）抚摩。每晚睡前，用手指搔揉宝宝的颈背部，用手心抚摩背部，注意要轻而有力。这样可起到克服紧张，解除疲劳的作用。如果想使宝宝平静下来，可以在其背部或腿部作些轻微抚摩或按摩。

（3）揉捏。宝宝取仰卧位，一般先从上肢到下肢，然后再从两肩到胸腹。用手指进行揉捏，可增强肌肉的坚实程度。揉捏一般要选择在饭后两小时左右进行，操作手法要轻柔，让宝宝感到舒适为度。注意不要让宝宝受凉，以防感冒。

 如何帮助宝宝听和说

宝宝 9 个月时，言语能力的增长速度惊人。在 9 个月～1 岁这段时间里，开始模仿大人发音了，这是"学话萌芽

阶段"。

宝宝开口说出的第一批词来得缓慢，而他们对词的理解进展迅速，他可能学会了几十个词义，却只能说出一两个词，如果你的宝宝就要满一周岁时只能说出一两个词，也不要以为他学话晚。其实他在听，在学着理解。

宝宝说出第一批词的早晚和多少取决于大人平时的教育。宝宝满周岁前的几个月是他第一年里最善于模仿的时期，也是他理解词和说出词的关键时期。大人要充分利用这段宝贵的时间帮助宝宝学会听和说。大量的柔声细语是为宝宝学习听和说提供的最好的帮助，也就是说要不断地对宝宝说话，而且在说话时要注意以下几点。

（1）要面对面跟宝宝谈话。宝宝和大人一对一不间断的对话，可能使宝宝早些说话。

（2）要跟宝宝说那些能看见的东西。如果你说什么宝宝都可以看见，他马上就能将物体与不断出现的关键词联系起来。

（3）要说那些宝宝感兴趣的事物。宝宝感兴趣的事物名称容易使宝宝记住，或把现在提到的词和以前经历过的事物联系起来，宝宝有说话的积极性，学话就快些、好些。

（4）说某种东西时要用手指给宝宝看，当宝宝指着他想要的东西时，要帮助、鼓励他边指边说出来。

（5）要试图理解宝宝的话。如果宝宝感到你在认真听他讲，他讲的话如果你能理解（有时要靠猜），这会激发他说话的积极性，他会乐于把"自己的话"向你倾拆。不要改正宝宝"自己的话"，关键是让他敢说，愿意说。

锻炼园地

 仰卧→俯卧→起坐

目的 训练动作的灵活性。

前提 从俯卧转到仰卧180°。

方法 让宝宝仰卧，用玩具逗引，由仰卧变为俯卧姿势，再由俯卧变为起坐（图9－6）。然后给宝宝玩具，加以表扬鼓励。

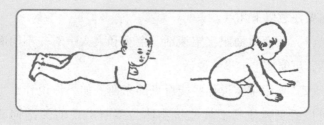

图9－6 俯卧到起坐

 拉起蹲下

目的 锻炼大肌肉力量。

前提 能蹲。

方法 大人站在宝宝的对面，握住宝宝双手或让宝宝握到圆圈，然后拉起宝宝，让宝宝起立，放下宝宝，让宝宝蹲下，来回运动，可边做边说"起立""蹲下"或说"上""下"（图9－7）。

注意：不能强行拉起宝宝，应顺势让宝宝站起或蹲下。

图 9 – 7　拉起蹲下

学爬下、爬上

目的　发展爬行能力、运动协调能力、防摔伤。

前提　会爬。

方法　先让宝宝坐在床上，告诉宝宝说"宝宝自己下床"，然后让宝宝变成俯卧位，宝宝双腿慢慢拉下床，双脚触地后，让宝宝自己爬下，以后再让宝宝自己爬上床，经多次训练后宝宝可自己安全地从高处爬下，爬上（图 9 – 8）。

图 9 – 8　爬上爬下

踏脚学走

目的 锻炼宝宝行走能力。

前提 扶双手能站立。

方法 让宝宝背靠着大人的两条腿，两脚踩在大人的脚面上，大人扶着宝宝的腋下，喊着一、二、一的口令，迈着适合宝宝的步伐，带动宝宝向前走（图9－9）。每天2次，每次12分钟。

图9－9　踏脚学走

小儿腹泻的防治

腹泻病在我国儿童中是仅次于呼吸道感染的第二位常见病、多发病。多由细菌、病毒、真菌和寄生虫所致，严重地危害着儿童健康。2岁以内小儿发病率最高，其原因主要是宝宝非母乳喂养，环境及个人卫生差，饮用水不洁等。小儿腹泻的表现为：每日大便次数在4次或4次以上，呈稀水样便、黏液便或脓血便。有些病儿伴有发热、呕吐、精神差。严重时可发生脱水甚至死亡。

积极进行小儿腹泻的早防、早治，提倡母乳喂养宝宝，加强环境和个人卫生，清洁用水，改善营养，以降低其发病率。一旦发现小儿大便次数增多，偶有呕吐，但精神还好，不伴其他症状，大人可在家里给孩子喂下面液体。

自制米汤电解质口服液：（取炒米粉 25 克＋盐 1.75 克＋水 500 毫升煮沸 5 分钟，放凉）。应少量多次饮用。

发育测评

241～270 天发育测评

分类	评测方法	项目通过标准
大动作	让宝宝取玩具，爬追滚动玩具	能用手和膝爬行，腹部完全离床
	在床栏、沙发或成排的椅子旁扶着横向跨步	扶物站立，双脚横向跨步
精细动作	摇动拨浪鼓	会用手腕前后转动使拨浪鼓作响
	按电视和录音机的按钮，开关电灯等	会用手指按电视的开关
认识能力	按大人吩咐拿玩具，在盒中放进取出	十指准确动作
	指自己的鼻子、眼睛或耳朵	认识五官
	当面用纸盖住积木，让宝宝揭纸取出积木，有时还会再盖住再揭开继续玩	揭开完全盖住玩具的纸或手绢
语言理解	见父叫"爸"、见母叫"妈"才算有意义	会见父叫"爸"或见母叫"妈"
	表示"再见""来""你好"，鼓掌赞成，手指做虫虫飞，或用一套动作伴儿歌	会做 3～4 种表示语言的动作
社交行为	抱娃娃表示爱抚，给他"盖被"，拍他睡觉	会抱娃娃，给它盖被，拍它睡觉
	当大人谈论到自己时害羞地藏身到母亲身后	知道大人谈论自己，懂得害羞
自理能力	用勺子凹面盛到食物	学会用勺子，凹面朝上，盛到食物
	大人帮助穿衣服时伸头伸手积极配合	穿衣时会伸头伸拳配合动作

推着推车走几步

10～12 个月发展目标

（1）拉手扶栏能走，能独自站稳。

（2）会用手指打开小纸包和书。

（3）能用棍够取玩具。

（4）握笔能戳出小点。

（5）能听懂 10～20 个常用词。

（6）能模仿听过的声音。

（7）有意识地叫爸爸妈妈。

（8）会给或取玩具。

（9）会随歌谣做 2～3 种动作。

（10）会指认身体部位 1～2 处。

（11）能认识常见的人、物及图片。

（12）能找到在他面前藏起的东西。

（13）能拿杯喝水、配合穿衣。

（14）对周围环境和各种事物都感兴趣，喜欢摸一摸。

（15）成功时会表现出自豪和愉快，受挫折时会大哭大闹打滚，有了自己的情感意志和个性雏形。

10～12 个月教育要点

（1）开辟一个安全的环境，让宝宝爬、学走及玩耍。

（2）教学走路，从由人扶走到独自扶栏走，最后练习独走。

（3）教握笔画点、叠积木、开关盒盖、洞中投取物。

（4）鼓励大胆说话、叫人、表达自己的意愿。

（5）教认识实物、五官、图片。

（6）重复地教宝宝日常用语。

（7）继续用语言、表情、动作让宝宝知道好与坏，逐步培养是非观和自控力。

（8）扩大生活范围，引导细致观察各种事物。

（9）训练宝宝捧杯喝水、握勺吃饭、配合穿衣、大小便坐盆等生活自理能力。

生理指标

1. 体重

平均值　　男 9.2 千克　女 8.5 千克

平均增长　男 0.3 千克　女 0.3 千克

引起注意的数值

高于　男 11.4 千克　女 10.9 千克

低于　男 7.4 千克　女 6.7 千克

2. 身长

男 68.7～77.9 厘米　均值 73.3 厘米

女 66.5～76.4 厘米　均值 71.5 厘米

平均增长　男 1.4 厘米　女 1.4 厘米

3. 牙齿

出牙 4～6 颗。

营养指导

 宝宝的食物制作

1. 鸡肉粥

大米 50 克，鸡肉 30 克，植物油 10 克，酱油、盐、葱姜末少许。

将大米淘洗干净，浸泡 2 小时左右，用旺火煮开，转文火熬至黏稠；将炒锅置于火上，放入植物油，把鸡肉末炒散，加入葱姜末、酱油翻炒匀，锅内倒入米粥，加少许盐，咸淡适宜，再用文火煮几分钟即可。

鸡肉粥黏稠、味香，含有丰富的蛋白质、碳水化合物、钙、磷、铁、B 族维生素等。

2. 什锦面

挂面 50 克，肝 10 克，虾肉 10 克，鸡蛋 1 个，菠菜 10 克，鸡汤、酱油、盐各少许。

将肝、虾肉、菠菜分别洗净切碎成末。将挂面折成短段，放入锅内，加鸡汤、酱油一起煮，煮至八、九成熟时，放入肝末、虾肉末、菠菜末，煮开后将调好的 1/4 蛋液甩入锅内，煮熟即成。

此面色艳、味美，富含蛋白质、碳水化合物、钙、磷、铁、锌、维生素。

3. 鸡蛋饼

标准粉 50 克，细玉米面或小米面少许（若无亦可），鸡蛋 1 个，植物油、盐少许。

面粉放在一大碗内，加入调好的鸡蛋液以适量水调成均匀的稀糊，再加入少许盐调匀，注意不要有面疙瘩。在平锅内擦一点油，待锅热后倒入面糊（面糊多少依饼的大小而定），摊成薄饼。

4. 清蒸鱼

鱼、蛋清、盐、葱、姜。

将鱼收拾干净后自中间剖成两半，取一半的胸腹部，在鱼身上均匀地涂少许盐，把抹了盐的鱼放入盛蛋清的碗内，使其表面涂上一层蛋清，表面放几片葱、姜，再放入蒸锅内中大火蒸 15 分钟。蒸熟后，将鱼刺去除，鱼肉研碎，即可给婴儿食用。

5. 什锦猪肉菜末

猪肉 15 克，西红柿、胡萝卜、葱头、柿子椒各 75 克，

盐、肉汤适量。

　　将猪肉、西红柿、胡萝卜、葱头、柿子椒分别洗净，切成碎末。将猪肉末和各种蔬菜末一起放入锅内（西红柿末除外）加肉汤煮软，再加入西红柿末略煮，加入少许盐，使其具有淡淡的咸味。

　　制作什锦菜末时，可根据季节变换蔬菜等品种，但要注意保持菜的色泽鲜艳和营养素搭配。

　"我要"

　　目的　竖起手指回答问题。

　　前提　能竖起手指。

　　方法　教导宝宝用食指表示 1，当大人问"你要几块饼干？"宝宝竖起食指时就给他 1 块（图 10－1）。"你再要吗？"他再竖起食指，再给他 1 块。大人问"你几岁啦？"教导宝宝竖起食指作答。宝宝很喜欢这种回答方式，经常提问，让他熟悉。

图 10－1　我要 1

数手指（图10-2）

目的 认识1~2个手指，学数1和2。

前提 学过手指儿歌。

图10-2 数手指

方法 大人边说儿歌边数手指说名称，然后问宝宝哪个是大拇指，看看他能否将大拇指伸出。再问"哪个是小指？"看他能否把小指也伸出。然后学习数1（伸拇指）、2（伸食指）。

没了，有了

目的 理解"没了"和"有了"的意义，学会寻找。

前提 会打开盒子和松开纸包。

方法 大人同宝宝在桌上玩小球和盒子。大人将小球放入盒内盖上说"没了"，看看宝宝能否打开盒子取出小球，看到小球时大家都高兴地拍手说"有了"。

再用白纸将小球轻轻包住说"没了"，如果宝宝能打开纸包将小球取出大人也要高兴地鼓掌说"有了"（图10-3）。

拉绳取玩具

目的 探究绳与玩具的关系，学会利用绳子（工具）取到东西。

前提 拇指和食指能抓住绳子。

方法 在宝宝够不着处放上玩具，大人用绳子系好，拉动

绳子取到玩具。再将玩具和绳子放在桌上，看看宝宝能否模仿大人，拉动绳子取到玩具（图10－4）。

图 10 - 3　找东西　　　　　图 10 - 4　拉绳取玩具

 照料布娃娃

目的　模仿妈妈照料布娃娃。

前提　会拿勺子和手绢。

方法　给宝宝一条可当被子的手绢和小碗小勺，告诉他"娃娃困了，要睡觉"，看看宝宝能否为娃娃盖被让它睡下。再给他小碗小勺说"娃娃该起床吃饭了"，让宝宝用小勺喂娃娃吃饭。照料娃娃学会关心别人，无论对男孩女孩都是有益的游戏（图10－5）。

 捧杯喝水

目的　学习自理，自己双手捧杯喝水。

前提　会捧奶瓶吃奶。

方法　大人用双手捧碗喝水，用不易打碎的杯子放1/4水让宝宝模仿。初时宝宝会将部分水洒漏出，但几次学习之后就能少漏或不漏(图10－6)。

图 10 - 5 　照料布娃娃　　　　图 10 - 6 　捧杯喝水

 自己动手

目的　动手操作开关，使手指更灵敏准确。

前提　示指拇指能摄取小物。

方法　在大人关灯开灯时，抱宝宝在开关前，让他自己学习操。一旦操作使灯亮了，宝宝会十分高兴。以后可以让宝宝学习开关电视机等。

 户外认物

目的　扩展认知范围，理解语言。

前提　认识几种户外物名。

方法　带宝宝到户外观看花、草、树木、车辆、高楼大厦，随机认识蝴蝶、蚂蚁、苍蝇、蚊子等（图 10 - 7）。回到家中在儿童图书或图卡上找到相对应的图再温习强化。宝宝经常会记住一些他喜欢的事物，如蝴蝶、蚂蚁或车辆。记住一个

温习强化一个，渐渐扩大宝宝认识事物的范围。此时期理解的词汇越多将来语言能力发展越好。

 发展动作能开发智力

出生后到满周岁，此时期的身体活动成为儿童身心发育

图 10－7　经常到户外看物认物

的重要组成部分，孩子的生长发育变化的显著标志是基本动作和语言的发生与发展。

应该准备一些辅助用具，如颜色鲜艳的球，手摇的发响玩具。大人还应对宝宝给予适时的适当的帮助，如 7 个月时，宝宝俯卧时可在宝宝面前置一颜色鲜艳的玩具，使宝宝意图抓握但又抓不到，此时宝宝腹部及大腿前侧尚未抬起，宝宝两臂前推本意是使身体向前位移，结果反使身体后退，大人应适时地用手抵住宝宝双足，勿使后退，有时还帮助宝宝抬起腹部，使宝宝屈髋屈膝，逐渐发生手膝爬行，更要多使宝宝有练习手膝爬行的机会，在宝宝期手膝爬行是个很重要的动作。另外，走也是很重要很关键的动作，当宝宝已经能扶着室内家具或扶着推车行走时，应在大人的鼓励和保护下独立地行走，成人应认识到爬和走在宝宝动作发展中占很重要的地位。

根据宝宝的气质调整游戏的方式

宝宝从诞生时起，就具有鲜明的、互不相同的气质，这就注定了在游戏时每个宝宝需要的刺激强度不同。如果能引起他的兴趣和注意力，又不会吓到他，那这个强度就比较合适。

佳美和佳宇在游戏时的表现不同，甚至相反。佳宇玩荡秋千之类的游戏会高兴得大笑，而佳美却吓得够呛。佳美听了轻柔的催眠曲会微笑着也想唱，但佳宇却丝毫没有反应。所以，大人要经常观察宝宝的反应，真正发现他最适合玩什么游戏。

 保护宝宝的好奇心

到了 1 岁左右，宝宝的好奇心发展迅速，什么都想摸摸、动动。看别人吃饭，要抢勺、抓碗；看见别人写字，也要拿笔；看见别人洗手就要玩水。大人不要让宝宝这不许拿、那不准动，宝宝的好奇心会被一连串的"别动"压抑住。正确的做法是要耐心示范，有危险的动作要告诉他，并给他解释。比如，有的宝宝总想摸摸火炉上的东西，甚至想去抓火苗，大人可以把着他的手在炉边试一试，宝宝感觉烫手，就不会再摸了，也有的宝宝可能还想用另一只手摸，直到两只手都感觉到烫了才肯罢休。

日常生活中的常见物品，只要没有危险，就要尽可能地让宝宝多摸摸动动，这能保护宝宝的好奇心和探索欲望，对培养宝宝的独立能力大有好处，同时，可导致初步思维活动的产生（图 10-8）。

图 10-8　保护孩子的好奇心

锻炼园地

 钻洞、越障碍物

目的　锻炼中枢神经系统与肌肉的协调活动。

前提　会膝爬行。

方法　"钻山洞"大人手膝着地，让宝宝从腹下钻过（图 10-9）。

图 10-9　钻"山洞"

"越障碍"：大人平躺着床上，让宝宝从身上爬过。

"爬大山"：把被子、枕头堆成"高山"让宝宝爬上爬下。

 扶站

目的　练习爬行然后扶物站立学习跨步。

前提 熟练匍行，能抬头，手膝爬行。

方法 铺凉席或旧毯子在地上，让宝宝有充分练习的地方。用不倒翁、小车、球等玩具吸引宝宝爬行。在毯子的一头放上几张椅子或任何能让宝宝扶着站起的家具。孩了一旦站起，就会扶着横排的椅子学习跨步，用小车或滚球诱导，宝宝会快速爬行或扶着迈步去够取玩具（图10－10）。多次练习渐渐就学会爬行或行走。

图10－10 学扶栏站起

 蹲下捡玩具

目的 在扶栏站立时学习单手扶栏，蹲下捡玩具，再扶住站好而维持身体平衡。

前提 会扶站。

方法 扶栏蹲下捡物再次站起。不但要求宝宝能单手扶站，而且蹲下捡物，再次站立。有时

图10－11 蹲下捡玩具

玩具会移动而需要迈步才能捡起。大人先放一些不动的玩具让宝宝捡到，获得成功和快乐，再放一些能滚动的小车、小球等供婴儿进一步学习（图10－11）。

推车走

目的 训练婴儿的行走能力。

前提 一手扶栏迈步。

方法　用毛巾绕过宝宝前胸从两腋下穿过，在后面轻轻拽着向前走（图 10－12）。也可给宝宝一辆小推车让他在地面上推着向前走。如果放手宝宝自己已能站得很稳，就可让他站在父母之间练习独自向前迈 1～2 步。练习走路要循序渐进，从轻扶双手，到扶单手移动，然后独站，最后自己独走几步。

图 10－12　推车学走

 大夫信箱

 怎样给宝宝喂药

　　喂药，首先应选择最适当的时间。根据医生的嘱咐，不同的药物选择饭前还是饭后服，一般来说，对胃刺激不太大的药物均选择在饭前空腹吃，是为了避免引起孩子呕吐。喂药前，可先用温开水把药泡软，加糖调成糊状，用小匙从孩子的嘴角顺着舌边往里倒，等他将药咽下后，再把匙子拿出来，随即喂少量糖水。如果孩子很快把药全部吐出来。应根据吐出的量，重新补喂一次。

　　有些病需要服中药，就更困难一些，因为中药有些苦味，孩子更不愿意喝，为了避免发生恶心、呕吐，汤药应该是温服，在汤药中加些白糖，一般在饭后 2～3 小时服较适宜。另外，煎量不可太多，可用小火慢煎。力求浓缩，每次喂 20～

30 毫升即可，每日可多喂几次，2~3 次或 4 次都可以。可以放在奶瓶里，在他们喝奶前喂，往往不会有多大困难。困难者可像喂西药那样用小匙，一匙一匙地喂。

不管是喂西药或是喂中药，切勿捏鼻子强迫灌药，这样做大部分药物流在孩子嘴外，还会将药液呛入气管而引起小儿窒息，甚至危及生命。

保健之窗

 肥胖要从婴儿开始预防

肥胖儿因体重增加，行动不便，不爱活动，结果越胖越不爱活动，越不爱活动者就越胖，形成恶性循环。肥胖儿在游戏或体育运动时由于行动迟缓、笨拙，常有自卑感产生，性格孤僻，在心理上造成抑郁。过分肥胖还会使心、肺负担加重，血压增高，影响心脏功能，肺活量减少，二氧化碳潴留，很容易感到疲乏，爱睡觉，上课精力不集中，学习成绩下降。

诊断孩子肥胖的有效方法是：与本书给出的生长发育指标比较，如果高于引起注意的数值，说明体重增长过快，均应引起重视。

预防肥胖的方法：

（1）按生长发育需要供给食物，不可超量喂养。

（2）饮食要有规律，少吃零食，不可用食物来逗哄孩子。

（3）多吃蔬菜、水果，不吃多奶油的食物，少吃糖。

（4）及早锻炼身体，多活动。

271～300 天发育测评表

分类	测评方法	项目能过标准
大动作	用手和足爬行，比手膝爬得快	会用手和足迅速爬行
	在扶站时看到皮球滚来会蹲下捡起	扶站时会蹲下拾物再站起
	大人站在婴儿身后，拉着两只手向前走步	双手拉着学走
精细动作	用拇指和食指摄取葡萄干、爆米花、小糖丸等，甚至会摄取母亲掉下的头发	会用拇指和食指摄取细小物体
	投放小球入有圆洞的盒中	会将小球投入有洞的盒内
认知能力	听儿歌认手指先学会认拇指和小指	认识拇指和小指
	将系绳的环放在远处，绳子放在近处，宝宝会拉绳子取环	会拿住小绳去拉取远方的小环
语言理解	不用大人提醒，在亲人离开时招手再见，要东西时伸手，不要时推开，高兴时拍手	主动地用动作表示语言
社交行为	在铺垫子的地上和小朋友追爬捡球，学习别人的手技，自己表演学到的表演技能	主动亲近小朋友，同人追爬捡球，学习别人的方法
自理能力	自己双手捧杯子喝水，不必由大人扶持	能捧杯喝水
自理能力	穿衣服时让他自己伸手入袖内	能伸手入袖

第十一章

第 11 个月

牵一只手走

生理指标

1. 体重

平均值　男 9.4 千克　女 8.7 千克

平均增长　男 0.2 千克　女 0.2 千克

引起注意的数值

高于　男 11.7 千克　女 11.2 千克

低于　男 7.6 千克　女 6.9 千克

2. 身长

男 69.9～79.2 厘米　均值 74.5 厘米

女 67.7～77.8 厘米　均值 72.8 厘米

平均增长　男 1.2 厘米　女 1.3 厘米

3. 牙齿

出牙 4～6 颗。

营养指导

10～12 个月宝宝每日膳食量

宝宝长到 10～12 个月时，基本上以吃饭为主，喝奶为辅。食物供给宝宝所需的大部分热能和营养素，此阶段的宝宝每日每公斤体重约需热量 110 千卡，可来源于谷类食物、乳类、蛋白质和油脂。

根据该阶段宝宝对各种营养素的需求，估算出每日的食物需要量约为：

谷类食物 100 克左右，相当于稠粥或软饭每次半碗至 1 碗，每日 2～3 次；

蔬菜或水果 150 左右，相当于每日吃 4 匙蔬菜、1 个苹果；

鱼或肉每日 50 ~ 100 克，分 2 次吃；

鸡蛋每日 1 个，豆腐或豆制品每日 50 克；

油每日 1 小匙（约 5 克）。

此时的宝宝每日吃奶量在 500 毫升左右就可以了，且最好用杯子喝。有的宝宝比较恋奶而不愿吃其他食物，大人应注意纠正，因为母乳和牛奶中含铁较少，宝宝每天吃几次奶而不正常吃饭，就有可能发生缺铁性贫血，这也不利于宝宝养成良好的进食习惯。大人切不可因小儿挑食，就以奶来补充，这只能加重宝宝的偏食，造成膳食不平衡。

目的　培养观察能力和语言理解能力。

前提　会找图片。

方法　用高 45 厘米的纸箱，在六个面上贴上不同的图画。让宝宝扶着纸箱站立，当大人问"小猫呢?"时，宝宝会扶着纸箱来回转，直到找到小猫的画面为止。如果找不着，大人可告诉宝宝爬过去寻找（图 11 - 1）。

图 11 - 1　玩六面画盒

画星星

目的　学习握笔试画。

前提　拇指食指能摄取。

方法　用一张大纸铺在桌上，大人示范在纸上画小点说"这是星星"。将蜡笔递给宝宝，大人握住宝宝的手同他一起画星星，然后放手让宝宝自己乱画。当宝宝在纸上扎点时大人说"这是星星"，当宝宝乱画道道时说"这是面条"，大家一起笑，使宝宝愿意画（图 11 - 2）。

图 11 - 2　让孩子握笔乱画

小狗有什么

目的　发展观察能力，培养有意注意能力。

前提　懂得图中的小狗是指动物小狗。

方法　在街上看到小狗时，大人一面说"小狗"一面说"看，它有尾巴、有腿、有尖耳朵、也有眼睛和嘴巴，它的鼻子最灵，用鼻子去找肉骨头吃"。回到家中找出小狗的图片让宝宝学指哪里是它的尾巴、哪里是它的脸、哪是它的鼻子等，但一次最好只认一个器官，掌握后再学下一个（图 11 - 3）。

配合穿衣

目的 学习自理，为自己穿衣做准备。

前提 听懂大人说话，会随儿歌做动作。

方法 大人为宝宝穿衣时，让宝宝将手伸入袖子内，穿裤时大人张开裤腿，让宝宝将腿伸入裤内。让他学习将裤腰拉好（图 11 - 4）。

图 11 - 3 观察动物　　　　图 11 - 4 配合穿衣

教育顾问

掌握宝宝学步的最佳时机

宝宝什么时候学步好呢？一般来说，宝宝在 11 个月 ~ 1

岁8八月期间开始学习走步都属于正常年龄范围。具体到每个宝宝身上，学步的早晚又各不相同。下面为家长们介绍一种简单的判断方法。

宝宝想迈步的时候，一定是在支撑物的帮助下进行的，支撑物可以是成人的手、床、沙发、凳、小桌等。

当宝宝刚刚能够离开支撑物独立站立时，家长切忌急于求成让宝宝马上独立行走，而应让他继续在支撑物的帮助下练习走步。

只有当宝宝离开支撑物，能够独立地蹲下、站起来，并能保持身体平衡时，才真正到了宝宝学步的最佳时机。

具备一定的腿部力量是蹲下、站起并保持身体平衡的前提。因此，家长们应在婴儿学步前让宝宝进行腿脚部力量锻炼的游戏，以增强他的腿部肌肉力量。同时，多吃含钙食物，保证骨骼发育正常。

让宝宝尽早说话

学会说话是智力发展的一个飞跃。语言的发展使孩子在扩大视野和活动范围的同时，迅速发展了思维能力。

心理学家常常根据儿童说话能力的发展大致推测儿童的智力水平。有两个关键的语言现象可以作为依据：①什么月龄会用除爸爸、妈妈的称呼以外的第一个词；②什么月龄会自发地把两个不同的词组成句子。凡是这两个月龄早的孩子，说明语言发展好，以后的智力可能高。

孩子要学会说话并非易事，要经过大致一年的时间才能说出第一批词。要从出生时起，循着孩子学说话的各个进展阶段，并利用这些阶段，提供良好的教育条件让孩子尽早说话。

锻炼园地

倒立

目的　锻炼上肢肌肉力量和爬的技能。

前提　能手足爬行。

方法　让宝宝俯卧，并用两手撑起上身。大人立于宝宝一侧，右手从脚背一面握住宝宝两小腿下端。然后用左手掌托住宝宝胸部，右手同时将宝宝双脚上提，使宝宝倒立起来。这时托住胸部的手可以稍微离开胸部，使宝宝独自倒立。为防止宝宝倾倒而发生危险，左手要一直放在宝宝的胸部附近。宝宝疲劳时即可停止运动。

注意：要等宝宝双臂撑稳后再向上提腿。当宝宝熟悉倒立动作之后可能会用手向前爬，母亲这时应随着宝宝的动作向前移动右手。

拉手走

目的　学会独走。

前提　扶栏迈步。

方法　大人牵着宝宝一只手向前走。如果宝宝身体摇晃不稳，就改用两手在宝宝后面牵着。如果宝宝走得很稳，可以拿一根小棍子让宝宝牵着小棍的一端，大人牵着另一端慢慢走。观察宝宝的步伐，如果的确走得很稳，大人渐渐将拿棍子的手松开，陪着宝宝走。这时宝宝拿着棍子在独走，有大人陪着就不害怕，渐渐过渡到完全独走。

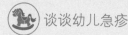 谈谈幼儿急疹

宝宝急疹，就是人们常说的"烧疹子"，是由病毒感染引起的，通过呼吸道传染，冬春季节最常见。发病年龄一般为出生后 6 个月到两岁。

宝宝急疹的特点是"烧退疹出"。患儿突然高烧，体温可升至 39～41℃。患儿虽有高烧，但精神很好，有的可有轻微咳嗽、呕吐、腹泻等症状。高烧一般持续 3～5 天，体温便突然下降，在体温下降时出现皮疹，即热退疹出或疹出热退。疹子的特点是全身散在小红斑点，躯干较多，面部、肘膝以下较少。皮疹在 24 小时以内出齐，经过 1～2 天就可以完全消退。疹退后不留痕迹。出疹子的同时伴有脖子、耳后、枕后的淋巴结肿大，但无压痛，热退后持续数周逐渐消退。

幼儿急疹在皮疹出现以前，诊断较为困难，容易被误诊为呼吸道感染，给予消炎、退烧、止咳等治疗。家长不必担心，不会耽误患儿的病情，因为幼儿急疹一般很少有并发症，是一种急性而预后良好的出疹性传染病，患病后不需要特殊治疗。

家长了解了幼儿急疹的特点后，就会觉得幼儿急疹并不可怕，当 6 个月至 2 岁的小儿有不明原因的高热时，要想到有幼儿急疹的可能性。不必因高热不退而频繁地去医院，避免交叉感染其他疾病。要注意让患儿多喝水，吃易消化的流食，高热时及时服用退烧药，以防发生惊厥，当疹子出来后，病也就算好了。

保健之窗

宝宝食物制作要注意卫生

制作宝宝食品并不需要特殊的设备或太多的时间，但环境、设备、原料、制作者以及制作过程中一定要注意卫生，这样才能预防由于食品不清洁引起的疾病。

首先厨房要保持清洁。灶台、洗碗池、抹布及时清洗，定期消毒。及时清倒垃圾，以免招来苍蝇。放碗、筷的橱柜要保持整洁，防止碗筷受污染。宝宝喂饭的食具，最好选择不锈钢或塑料小碗和圆边汤匙，宝宝餐具最好是宝宝单独使用，用完及时洗净。

大人在每次给宝宝制作食物前，或接触宝宝食物前，都应用肥皂和流动水彻底将手洗净。大人上厕所后，收拾宝宝粪便后或洗宝宝尿布后，也必须彻底洗手，然后接触宝宝。孩子也应经常洗手，因为宝宝经常用手直接抓食物吃，有时还可能吸吮手指，若不经常洗手，就有可能把病菌吃到体内引起疾病。

尽可能给宝宝喂新鲜食物也是很重要的，尤其是在炎热的夏季，细菌在室温中2小时就可能在剩饭菜中繁殖。因此，宝宝食物最好单做，一次只做一顿饭的量，以确保食物新鲜、有营养、清洁。万一一顿没吃完，食物要保存在保鲜盒内或加盖保鲜膜后放入冰箱，在下次吃之前要充分加热。宝宝食物在冰箱中的保存时间，一般不要超过24小时。条件好的最好现吃现做，一次吃不完的让大人吃掉。

发育测评

301～330 天发育测评价表

分类	测评方法	项目通过标准
大动作	不必大人搀扶，自己扶家具自由走动，家具间可有手够得着的间隔	扶家具自己走
	大人牵一只手让宝宝向前走	大人牵一手能走
	宝宝喜欢用手足爬上被垛、斜坡和矮台阶	用手和足爬上被垛和斜坡
精细动作	用手指将纸包打开取出包内的饼干、糖果	用手指拆开纸包
	用大口瓶装糖果让宝宝自己取出剥开吃	用食指从瓶中抠出糖果
	从圆、方、三角的三形板中取出形块，放入图形	用手指从三形板中抠出形块或放入圆形
认知能力	在宝宝面前放几张图卡（或字卡）让宝宝将已认识的图卡检出	会按吩咐捡出学会的图卡或字卡
	将杯和盖分开放桌上，宝宝会准确地盖好	会放上杯盖
语言理解	大人问"你几岁啦?"宝宝会竖起食指回答	会竖起食指表示自己1岁
	会叫奶奶、爷爷或阿姨等亲人	会叫爸、妈、姨、姑、奶奶等3人
社交行为	在家长外出时，总想跟随	随母亲或照料人，舍不得离开
	母亲抱别的宝宝时会尖叫，拉扯着让母亲抱自己	不愿意母亲抱别人
自理能力	穿裤时会将腿伸入裤管内	穿裤伸腿入裤管内

第十二章

第 12 个月

会自己站立

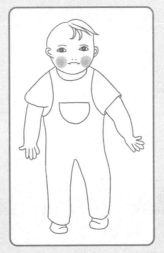

发育指标

1. 体重

平均值　　男 9.6 千克　女 8.9 千克

平均增长　男 0.3 千克　女 0.2 千克

引起注意的数值

高于　男 12.0 千克　女 11.5 千克

低于　男 7.7 千克　女 7.0 千克

2. 身长

男 71.0～80.5 厘米　均值 75.7 厘米

女 68.9～79.2 厘米　均值 74.0 厘米

平均增长　男 1.2 厘米　女 1.2 厘米

3. 头围

46 厘米。

4. 胸围

46 厘米。

5. 前囟

1～1 岁半闭合。

6. 牙齿

6～8 颗，未出牙为异常。

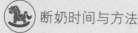 断奶时间与方法

　　首先我们要明确的是断奶并不是某个时间上发生的一件事，而是一个逐渐完成的过程。从 4～6 个月添加辅食起，就开始了断奶的过程，直至其他食物也变为宝宝的重要食品之一，断奶就实现了，有一个粗略的统计表明，在添加辅食初期，辅食提供宝宝所需全部热能的 10%，到宝宝 8～9 个月时

达到 50%，在 1 周岁左右，普通食物提供的热能已占宝宝所需全部热能的 70% 左右，这时就具备断奶条件了。

选择最终的断奶时间也很重要，因为这对宝宝来讲毕竟是生活中的一个巨大变化，宝宝在最初的几天可能不适应。断奶最好安排在天气凉爽、食品丰富的时间进行。若在炎热的夏天，突然用其他食品取代了母乳，可能会影响宝宝对食物的消化吸收，宝宝容易生病。

要顺利实现断奶，需做好以下几件事。

（1）充分的准备：及时添加辅食，培养宝宝对各种食物的兴趣，在断奶前使宝宝能适应较多品种的食物。

（2）慢慢停止母乳喂养：在 2 ~ 3 个月的时间内，每星期或每两星期减少一次母乳喂养，增加给宝宝喂其他食物的次数，最后停止夜间喂奶。

（3）一旦停止母乳喂养，就坚决不让宝宝再吸吮乳头，特别是夜间，当宝宝因不能吸吮乳头而哭闹时，母亲不能因为心疼宝宝而让宝宝重新吸吮乳头，这种情况下，宝宝的父亲或其他家庭成员要帮助母亲解脱，将宝宝抱在自己的怀里给予安抚。

（4）多带宝宝在外面走动，玩耍，让宝宝把兴趣放在外界有趣的事物上，较少地关注母亲与吃母乳。但母亲应注意要使宝宝在其他方面充分感受母亲的关心和爱。

宝宝多大断奶好，并没有固定的答案，要考虑母乳量和宝宝吃其他食物的情况而定。若母乳分泌好，且不影响宝宝吃其他食物，母乳可吃到一岁半甚至两岁，最终宝宝自己停止吃母乳，实现自然断奶。若宝宝依赖母乳，不能正常吃饭，则到一周岁左右就应断奶，总之断奶时宝宝的年龄因人而异。值得注

意的是断奶并不是断牛奶，断奶后的宝宝每天仍需进食 250～500 毫升牛奶。

 找玩具

目的　培养找和猜的兴趣和敏锐的观察力。

前提　会从兜里找出自己的玩具。

方法　大人拿出一个小玩具，比如核桃，放进其中一个盒子内，将两个完全相同的盒子在宝宝面前调换位置，问"核桃在哪儿?"看看宝宝是否猜对。猜对了一定要把宝宝举起，说"真棒"。也可当着宝宝面把玩具藏在枕头下，后移到另一个枕头下，看宝宝能否直接找到第二个枕头下的玩具。大多数宝宝先找第一个枕头，再找第二个枕头。如果能直接在第二个枕头下找，说明智力有一个飞跃的变化。

套环

目的　培养手眼协调，数学启蒙。

前提　会模仿准确的动作。

方法　大人先作示范将环套入棍子上，然后递一个环给宝宝，让他模仿套入。套入一个就数 1，两个数 2，看看宝宝能套入几个（图12-1）。这个游戏可反复玩，训练

图 12-1　套环

宝宝手眼协调能力，然后记录在挂历上每天 1 分钟内能套入几
个，看看宝宝的进步情况。

 用木棍够取玩具

目的　学习使用工具。

前提　有初步手眼协调能力。

方法　同宝宝玩球时，当球滚到床底下用手够不着时，大
人示范用一棍竹棍把球取出。下次再玩球时故意又将球滚入床
下，拿竹棍给宝宝，看他能否够出来。宝宝第一次用棍时，会
将玩具推得更远，大人要告诉他将棍子深入到球后面才能将球
拨出来。宝宝要经过多次练习，才能完全学会（图 12 – 2）。

图 12 – 2　用棍够取玩具

 小猫怎样叫

目的　发展语言能力，练习发音。

前提　认识动物图片。

方法　大人选定几张动物图片，先讲出名称让宝宝学会指
图，然后告诉他"小猫叫——喵喵""小狗叫——汪汪""小
鸭叫——嘎嘎"。每当让宝宝捡出图片时，让他学动物的叫
声。宝宝很喜欢学动物叫，使练习发音更有兴趣。反复让宝宝

取出公鸡的图片或模型，问他公鸡怎样叫，如果他不会，大人可作示范。再问"鸭子呢?"找出来后，再问他"怎样叫?"让他先叫，叫得不像大人再示范。然后大人发出一种叫声，让宝宝找出相应动物的图片来（图12－3）。

图12－3　学动物叫

听故事

目的　了解事情发展经过和因果关系，发展语言能力。

前提　认识几张图片。

方法　大人每天都要给宝宝讲故事。最好照着书上的字句慢慢念，加上讲解。要反复讲同一本书的故事，让宝宝听熟和背诵。有时，可一面讲、一面问"谁来了?""带来什么?""他们

图12－4　经常给孩子讲故事

一同到哪儿去?"等。宝宝会指图回答,说明他完全听懂了。如果不能回答,大人就把答案告诉他。逐渐引导宝宝理解故事内容,激发宝宝的兴趣(图12-4)。

怎么与宝宝说话

经常听到大人父母和孩子的对话:"宝宝,今天吃什么菜菜了?""饭饭吃饱了吗?""睡觉了吗?"

大人在教孩子说话时,不要强化孩子的叠音字。如教"猫"而不教咪咪,教"米饭"而不教"饭饭"。教会孩子说多音字和短句。

1岁左右的孩子发音一般都不大准确,大人不要把孩子不准确的发音当作好玩,有意去逗他,或故意学他错误的发音。时间一长,错误的发音就固定下来,以后很难纠正。

另外,1岁的孩子说话时,语句还不完善,语病很多,大人不要笑话或训斥他。不然,孩子在人前会不愿意说话,造成性格孤僻,影响智力发展。大人鼓励孩子多说话,不要急着代替孩子说话,让孩子有更多的交流语言的机会。

不要迁就宝宝的不合理要求

1岁左右的孩子有时会向大人提出一些不合理的要求。如要进厨房、玩剪刀等。当要求得不到满足时,孩子就会大哭大闹。遇到这种情况,大人首先要耐心劝阻,说明危险。如果孩子不听,大人应想办法分散他的注意力,如用一件孩子平日十分喜欢的物品逗引他，或带他去看画册等。倘若孩子仍不肯罢休，可以采取冷处理，让他自己去哭一阵，待发泄完毕后，再和他讲清道理。

大哭大闹往往是 1 岁左右孩子逼迫大人"就范"的主要手段。如果大人总是迁就他，孩子一哭，就无条件地满足他的任何要求，就会使他认为只要自己一发脾气，一切都会如愿以偿。以后遇到类似情况，他更会变本加厉，愈闹愈凶。由此养成难以纠正的任性、不讲理的坏习惯。因此，大人要

图 12 - 5　不要迁就孩子的
不合理要求

坚定地拒绝孩子的不合理要求。孩子因无理要求被拒绝而发泄几次，对他的健康并不会有多大影响，大人不必为此担心。应让孩子从小懂得，每个人都要约束自己的行为。（图 12 - 5）

 如何教孩子玩玩具

早在 7、8 个月时，我们鼓励孩子自己玩。到了 1 岁左右，

图 12 - 6　教孩子玩玩具

我们一方面继续鼓励孩子能自己玩一会儿，同时，也要经常教孩子玩。因为这个时期，孩子已基本能听懂我们的日常语言，而且模仿行为日益发展。

同一个玩具教不同的玩法，如一个小皮球，可以让孩子丢球、抛球、滚球、投球、击物

拍球等等，等孩子稍大一点还可让孩子数球，辨球形、识颜色、踢球。

玩具可以作为孩子认知学习的入门，它有益于孩子的思维发展，而使用替代物（如用小椅子排起来当"火车"）则能促进他联想和想象能力的发生、发展。

锻炼园地

 抛球

目的　增加运动量，使宝宝学会游戏时合作。

前提　会手足爬行。

方法　大人同孩子面对面坐在地毯上，互相抛球、滚球，球滚出去后让宝宝赶快爬去追。

 荡秋千

目的　保持摇荡平衡。

前提　能扶栏坐稳。

方法　把宝宝放在秋千上，大人慢慢摇动秋千，边摇边唱儿童歌曲，使宝宝心情平静。如果宝宝害怕，大人站在宝宝前面摇秋千；如果宝宝已经玩熟了，大人可站在后面摇秋千（图 12 – 7）。

图 12 – 7　荡秋千

大夫信箱

 防止宝宝非器质性生长迟缓

非器质性生长迟缓是近年来发现的一种新问题，指 1 岁内的孩子无可查明的原因而体重持续不长，通常低于同年龄孩子的平均体重，伴有发育和认知迟钝、易激惹、冷漠或感觉迟钝的状态。

此病普遍伴有进食障碍，然而突出特点是母婴关系不良，母亲在喂食时孩子常表现出不快和拒绝的态度。该病症状表现变化很大，治疗较困难，严重者会产生不良后果，甚至死亡。

防治原则：

（1）建立良好的母婴关系：母亲要保持良好的养育心态，消除潜在的对女孩、残疾儿童等的反感、冷漠和厌恶的心态，做到真正地爱孩子。

（2）调整喂养方法：喂奶时要加强感情交流，增加躯体接触和抚摩。

（3）避免将消极的情绪转移给孩子：有时有意或无意地将不良情绪流露出来，加上人们对孩子心理活动的忽视，孩子容易成为大人情绪发泄的对象。所以，保持良好的情绪状态对孩子生长发育是非常有益的。

（4）对孩子进行仔细的体检，合理喂养，积极治疗躯体并发症是促进患儿康复的主要措施。

保健之窗

防蚊虫叮咬

蚊叮虫咬是夏秋季孩子常见的皮肤损害。被叮咬的皮肤发生炎性反应，呈红色豆疹、风团或瘀点状。仔细观察在损害中央可见到蚊虫叮咬点，针头大小，呈暗红色，豆疹散在于皮肤暴露部位，如头面，四肢等处，有奇痒、烧灼或疼痛感。宝宝则烦躁，哭闹。不要让宝宝抓丘疹或丘疱疹，否则可引起继发感染。

对于蚊虫叮咬的处理，关键是预防。清除滋生蚊虫的环境，房屋安装纱窗、纱门，使用各种灭蚊器、杀虫剂、蚊香、防蚊油等。蚊虫叮咬后立即涂虫咬水、10%氨水，虫咬性皮炎的处理可涂复方炉甘石洗剂、清凉油等。

防痱子

痱子是夏秋闷热季节宝宝最容易发生的疾病。炎热、潮湿、汗液等使皮肤表皮细胞肿胀，汗腺导管及汗孔堵塞，不断分泌的汗液淤积在汗管内，汗管膨胀，破裂，汗液渗入周围组织、滞留在于皮内，便产生痱子。

婴儿新陈代谢旺盛、活动量大，容易出汗，婴儿的皮肤细嫩，在夏季高温、高湿下极易生痱子。

预防痱子的方法：

（1）穿衣不要过多，过紧，衣服要宽大、柔软、清洁、干燥、勤洗勤换、勿积汗。内衣以纯棉为好，尽量少用洗衣粉等

刺激性强的洗涤剂洗衣服。

（2）经常保持皮肤干燥清洁，炎热季节勤洗澡，洗后撒些痱子粉，但不要撒得过多，以免汗干后结成硬块而擦伤皮肤。

（3）室内通风、凉爽、空气新鲜。

发育测评

331～365 天发育测评表

分类	评测方法	项目通过标准
大动作	不必扶物自己站稳	自己站稳
	在大人之间放手走几步，或者家具间隔手够不着处自己走 1～2 步	在大人之间或家具间独走几步
精细动作	用大纸铺在桌上，大人握宝宝的手在纸上画点，渐渐松手让宝宝在纸上乱涂	用蜡笔自己在纸上画点，纸上有痕
	模仿推开火柴盒样的小匣，放入小东西再推匣关上	推开小匣放入小东西再匣关上
	把小糖球给宝宝，示意让他投入瓶中	将糖球投入瓶中
认知能力	除五官外还认识手、脚、头、肚子等 3～4 处	认识身体部位 3～4 处
	放一个瓶子和一个盒子，先示范为瓶和盒子配盖，再让宝宝自己配上	打开和套上瓶盖盒盖
语言理解	大人拿着玩具小猫，模仿小猫叫，宝宝也学会叫"喵喵"	学动物叫 2～3 种
	认动物图，一面学动物的名称，一面留心它怎样叫，并观察它的特点，如耳朵长，尾巴长等；大人问到时会用手指出特点部位	认识动物 3 种

续表

分类	评测方法	项目通过标准
社会行为	当大人说小白兔时会用手表演它的耳朵，当大人说同娃娃亲亲时会抱起娃娃亲吻	会随儿歌做表演动作3~4种
自理能力	自己用勺子盛饭1~2勺放到嘴里	勺子凹面向上，盛1~2勺放到嘴里
	出门口时会抓起帽子放头顶上，有时会拉拉，但不能经常拉正	会抓帽子放在头顶上

1~2 岁篇

宝宝学会走路了，他的发展进入了一个新的阶段。这个阶段为他提供了新的学习课程，活跃了探险环境，更是培养自信的机会。

第一章

1岁1个月

1岁1~3个月发展目标

（1）独自能走稳。

（2）能用积木叠塔。

（3）能握笔在纸上乱涂。

（4）能听懂成人的日常言语。

（5）能说出2~3个字有意义的话。

（6）能认识常见的实物，知道自己的名字。

（7）要东西会用手指或发音。

（8）听到叫自己的名字会走过来。

（9）会用勺装上食物放入口中。

（10）要坐盆或裤子湿了知道表示。

（11）开始对小伙伴有兴趣。

（12）会把玩具给人，会与人争夺玩具。

1岁1~3个月教育要点

（1）采用多种方法训练孩子独立行走。

（2）让孩子自己玩积木、套碗、三形板。

（3）教孩子认识各种实物。

（4）辨认五官、颜色、形状，学涂画，认图片。

（5）经常给孩子唱歌、讲故事、背儿歌、背数字。

（6）教孩子用简单的语句表达自己的要求。

（7）用明确简洁的语言指导孩子的行为。

（8）让孩子做一些简单的事情，如自己握勺吃饭、端杯喝水、拿东西。

（9）培养与小伙伴游戏的习惯。

（10）理解孩子的语言和动作，满足他正常的需求，培育良好的情绪。

 **生理指标**

1. 体重

平均值　男9.9千克　女9.2千克

引起注意的值

高于　男12.3千克　女11.8千克

低于　男7.9千克　女7.2千克

2. 身长

男72.1～81.8厘米　均值76.9厘米

女70.0～80.5厘米　均值75.2厘米

3. 牙齿

6～8颗。

4. 视力

1～1.5岁能注视3米远的小玩具。

营养指导

1～3 岁宝宝一日所需食物

表 1-1　1～3 岁宝宝一日所需食物

食品名	1～3 岁
谷类（部分粗粮）	100～150 克
蔬菜、鲜水果	150～300 克
（绿叶蔬菜占 1/2～1/3）	
豆制品、豆腐	25～50 克
鸡、鱼、肉	30～60 克
蛋	40 克（1 个）
豆浆或牛奶	250～500 毫升
植物油	5～10 克
糖类	5～10 克

游戏时间

开关瓶盖、盒盖

　　目的　为不同的瓶、盒配盖。

　　前提　会盖瓶盖。

　　方法　将用过的瓶子、盒子给宝宝当玩具。大人先打开

图 1-1　找瓶盖

一个，让他盖上，再打开。再给另一个让他自己打开又盖上。将两个瓶子或盒子都打开，让宝宝自己配盖。每次最多只认两个瓶子或盒子，待他已经熟练之后，才又再放一个。渐渐宝宝能记住瓶和盖的颜色和特点，将盖配上（图1-1）。

 站起来继续走

目的 训练独走能力。

前提 能放手走几步。

方法 宝宝刚开始学走步，往往走几步会骤然坐地，有的孩子能勇敢地爬起来再走，很快学会了独行。但有的孩子却不敢再尝试而退化到爬行阶段，所以，初学走路的孩子当骤然坐地和摔跤时，要安慰和鼓励他，如无声地抱一抱、拍一拍他，然后用玩具在前面逗引他，让他站起来继续行走。

 猴子钻桶

目的 引起探索观察。

前提 了解词汇"钻入、钻出"。

方法 自制简易玩具，大人旋转铁丝说："猴子哪里去了？钻进去，又钻出来。"宝宝很高兴，伸头至筒里看看，又动手摇摇。简单的玩具让宝宝产生好奇，让他不停地观察（图1-2）。

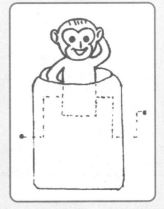

图1-2 玩猴子钻桶

 一起做

目的 学习更多身体部位的名称。

前提 学会 3 个五官的名称。

方法 大人和宝宝一起做指五官的游戏，先指宝宝学会的部位如鼻子、眼睛、耳朵；再学指嘴巴、头发、脖子、脸。然后学指胳膊、大腿、膝盖、脚趾头；也可以学指肚子、肩膀、背脊、腿肚子、胳肢窝……引宝宝大笑。用游戏来学习，不但让大家快乐，而且印象深刻。鼓励宝宝下命令，这样他不但学会指，还学会说部位的名称。

 认红色

目的 学习第一个共性概念。

前提 认识 3～4 种物名。

方法 大人拿出一个红色的瓶盖对宝宝说"这是红的"。过一会儿大人拿出 3～4 件红色的玩具放在一起，再问宝宝"哪个是红的？"宝宝毫不犹豫指刚才的瓶盖回答。当大人再拿出另一件说"这也是红的"，宝宝会用怀疑的眼光看着大人。这时要再认识一遍，这些全是红的。连续几天复习，将其他颜色的放在另一边，将红的放在一边，告诉他"这边全是红的，那边不是"。千万不要说出另外颜色的名称。大约要过一周到 10 天，宝宝终于领会红色是共性概念。过去学习一物一个名称，现在要理解用颜色去形容许多物件，要慢慢来，认真理解红色的东西与其他颜色东西的主要区别。起码要等 2～3 个月认真学会后，再学认其他颜色。

 投小丸

目的 练习手眼协调，拇指、食指摄取能力。

前提 能将葡萄干拿起放到嘴里。

方法 将几个小粒的糖豆或米花放在纸巾上，示范用拇指和食指将小粒放入瓶中，让宝宝模仿。宝宝先学习摄取，然后学习将手移到瓶口，大人要告知"放手"，让宝宝将手中小丸放入瓶内。这时宝宝手的动作不协调，有时未到瓶口就先放手，有时转过瓶口才放，都投不中。偶然投入个就要大加赞扬以巩固成果（图1－3）。

图1－3　投小丸入瓶

 模仿说句子最后一个字

目的 让宝宝模仿说话。

前提 会叫家中成员各人的称呼。

方法 大人同宝宝讲话时要慢、清楚，特别拉长最后一个音如"我们上街——"让他说最后一个字"街"。"买菜——"，鼓励他说"菜"。也可学说儿歌每句的最后一个字，大人在念儿歌时留下最后一个字让宝宝接上。如"小白……"让宝宝说"兔"，"白又……"让宝宝说"白"。宝宝对押韵的一个字最喜欢跟着说。

 分清大小

目的 分清大小，发展思维能力。

前提 能按要求拿物。

方法 先选两个大小差异明显的苹果或其他实物放在一起，告诉孩子哪个是大的，哪个是小的，并让他摸一摸、比一

比，然后让孩子把大的拿给妈妈，看他会不会。当他会拿大的后，再要求他拿小的；还可以让孩子把大的给妈妈，小的给自己，看他的反应如何。对大小有反应的孩子往往不愿意要小的，喜欢去拿大的，当大的被人拿走后甚至哭起来，这时你也可以把大的给他，如孩子高兴，说明他知道大和小。同时要教育孩子，小孩只能拿小的，不能拿大的。

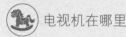 **电视机在哪里**

目的　培养观察力、注意力和记忆力。

前提　认识几种家庭用品名称。

方法　宝宝几乎天天看电视，当家长问"电视机在哪里?"时，宝宝会很快指向放电视的地方。以后可以再问"电冰箱在哪里?""桌子在哪里?""床在哪里?"让宝宝指出方向。以后可进一步问"妈妈的帽子在哪里?""爸爸的雨伞在哪里?"宝宝经过多次提问，逐渐学会留意家中经常放固定东西的地方，待宝宝行走自如后就会经常替妈妈和爸爸拿东西，学做小帮手。

 **教育顾问**

 学步期就是探险期

宝宝学会了走路，他的发展进入了一个新的阶段。这个阶段为他提供了新的学习课程，活跃了探险环境，更是培养自信的机会。

学步期的宝宝是一个小小的探险家，用他那从蹒跚到稳当的步子，用他那小小的双手，永不疲倦地向他的周围探索，也包括他自己的身体。他需要锻炼他的大肌肉、小肌肉，更要紧的是，在所有的探险行为中，他应当树立起自信心。随着不断的探索，他逐渐对自己正在发展的各种能力产生信心：走、跑、爬、跳、搭积木、玩小车、玩娃娃、玩水、玩沙、学着讲话、看书、学成人样子做事、听大人读书等等。

如果宝宝能够在有启发性的环境中自由自在地玩，自由自在地探索，他就能够建立起对自己的信心。如果他总是被人呵斥和制止"不要……！""不能……！"他将产生一种自我怀疑，而这种感觉将影响他成年后的成就感。

当然，有的宝宝会去捅电源插座上的小窟窿，这就要制止他，把他引开。在保证安全的前提下，要尽可能地鼓励宝宝的探索。

🐴 宝宝摔倒后如何处理好

1~2岁的宝宝，因为学习行走和跑，常常会摔倒。在宝宝摔倒以后大人的态度和处理方法，将直接影响宝宝的勇敢、倔强等"成功者"必备的人格品质的形成。

为了使宝宝形成勇敢、坚强的人格品质，大人要特别注意对宝宝第一次摔倒的反应，从一开始就给宝宝建立良好的条件反射。有的大人过分担心宝宝的安全，一看宝宝摔倒了，赶紧跑过去，大惊小怪，又抱又亲，不知道怎么安慰宝宝才好。本来宝宝没什么事，一经这种过分的安慰，反而使宝宝产生了恐惧心理，哭了起来。最好的做法是在没有危险的情况下，不要去扶他，从宝宝第一次摔倒后，就让他自己爬起来。大人应显出不在乎的样子，并用温和肯定的态度告诉宝宝没关系，鼓励他自己爬起来，告诉他"摔倒了要自己爬起来""勇敢的宝宝是

不哭的"（图 1－4）。宝宝受到鼓励后，为了做一个勇敢的宝宝，会自己爬起来，含在眼睛里的泪水也就不会掉出来了。如果大人坚持这么做，宝宝就知道摔倒了应该自己爬起来，其独立性会因此而增强，成为一个勇敢的宝宝。反之会形成宝宝依赖和胆小的性格。

图 1－4　摔倒了自己爬起来

　　如果宝宝有了点小伤，父母要注意给予适当的安慰，但一定不要过分。

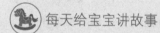 每天给宝宝讲故事

　　过了周岁的生日，宝宝的语言发展进入了一个新阶段——学习阶段，在这一阶段，宝宝一步步地把语言和具体事物结合起来，开始说出许多有意义的词，语言发展较快的宝宝开始能说短句了，例如"妈妈抱抱""爸爸再见""奶奶好"等。喜欢看图画、听大人讲故事了，常常一个简单的故事喜欢重复听许多次。可以借此时机培养宝宝对书（主要是听故事）的兴趣，并通过故事这种形式对宝宝进行教育。

阅读是宝宝未来求学的过程中最重要的技能。阅读兴趣的浓淡、阅读能力的强弱，关系到宝宝智力发展和学业成就的好坏。培养阅读兴趣是培养阅读能力的先决条件，因此，我们要从早开始就培养宝宝的阅读兴趣。为了培养宝宝的阅读兴趣，最重要的是让宝宝对书感兴趣，愿意听书中的故事。每天都给宝宝讲一两个书上的故事，利用宝宝这时开始喜欢听故事的特点，让宝宝知道好听的故事是从书中来的，进而对书感兴趣，愿意听大人读书。

最初给宝宝选择的图书最好是类似于婴儿画报的画册。故事简短、情节有趣，每页只有一句话的内容，而且图画色彩鲜明、充满童趣，最适合这个年龄宝宝的理解水平和特点，也为宝宝学说短句提供了很好的范例。

讲故事时要把宝宝拥在膝前，或靠着他坐，这样宝宝不仅能听到书中有趣的故事，又可以看到具体的画面，使宝宝更爱这个活动。

在给宝宝讲故事时要绘声绘色，同时要用手点着相应的画面。当同一个故事讲第二遍以上时，大人边讲边用手指着相应的字，使宝宝认识到字写的就是故事，为培养宝宝对文字的兴趣打下最初的基础。

1~2 岁儿童适龄玩具

要给宝宝准备各种形象玩具，以促进语言发展和认识能力，促使他对周围事物环境感兴趣，如认识颜色和简单图片等。

1. 成长必备玩具

1~1.5 岁：积木、球和筐、小铲和小桶、蜡笔、不同内

容的图片。

1.5~2 岁：套桶或套盆、积木及各种仿制动物、不同内容的图片、图画书、蜡笔。

2. 参考玩具

1~1.5 岁：套桶或套碗、拖拉玩具、娃娃、充填动物、滑梯和摇马。

1.5~2 岁：过家家玩具如餐具、炊具，娃娃用品、推拉小车、滑梯、小电话及打击乐器（铃鼓、小鼓）。

 母子健身操

目的 发展四肢动作和协调能力。

前提 放手能站稳。

预备 大人与宝宝面对面站立，大人弯腰低头，轻轻握住宝宝双腕关节让宝宝双臂向前平举，在口令或节奏优美、明快的音乐声相伴下，开始做操，根据宝宝身体情况选用节数和每节操的节拍，每天2 次（图 1－5）。

第一节　原地踏步

动作 随口令大人摆动双臂带动宝宝前后、交替、自然地摆动双

图 1－5　预备动作

臂，双脚随节奏和手臂运动原地踏步（图1-6）。

重复两个8拍。

图1-6　原地踏步

第二节　上肢运动

动作　大人随口令轮流举起左右臂，带动宝宝双臂交叉自然地上下运动，双脚原地踏步（图1-7）。

图1-7　双臂交叉上下运动

第三节　扩胸运动

动作　（1）大人随口令打开左右臂，带动宝宝两臂侧

平举。

（2）两臂还原向前平举位（图 1-8）。

重复两个 8 拍。

第四节　弯腰运动

动作　（1）大人打开左右臂，带动宝宝两臂侧平举。

图 1-8　扩胸运动

（2）大人右手举起宝宝左臂，左手让宝宝右臂叉腰顺势使宝宝身体左侧弯曲。

（3）让宝宝两臂平举。

（4）让宝宝两臂复原为向前平举位。

第二个 4 拍让宝宝身体右侧弯曲，其余同上（图 1-9）。

重复两个 8 拍。

图 1-9　弯腰运动

第五节　下蹲运动

动作　（1）大人下蹲带动宝宝下蹲（图1－10）。

（2）站起。

重复两个8拍。

第六节　左右走

动作　（1）让宝宝双臂侧平举。

（2）让宝宝左臂、肘关节屈曲向右走三步，并数拍节3、4。

（3）让宝宝双臂侧平举。

（4）让宝宝右手臂、肘关节屈曲向左走三步，并数拍节7、8（图1－11）。

重复两个8拍。

图1－10　下蹲运动

图1－11　左右走

第七节　前后走

动作　（1）轻拉宝宝双臂，让宝宝顺势前进四步。

（2）轻推宝宝的双臂，让宝宝顺势后退四步（图1－12）。
重复两个8拍。

图1－12　前后走

第八节　跳跃运动

动作　举起宝宝双手让宝宝顺势两脚离地跳起（图1－13）。

重复两个8拍。

图1－13　跳跃运动

大夫信箱

病儿何时该住院治疗

有的家长看到宝宝一得病就要求住院，他们认为住院比门诊治疗好，把住院看得很神秘。其实不然，不必要的住院治疗还冒着一定的风险呢！因为看上去似乎很干净的医院，洁白的床单、桌椅、工作服，但空气中存在很多看不见的细菌和病毒，空气污染比较严重，容易发生交叉感染，会使本来很轻的病加重，或是一种病没好而感染上另一种病。

婴儿时期，呼吸道疾病较常见，上呼吸道感染及气管炎完全没有必要住院，俗话说，三分治七分养。要精心护理，给宝宝创造一个良好的环境，适宜的温度、湿度，保持室内空气新鲜，这些在家里要比在医院做得更好。即使患了肺炎也不是都需要住院，轻度肺炎可以在门诊治疗，家长不必过分心急，宝宝肺炎的疗程至少也要一个星期左右，要坚持服药，加强护理，宝宝的病就会逐渐好起来。不要东奔西跑乱投医，我们提倡就近就医。

只有那些诊断不清或病情较重的病儿，才真正需要住院。

孩子发烧该怎么办

孩子发烧是常事，它是呼吸道感染的最常见症状。有时只表现发热，没有别的症状，用家长的话说，就是"干烧"。发烧一般上午温度低，下午温度高，闹得家长心神不安，生怕孩子烧坏了、烧傻了，有的一天跑好几趟医院，甚至是几家医

院，手里拿着十几种药，不知该吃哪种好。

首先我们告诫家长们，发烧是烧不坏也烧不傻的。发烧是人体抵抗疾病的反应，由于体温升高，白细胞的吞噬作用大大加强，体内的抗体也会增加，防御功能加强，为消灭病原微生物，并为炎症痊愈创造了有利条件。所以，对待发烧也要一分为二。

当然，发烧时间过久，温度过高，对宝宝是不利的，可使体内营养物质及氧的消耗大大增加，造成新陈代谢障碍。特别是宝宝神经系统发育尚不完善，高烧可使神经系统处于高度紧张状态，以致发生抽风。高烧久了还会影响消化功能，食欲下降。

要正确对待发烧，及时给孩子测量体温，如果体温在38℃以上，要给退烧药吃，退烧药一般每隔 3～4 小时可重复使用，如服药后仍高烧不退，又不到下次服药时间，可选择物理降温的办法，枕冰袋、用冷毛巾敷头部或用 75% 酒精加入等量的温水擦宝宝的颈部、腋窝部、大腿根部及手心、脚心等部位，小婴儿还可以洗温水澡。采取降温措施半小时后要想着测体温。如果体温在 38℃以下，可不必急于处理。但要强调，如果有高烧抽风史的孩子，体温高于 37.5℃就要给服退烧药。

保健之窗

 1～1.5 岁宝宝一日生活安排

随着宝宝年龄增长，活动、睡眠、饮食的时间、次数发生了变化，下面是 1 ~ 1.5 岁宝宝一日活动安排，供家长参考，家长可根据自己宝宝的个体差异，参照表 1 - 2 科学安排宝宝的生活作息时间，但必须注意：

（1）睡眠：保证宝宝每日有 13 ~ 14 小时睡眠时间，一般白天睡眠 2 次，每次 1.5 ~ 2 小时，夜间 1 次 10 小时。

（2）饮食：每日除 3 次正餐外，还要有上午一次水果，下午一次奶，晚上一次点心。

（3）户外活动：每日 3 ~ 4 小时，根据不同季节确定室外活动时间，冬天中午和下午进行室外活动，夏季上午、下午进行室外活动。

表 1 - 2　1 ~ 1.5 岁宝宝一日生活安排

时间	内容
6：00 ~ 7：00	起床，大小便，盥洗，早饭
7：00 ~ 9：00	第一次室内外游戏运动，喝水、吃水果
9：00 ~ 11：00	第一次睡眠
11：00 ~ 11：30	起床，小便，午饭
11：30 ~ 13：00	第二次室内外活动，喝水
13：00 ~ 15：30	第二次睡眠
15：30 ~ 16：00	起床，小便，喝奶
16：00 ~ 18：30	第三次室内外游戏运动
18：30 ~ 19：00	晚饭
19：00 ~ 20：00	室内活动，吃晚点，盥洗，大小便，准备入睡
20：00 ~ 次日 6：00	睡眠

第二章

1 岁 2 个月

营养指导

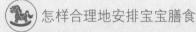

怎样合理地安排宝宝膳食

宝宝每日所需食品营养要按参考量供给。把每日应吃的食物种类和食物量合理分配到三餐和点心之中。总热量分配为早餐20%～25%；中餐30%～35%；晚餐25%～30%；点心10%～15%。总的原则是早餐吃好，中餐吃饱，晚餐吃少。根据宝宝的食欲和活动情况一顿吃少点，下顿多吃点，今天吃少，明天多吃点均是正常现象。

合理选择动物食品。动物食物种类繁多，但最好经常给宝宝吃鱼和鸡肉，鱼和鸡肉易消化吸收，含不饱和脂肪酸，多吃有益于身体发育和健康。每周保证吃鱼和鸡肉各2～3餐、动物肝1～2次。动物肝能补充人体所需的铁和维生素A，但多吃会使宝宝食欲不振，可能引起中毒。不吃肥肉；每日吃鸡蛋1个。

保证豆制品供给。豆制品是优质蛋白质，含有多种对人体有益物质，每天要保证一顿豆制品，约50克左右。

根据不同季节选择不同蔬菜、水果。每天蔬菜 250 克，但最好以绿叶蔬菜为主，水果根据不同的品种，一般每日 50～100 克。苹果、梨适当多吃。

每日保证 250 毫升鲜奶或奶粉配制奶。

注意膳食多样化。菜每天三餐应不相同，三天内最好不重复。如蔬菜种类少的季节和地区，同种食物可采用多种多样的烹调方法。

注意烹调时要切碎、煮软，保证新鲜，不能吃油炸和刺激性食物。

游戏时间

 叠高塔

目的　发展精细动作能力。

前提　会将积木放入盒内。

方法　大人示范用积木砌成高塔，让宝宝模仿；告诉他把一块方木叠在另一方木上就是高塔。宝宝喜欢玩高塔，可以独自玩 10～15 分钟（图2－1）。

 看书翻页

目的　学习看书翻页。

前提　会将书打开合上。

方法　大人给宝宝讲故事时，让宝宝拿书，让他翻页。经常听故事的宝宝会将书正着看而不会倒放；当他一下翻了 2～

3 页时，他会发现图与故事对不上，要每次翻 1 页时故事才能对上。但此时宝宝的手仍太笨拙，总是一下翻几页，可由大人帮助更正。要经过多次练习才能学会一次只翻 1 页（图 2 - 2）。

图 2 - 1　叠高塔

图 2 - 2　看书翻页

 推开障碍

目的　学习解决问题。

前提　会独走。

方法　宝宝会走以后，在他要过的路上放个大纸箱，告诉他"推开"，看他能否推开它自己走过去。有时宝宝会将箱子踢翻，或者爬上去再转身又爬下来。只要宝宝能越过障碍都要称赞他"真能干"，以后宝宝就能在遇到障碍时自己想办法而不必叫大人来帮忙。

 脱掉鞋帽

目的　培养自理能力。

前提　会用脚蹬掉鞋子。

方法 从外面进家时告诉宝宝"自己脱掉帽子交给妈妈"，不让他将帽子乱扔。脱鞋时告诉他要用手将鞋子脱掉，不要用脚去将鞋蹭掉，鼓励宝宝学习自理（图2-3）。

认识自然现象

目的 培养对自然现象的观察，学会适应。

前提 会模仿说1~2个字的话。

方法 早上打开窗帘，同宝宝一起观看太阳，让宝宝观看太阳把天空照亮了。晚上同宝宝一起观看月亮和星星。下雨天不能出外玩耍，人们在街上都打伞防雨。刮风天要把窗户关上，防止尘土吹进屋子里。冬天下雪十分寒冷，可以让宝宝穿上厚衣服到院子里用手摸摸又湿又冷的雪。宝宝对自然现象感到好奇，很快就能认识（图2-4）。

图2-3 自己脱鞋　　图2-4 看星星、月亮认识大自然

比较多少

目的 比较多和少，发展思维能力。

前提 能比较大小。

方法 把食物分成多少差异较大的两堆，先告诉孩子哪堆是多的，哪堆是少的，然后让孩子指出哪堆多、哪堆少，同时教孩子数一数每堆是多少个（图2-5）。

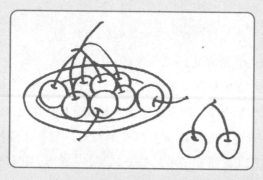

图2-5 指出哪个多哪个少

学表演

目的 听歌词，学说最后一个字，学节拍。

前提 会用动作表演儿歌。

方法 家长拿一只小白兔玩具，唱第一段时拿着小白兔玩具上下动，表示小白兔跑跳；第二段让小白兔耳朵动起来；第三段用另一手指小白兔眼睛；第四段做小白兔吃胡萝卜动作。

图2-6 学小白兔表演

家长同宝宝一起按节拍摇动身体或拍手。也可用两手竖起手指在头上做小白兔表演（图2-6）。

我是一只小白兔

1 = C 调　　4/4

$\dot{5}$　1　1·$\underline{2}$ | 3　1　1　- | $\dot{6}$　2　$\overset{\frown}{2·\dot{1}}$ | 7　6　5

我 是 一 只　小 白 兔，　　小 白 兔，　　小 白 兔，

我 有 两 只　长 耳 朵，　　长 耳 朵，　　长 耳 朵，

我 有 两 只　红 眼 睛，　　红 眼 睛，　　红 眼 睛，

我 最 爱 吃　胡 萝 卜，　　胡 萝 卜，　　胡 萝 卜，

$\dot{5}$　1　1·$\underline{2}$ | 3　1　1　- | 2　2　$\dot{5}$　7 | 1　-　-

我 是 一 只　小 白 兔，　　一 只 小 白　兔。

我 有 两 只　长 耳 朵，　　两 只 长 耳　朵。

我 有 两 只　红 眼 睛，　　两 只 红 眼　睛。

我 最 爱 吃　胡 萝 卜，　　爱 吃 胡 萝　卜。

教育顾问

经常带宝宝到室外去

许多家长都有这样的体会，宝宝长到周岁前后，特别是会走路以后，总是强烈地渴望到室外去玩。佳宇也不例外。他刚满 1 岁，只要妈妈说声"走"，他就显得特别兴奋，急不可待地拽着妈妈往外走。回家时，一走近家门口，他就知道事情不妙，吵着要往回走，不肯回家。

宝宝渴望到室外去，是心理发展到了一个新阶段的表现，也是扩大认知基础的有利条件。家长应该尽量给予满足（图 2－7）。

图 2－7　经常带宝宝到室外去

佳宇的家长每天都尽量抽点时间带他出去散散步，既可锻炼身体，呼吸新鲜空气，又能扩大他的眼界，满足他的需要。佳宇最初见到黄沙，怯生生地不敢用手去抓。妈妈玩给他看，挖小沟，种小树，堆小山。佳宇看着看着也动手了，想抓起一把黄沙给妈妈，可沙子还没到妈妈手里就流光了，妈妈惊奇地说："啊，没了！"这加深了他对沙子的印象。让佳宇捡一把小石子，再让石子从手上一颗颗掉下来。这样，他可以体验到沙与石的不同。

室外有山、有水、有动物、有植物，有各种交通工具，以及其他各种各样的景物。任何人物与景色，对宝宝都是新鲜的，都能吸引他，并扩大他的认知范围。

安慰受伤的宝宝要适度

受伤的宝宝需要安慰，这是人之常情，但安慰有个适度与否的问题，能否掌握好这个"度"，将直接关系到宝宝人格品质的形成。

过分的安慰会使宝宝变得胆小怕事、懦弱娇气，缺乏自信心、创造性和勇敢坚强的精神。有些家长对宝宝的小伤小痛常常大惊小怪，过分惊慌或采取过分的保护安慰措施。手碰破了点皮，又上药又包扎，又抱又哄，买好吃的，宝宝说怎样就怎样，就连宝宝以此为借口提出的无理要求也都答应。久而久之，会使宝宝形成不良人格。

安慰不足会使宝宝受到压抑，否认各种情感，变得冷漠、孤僻，以致影响一生中自己与家人、朋友、同事的友好关系。有些家长为了使自己的宝宝将来能有所作为，成为一个坚强勇敢、自信的人，一贯很严厉，担心自己的安慰会使宝宝变得懦弱娇气。当宝宝受伤后表现出痛苦和疼痛时，显得漠不关心，或很严厉，用批评的态度斥责宝宝娇气，这会使宝宝产生不良的情绪体验和心理压力，致使亲子关系疏远。

所以，在宝宝受伤后，应保证：

（1）对于小伤小痛家长应表现出平静亲切之情；看到宝宝安然无恙表现出很高兴。

（2）要尽快结束安慰，不要没完没了。

（3）安慰的方式随着年龄的增长而变化。随着年龄的增长，安慰的时间可缩短，身体接触可减少；随着年龄的增长，宝宝自身也会想成为一个勇敢、坚强的人。

让宝宝在游戏中认知学习

认知游戏和认知学习大约从开口说话前后就开始。

宝宝的认知学习是从低级向高级不断进步的，认知学习的内容和对象主要是常见事物。

最初阶段的学习是记周围环境中的具体事物或画册上事物的名称。同时学习执行简单的命令，"把手帕给妈妈""把勺子放在碗里"等等。从而，使宝宝获得大量的词汇，而词汇的发展又反过来促进他认知事物，并增进他对成人语言的理解能力。

在认识周围许多常见事物的基础上，宝宝的认知学习就可以进入第二阶段，即认识事物的一般属性，如形状和颜色。宝宝如能尽早认识一些几何形状和基本颜色，将有利于促进他对周围事物的感知，使观察更自觉、更精细。

大人要明确，在认知的游戏中让宝宝进行认知学习，在玩中学，不要太看重宝宝什么时候能学会，更应该允许宝宝在游戏中出错。当宝宝表现出对某个游戏不感兴趣或不懂，其原因可能是方法问题，也可能是宝宝还不具备认知这一内容的生理条件或知识基础，因此要视情况改变方法或暂时放弃。大人还要明确一点，进行认知游戏虽然以认知为内容，但它仍然是游戏；既然是游戏，就不能让宝宝感到有压力、有负担，应该是宝宝高兴玩就玩，不高兴玩就不玩，绝无半点强求。应尽量设计些宝宝觉得有趣的认知游戏，使宝宝更多地体验到成功的快乐，逐渐培养起宝宝对认知的兴趣和信心。

锻炼园地

向前抛球

目的　练习向前抛球。

前提　会走。

方法　大人可先给宝宝做示范。然后教宝宝不扶东西，举球过肩用力将球向前抛出。宝宝抛球成功后，大人要及时表扬，给予鼓励（图2－8）。

图2－8　举球过肩向前抛球

拉物钻洞

目的 从走转到爬又站着走。

前提 会独走。

方法 用一个大纸箱将顶和底部打开侧放固定好，让拉车学走的宝宝从箱子里爬过去（图2-9）。宝宝学会走后要练习走和爬联合动作，不能走过时就爬着钻过去，然后站起来继续走。刚会走的宝宝很喜欢钻到桌子和床底下，家庭中要为爱钻洞的宝宝创造条件，保证清洁和安全。

图2-9 拉物钻洞

 拉着玩具走

目的 使行走更加熟练。

前提 能在大人之间走1~2步。

方法 让宝宝拉着玩具向前走，玩具会发出响声或摇动，鼓励宝宝向前迈步（图2-10）。大人在宝宝前方距离2~3步处退着走，使宝宝放心地独自走。

 追光影

目的 随光影移动爬着或走动去追逐。

前提 会爬及独走。

方法 用小镜子在阳光下反射出光影让宝宝追逐。晚上可用手电筒照出亮光让宝宝在墙上或地上捕捉光影（图2－11）。

图2－10　拉着玩具走

图2－11　追光影

注意：不让太阳光影直照宝宝的眼睛，也不让手电筒的光照在宝宝眼睛上。

 宝宝吃东西卡住了怎么办

2岁以下的宝宝牙齿没有长齐，咀嚼能力差。吃东西时爱跑动、哭闹或发笑，喜欢把小玩具、小扣子、圆珠笔帽、图钉、硬币等放入口内，容易造成危险的咽、喉、气管或食管异物。鱼刺、鸡骨或枣核易卡在咽部或食管，而花生米、瓜子等则易吸入气管。

异物所在的部位不同，表现的症状也不同。卡在咽部或食管，患儿因疼痛和异物堵塞，可表现拒食、流口水或呕吐。卡在喉部或吸入气管，异物大者立即窒息，小者有呛咳、声音嘶哑、发憋、口唇青紫等症状。较小异物可进入支气管，表现为暂时安静，但仔细观察，患儿多有气喘，活动时加重，入睡后减轻。经过 2～3 天后，由于异物刺激，会引起气管炎、肺炎。

多数异物是可以预防的。首先不给小婴幼儿吃豆类、花生、瓜子等坚硬食物，吃东西时，一定要让他们保持安静，不要逗他们哭笑，不要惊吓他们。

一旦发现宝宝呛入东西后，千万不可大意，一定要及时把宝宝送到设有耳鼻喉科的医院急诊。切不可用手瞎掏，也不可强令宝宝吞食硬物，企图把卡住的东西噎下去，这样做是很危险的，往

图 2－12　用手拍打背部可望将气管异物排出

往得到适得其反的效果。如果异物进入喉部或气管会立即窒息，来不及送医院，可将患儿横放在膝上，头朝下，一手放在宝宝的胸部，另一手拍打背部，有望将异物排出（图 2－12）。

保健之窗

宝宝学走路要注意

宝宝 1 岁 2 个月时开始学习独自走路，这是宝宝生活上的

一个重大进展，从此以后活动范围扩大，视野开阔，见多识广，给体能和智能两方面的发展提供了基础条件。

宝宝腿的肌肉发育还不完善，走路动作还协调不好，两腿分得较开，因而走路不稳，摇摇摆摆，似倒非倒。这是个学习过程，不要因走不稳就总是扶着他走，走路的协调动作好了，走起路来就平稳了。

学走路要注意几点：

（1）走路的姿势要正确，要注意两脚朝前，不要向外，也不要向内，成为外八字或内八字，这不仅不雅观，还容易摔跤。

（2）多晒太阳，吃鱼肝油和钙片，使宝宝的骨头硬实，能承受身体的压力，而不致两腿弯曲成罗圈腿（"O"形腿）或"X"形腿。

（3）大人牵着宝宝的手走路时，只是稍微带着走路即可，不能使劲拉着走路，否则小孩的肩关节、肘关节容易脱臼。

 做好预防接种，加强免疫

儿童在完成基础免疫后，体内预防传染病的抗体明显提高，达到保护身体的作用。但是过一段时间后，这种抗体的浓度逐渐下降，起不到保护作用，这就需要加强免疫，再进行一次或几次预防接种，提高体内抗体水平。因此千万别忘了按时给孩子打预防针或吃预防药，加强免疫。在 1 岁至 2 岁要预防接种的有：百白破混合制剂，小儿麻痹糖丸，流脑疫苗及乙脑疫苗等（图 2－13）。

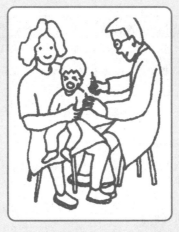

图 2 – 13 　按时打预防针和吃预防药

 发育测评

表 2 – 1 　1 岁 1 ~ 2 个月发育测评表

分类	评测方法	项目通过标准
大动作	放手会自己走稳，会躲开障碍物再走	独自走稳 10 步
	扶栏双足踏上小滑梯，扶住坐下，从高处滑下	自己扶栏可上小滑梯
	会蹬上三级（小凳、椅子、桌子）爬高取物	会登上三级，爬上高处取到玩具
精细动作	让宝宝拿起书看，从头起翻开，又将书合上	看书时会将书放正，从头起翻开又合上
	用积木（火柴盒）砌高楼，能搭上两块，玩完将积木放置盒内	会用两块积木搭高楼，然后收好
	用棍子够取远处的玩具	会用棍子够取桌子和床底下的玩具

文晓萍
育儿宝典 0～3 岁

续表

分类	评测方法	项目通过标准
认知能力	会指出红色的积木、水果、蔬菜	会认红色
	学套环入棍子上，边套边数，能说1、2、3	能套环入棍子上或手指上，学数1和2
语言理解	听到叫名字时会走过来，看谁在叫他	听到叫自己的名字时会走过来
	听儿歌时模仿最后一个押韵的字	模仿儿歌最后押韵的字
	称呼家庭中的爷爷、奶奶、姥爷、姥姥、姑、姨等	至少能称呼家庭中3个人
语言理解	听大人讲故事	喜欢听一个故事，会指书中的图画答问题
社交行为	哄娃娃勿哭，喂它吃饭，给它盖被睡觉	会爱护娃娃，喂它吃饭，哄它睡觉
自理能力	让孩子自己进食	能用手指摄取食物，吃净很少掉下

第三章

1岁3个月

生理指标

1. 体重

平均值　男 10.3 千克　女 9.6 千克

引起注意的值

高于　男 12.8 千克　女 12.4 千克

低于　男 8.3 千克　女 7.6 千克

2. 身长

男 74.1～84.2 厘米　均值 79.1 厘米

女 72.0～83.0 厘米　均值 77.5 厘米

营养指导

 宝宝食品制作

1. 豆豉牛肉末

碎豆豉 15 克，牛肉末 15 克，植物油 5 克，酱油少量，鸡汤一勺。

将炒锅置于火上，放入植物油，烧至八成热，下入牛肉末

煸炒片刻，在牛肉末变色时加入碎豆豉，酱油翻炒，放入鸡汤煨 2～3 分钟即可。

此菜味鲜香，微咸。牛肉含蛋白质高，豆豉含丰富的钙、磷、铁、锌、维生素 E，对宝宝发育十分有益。食用时，可用于拌面条或放入软饭给宝宝吃。

2. 三色肉丸

瘦猪肉 300 克，鸡蛋 2 个，菠菜 50 克，红曲粉 6 克，味精 1 克，淀粉 45 克，鲜汤 500 克，盐、葱、姜少许。

将瘦猪肉剁成泥后分成三份分别放入三个碗中。将 1 份肉泥中加入红曲粉，半个鸡蛋，少许精盐、淀粉及适量鲜汤拌匀成红色肉馅。菠菜剁碎挤汁后加入第二份肉泥，再加入半个鸡蛋，少许精盐、淀粉，搅拌成绿色肉馅。将第 3 份肉泥中加入一个鸡蛋的蛋清，少许精盐、淀粉及适量鲜汤搅拌成白色肉馅。将上述三种肉馅分别挤成小丸子，下入温水锅内，余热捞出。把炒锅置于火上，放入余下鲜汤及三色肉丸，加入料酒、葱、姜末、味精，烧开后用水淀粉勾芡即成。

此菜红、绿、白三色，色彩美观，鲜咸滑嫩，很受宝宝喜爱。制作中要注意把肉剁细，去筋膜，拌馅时要用力搅拌，否则肉丸易碎，不美观。

3. 炒青椒肝丝

猪肝 200 克，青椒 50 克，香油 5 克，酱油 12 克，醋 3 克，白糖 6 克，淀粉 15 克，植物油适量，盐、葱、姜末少许。

将猪肝洗净，切成 0.7 厘米粗的丝，青椒也切成丝。将猪肝丝放入碗内，加淀粉 10 克拌匀，放进四五成热的油内滑散，捞出沥油。将锅中油倒出，留下少许，放进葱、姜末略炸，放入青椒丝，加酱油、白糖、精盐及少许水，翻炒，用水淀粉勾芡，倒入猪肝丝，淋醋、香油拌匀即成。

此菜甜咸，微有醋香 9 含有丰富的铁、蛋白质、维生素 A、维生素 B_2，经常食用可预防、纠正宝宝缺铁性贫血。

4. 香干芹菜肉末

香干 25 克，芹菜 100 克，肉末 100 克，花生油适量，酱油、盐少许。将香干、芹菜切碎成小片。

将油锅烧热，放入香干片、肉末、芹菜片翻炒，再放入适量酱油、盐，用旺火炒熟即可。

此菜含蛋白质、钙、磷、铁、维生素和膳食纤维。

5. 鸳鸯汤面

面粉 100 克，熟鸡肉丝 35 克，虾仁 25 克，鸡蛋 2 个，菠菜 50 克。香油、味精、精盐、高汤各适量。

将鸡蛋磕开，蛋清、蛋黄分别放在两个碗内，每碗内加面粉 50 克，和成硬面，然后擀成细面条。将菠菜择洗干净切段，用开水焯过。虾仁也用开水焯一下。将汤锅置火上，放入高汤，加适量精盐、味精，待汤开后，先煮熟其中一种面条捞出，再煮熟另一种面条，捞在碗内的另一边。在锅内下入鸡肉丝、虾仁、菠菜，汤开时，关火，锅内加入香油，将菜汤浇在两色面条上即可。

此面条营养全面，面条呈黄白两色，还有白色的鸡丝、红色的虾仁和绿色的菠菜，很受宝宝欢迎。

游戏时间

找出圆形

目的 认识第一个几何图形。

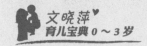
前提　能从形板中抠出形块。

方法　家长将形板递给宝宝，说宝宝看这是圆形的，让宝宝看一看，摸一摸，当宝宝认识圆形后，让宝宝开始查找图形，说"给我拿圆的"。看看宝宝能否从形板中抠出圆的形片。如果宝宝取出别的形片，家长要摇头摆手说"拿错了，我要圆的"，直到宝宝拿对为止。当他拿出圆形片时要认真称赞他，使他记住这个才是圆的。多玩几次后，宝宝就能准确无误地拿出圆形（图 3 –1）。

图 3 –1　找出圆形

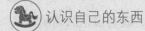 认识自己的东西

目的　学习认自己的东西。

前提　听懂若干物名。

方法　先让宝宝学认他最喜欢的东西。例如新买的漂亮帽子，及他最喜欢的布娃娃等。当有机会去朋友家里做客或到医院看病时，脱下帽子，临走时家长故意收拾别的东西不拿他的帽子，看看宝宝会不会伸手去抓或者指着帽子示意让大人去拿。到朋友家做客时故意不拿宝宝的布娃娃，看看宝宝能否认

识自己的东西自己去拿取。

 倒糖豆

目的 练习手眼协调去解决问题。

前提 会伸食指入瓶内。

方法 用一个空瓶，瓶口直径要有2.5厘米，内放一颗颜色鲜艳的糖豆。大人故意将糖豆摇响，然后将瓶递给宝宝，大人伸手问他"糖豆呢?"看他是否伸食指入瓶去取，如果取不到看他能否将瓶子倒扣，将糖豆倒出来。有时宝宝伸手够不着会生气地将瓶子扔到地上，家长要用手示范或者告诉他"倒出来"，让他理解话的意思，将瓶子扣到桌上而不扔到地上。

 称呼不认识的客人

目的 学习如何判断，做出适当的称呼。

前提 会叫爸爸、妈妈。

方法 当客人到家时，大人抱着宝宝走到客人面前，教宝宝说出适当的称呼。对年老的男人称爷爷，年老的女人称奶奶；对年轻的男人称叔叔，年轻的女人称阿姨。经过几次这种培养后，再见到客人时可让宝宝自己去判断该怎样称呼客人。学会叫爸爸、妈妈的宝宝基本上能分得出客人的年龄和性别，能做出适当的称呼。如果不会说可以点头拱手问好，由大人帮助做适当称呼。

 分清1和2

目的 分清1和2，建立数的概念。

前提　能要 1 给 1，会数 1、2、3。

方法　在吃东西和玩游戏同时进行，如先让孩子拿一个桃，当孩子能按要求拿一个时，然后再说"宝宝，再给我一个，我要两个"。还可以告诉孩子：我们有两只手、两只脚、两只眼睛等等，并叫他伸出两个手指表示 2。经过多次训练后，把桃分成一堆 1 个、一堆 2 个，让他指认哪堆是两个桃（图 3 - 2）。当孩子分清 1 和 2 时，可继续教他分清 2 和 3。

图 3 - 2　指出哪堆是 1 个，哪堆是 2 个

放物到原处

目的　培养整洁有序的习惯。

前提　知道一些固定的用具，如电视机、洗衣机等放在哪里。

方法　为宝宝准备一个玩具柜，将娃娃、大象、狗熊、积木、套球等放在固定的地方，要求宝宝每次玩后一定要把玩具放回原处。家中的用品如肥皂、手巾、卫生纸、便盆等也要放在固定的地方，用时方便去取，用后一定放回原处。让宝宝也关心妈妈和爸爸的用品放在什么地方，当大人要用时可帮忙取用，用后一定放回原处。

在哪里吃饭

目的 培养观察力、记忆力和理解语言的能力。

前提 理解几个词汇。

方法 无论做什么事都要讲清楚要做的事情和所在的地方。例如，早上起床先在床前穿衣服，到厕所大小便，在卫生间洗脸，在餐桌上用餐，在院子里或在客厅内玩耍，上街散步或者去市场买东西。或者问宝宝在哪一张床上睡觉？爸爸妈妈在哪里睡觉？晚上大家都在哪里看电视？让宝宝回答或指出。每次做事时都温习这些动作词汇和地点词汇，使宝宝学会并记住。

 找爸爸妈妈

目的 培养观察力，增加亲子情趣。

前提 会独自走稳。

方法 在讲故事或做安静的学习之后，大人暂时离开宝宝藏起来，然后叫宝宝的名字让他寻找。如果宝宝走远了，大人再次叫他的名字，让宝宝听声音走近寻找（图3-3）。当宝宝找到大人之后，鼓励宝宝躲起来让大人寻找。宝宝起初是会藏到大人刚才躲藏的地

图3-3 捉迷藏

方，经过多次藏和找，渐渐宝宝也会自己找地方藏起来。注意不要让宝宝藏进有碰锁的门和大衣柜内，以防被锁住，衣柜和

衣箱密闭不透气，藏在里面会有窒息的危险。

 宝宝家教十不宜

（1）包办代替：有些家长从早晨起床到晚上睡觉前的一切都为孩了安排好。这种教育方式只能形成宝宝对家长的依赖性，阻碍宝宝自立性的发展。家长应从宝宝 1 岁后就开始培养宝宝自己的事情自己做的意识，让宝宝做力所能及的事。

（2）不适当地满足：1～2 岁的宝宝已经会用一些手段来要挟家长满足他的要求，如果此时家长采用妥协的方式满足宝宝的要求，宝宝就会在下一次以更糟糕的行为来取得家长的注意以达到自己的目的。所以从这时起，家长就要坚决拒绝宝宝的无理要求。

（3）干涉太多：要让宝宝去做自己想做的事情，以培养起宝宝的自立性。干涉太多，会使宝宝产生对父母的反感，也可能使宝宝形成懦弱的性格（图 3-4）。

（4）不理解宝宝：1～2 岁的宝宝，有时不会表达自己的想法或不能清楚地表达自己的想法。如果父母能够理解宝宝，会促进宝宝语言的发展，也有利于亲子间亲密的关系。反之，宝宝会对父母产生不满。

（5）模棱两可的语言：1～2 岁的宝宝，理解力和判断力还不强，因此，父母要用清楚、直截了当的语言给宝宝明确的指示，否则，宝宝会无所适从。

图3-4　对宝宝不可干涉过多

（6）不良的榜样：1~2岁的宝宝好模仿，父母不良的习惯如讲秽语、边看电视边吃饭等，对宝宝有潜移默化的影响，因此父母要注意加强自身修养，纠正不良的习惯。

（7）教育不一致：上下辈或父母之间对宝宝的教育不一致，一方批评、另一方袒护，会抵消教育的作用，也会降低宝宝对家长的尊重和信任。

（8）家长的啰唆：当宝宝犯错误时，父母唠唠叨叨数落个没完，会伤害宝宝的自尊心。

（9）失控：当宝宝做错了事或闯祸时，父母大发雷霆会使宝宝学会用同样的方式对待同伴。

（10）体罚后反悔：这种教育方式会使1~2岁的宝宝不明是非，对父母的行为感到迷茫。

 宝宝自己收拾玩具好处多

1~2岁，是宝宝形成良好习惯的最佳年龄。每次玩完玩

具大人都叫"宝宝把玩具放回原处"，宝宝会逐渐地养成了好的习惯，玩具玩过以后，立刻放回原处。玩具架上总是分类摆放着各种玩具，每种新添的玩具，一上架就列入同类之中，定位以后就不再变动位置。

孩子生来具有注意环境中的某些方面的倾向，如运动、轮廓、曲线和颜色等。因此，玩具架上的摆设在宝宝的头脑里形成了一个固定的、整体的"图案"。宝宝非常喜爱这个"图案"，愿意保持它。

这一好习惯的养成非常重要。让 1～2 岁的宝宝学习收拾、整理、摆放玩具，能帮助他们形成这种分类有序的"图案"。这不仅有利于良好习惯的培养、整理能力的形成，而且有利于促进分类意识的发展。

拿起人生第一支笔

宝宝周岁以后便会拿起笔来乱涂乱画。这种情况一直延续到 2 岁左右，这一阶段为涂鸦期。在这一时期，宝宝没有意图，画出的线条只是手运动的痕迹。宝宝笨拙的小手抓住笔在自认为可以画的地方乱画，只要画出痕迹来就会心满意足。此时，宝宝画画的欲望十分强烈，如果不及时向他提供适当的写画条件，他会在墙上、窗上、床单上乱画。大人在发现宝宝拿笔想画时，就为他准备一些彩色笔和纸，让他随心所欲地画。看着不同的笔画出不同的颜色，宝宝会很开心，从此，他对"画画"也越来越有兴趣，每天都要画上几次。并慢慢地学会涂一块颜色。这一方面满足了他的绘画欲望，另一方面可使他意识到绘画与现实物象的联系，这对他由涂鸦期过渡到象征期有很大促进（图 3－5）。

图 3-5　让孩子涂鸦

锻炼园地

拉手上台阶

目的　学习上楼梯，培养攀登平衡，听数数。

前提　能独立走。

方法　大人拉着宝宝的手学习上台阶，让宝宝一脚蹬上10~12厘米高的台阶，另一脚跟上踏在台阶上，待身体平衡之后再迈上另一级台阶。鼓励宝宝自己迈步，不要妈妈抱，上一级数1，上第2级数2，听着大人数数。

滚球

目的　训练宝宝控制球的能力。

前提　坐稳，能向前方抛球。

方法　准备一大小合适的皮球。大人与宝宝相距2米左右面对面坐下。让宝宝两腿分开坐好。先由大人做示范，用两手将球滚向宝宝两腿间，让宝宝得球。然后让宝宝以同样方法将球滚回大人这边来（图3-6）。

图 3-6　滚球

图 3-7　大马驮粮

大马驮粮

目的　发展四肢协调爬行能力。

前提　会手足爬行。

方法　在床上或垫子上，让宝宝呈手膝爬行姿势，背上驮个小枕头，从一边爬向另一边。爬的过程中，要求宝宝不要把枕头掉下来。结束爬行后让宝宝站起来走一走（图 3-7）。

绳下爬过

目的　增强躯干与四肢肌肉力量，训练宝宝动作灵活性。

前提　会手足爬行。

方法　在地上（或床上）拉一根绳，高度为 30 厘米左右。绳子稍粗些，颜色要鲜艳，表面光滑。让宝宝从下面爬过去（图 3-8）。大人可与宝宝一

图 3-8　绳下爬过

起做这个游戏。

 宝宝泌尿系统感染有什么特点

　　泌尿系统感染是婴儿时期常见的感染性疾病，两岁以下婴幼儿发病较多，尤其是女孩更易发生，这是由于宝宝常常使用尿布或穿开裆裤，尿道口易被污染，小儿尿道局部的防御功能差，使细菌沿尿道口逆行感染，尤其是女孩因尿道较短更易感染。另外，婴儿时期，全身性的感染也可通过血液播散到泌尿系统，泌尿系统的先天畸形和尿道梗阻也常常是感染的原因。

　　宝宝发生泌尿系统感染后，表现与成人往往不同，常常有发烧、腹泻、咳嗽等全身症状，有些患儿有排尿时哭闹、排尿次数多但量很少，少数可有轻微的血尿。总之，这一年龄的婴幼儿泌尿系统感染的表现很不典型，有时需要家长细心观察才能发现。

　　一旦宝宝发生泌尿系感染，就应去医院，在医生的指导下积极地治疗，发病期间要多喝水，勤排尿，以减少细菌在膀胱停留的时间。为预防宝宝泌尿系感染的发生，大人要认真做好宝宝外阴部的清洁护理，要勤换尿布，每次大便后要用水清洗，特别是女孩，要更仔细；宝宝用的毛巾要与大人分开，尿布洗净后可用开水烫或在阳光下曝晒消毒。另外，无论男孩女孩，应尽早不穿开裆裤。

保健之窗

 如何预防家庭事故

1 岁 2 个月以后，大多数宝宝会自己走路，活动范围逐渐扩大，居室内的东西宝宝自己能用手去拿来玩耍。在培养宝宝活动能力的同时，也增加了发生事故的潜在危险。

宝宝学走路，不免会有跌倒、磕破头皮、从床上摔到地下，或顺着楼梯摔下来的情况。因此，在宝宝学走路同时要注意对宝宝的保护，特别是在易受损伤的地方，如上下楼、小山坡、水池旁等。

宝宝动手能力增强，爱拿小玩意儿耍弄，此时要注意保护眼、耳、鼻等。不让宝宝玩尖锐的物品或长棒小玩具，否则易伤眼睛。不让宝宝将小玩具塞进鼻孔、耳朵。

不要让宝宝往嘴里放小玩物，这既不卫生，也易不慎吞进气管里，此外宝宝吃东西时不逗引玩耍，否则食物碎片、花生米或小豆易进入气管。

鱼是容易消化的优良蛋白质来源，给小孩吃鱼肉时，一定要把刺挑出来，不要让鱼刺卡在喉咙里。

内服药、外用药物、化妆品、香水、洗涤剂、漂白粉、小苏打粉、杀虫剂、煤油等物及空瓶均应放在宝宝拿不到的地方或锁好。绝不能给宝宝作为玩具玩，否则易造成中毒（图 3 -9）。

室内桌面上、窗台上放的东西要安稳，不让小孩随便就能拿得到，以免物品掉下来砸伤头部，饭桌上放的热汤、开水，不要让小孩的手碰上，以免翻倒烫伤头面。

图3-9 有毒有害物品要锁好或放在孩子拿不到之处

冬季用煤炉取暖的室内，要保持空气流通、烟筒通畅，避免煤气中毒。

第四章

1 岁 4 个月

1 岁 4 ~ 6 个月发展目标

（1）走得很稳，不摔跤，开始学跑。

（2）大人牵手或自己扶栏能上下楼梯。

（3）会向两个方向抛球。

（4）能自己爬上椅子坐下。

（5）能模仿画出线条。

（6）能执行简单的命令。

（7）会说许多能听懂的单音或词。

（8）能说出自己的名字、要求和一些实物的名称。

（9）能区分红、黄、蓝、绿颜色的不同。

（10）能认识常见的实物和图片。

（11）会脱去简单的衣物。

（12）白天不会尿裤子。

（13）虽不能合作游戏，但喜欢与小伙伴玩。

1 岁 4 ~ 6 个月教育要点

（1）经常带孩子到户外活动，训练孩子独走和跑。

（2）收拾好周围环境，让孩子自己玩各种动手游戏，家长少插嘴和动手干涉。

（3）鼓励孩子说出自己的名字、年龄、常见物品的名称等。

（4）给孩子讲故事，教孩子看图书。

（5）让孩子多看、多摸、多听、多嗅，认识各种实物的特点。

（6）鼓励孩子自己穿脱简单的衣物、自己坐尿盆。

（7）让孩子与小伙伴们一起玩耍，享受与人交往的乐趣。

（8）适时用动作、语调和表情来表示对孩子行为的赞扬和批评。

营养指导

吃糖有哪些利与弊

糖类包括白糖、葡萄糖、冰糖、红糖、糖果等，是一种高能量食物，是宝宝所需的四类食物之一，但它不含蛋白质、维生素、无机盐和纤维等人体所需的营养素。

糖的甜味可以改善食品口感，使宝宝易于接受，此外，对于宝宝来讲，生长发育快，对能量的需要量大，但胃容量有限，可以在食物中适量加糖，在无法增加进食量的情况下增加热能的摄入，以满足生长发育的需要，如在加水稀释后的牛奶中加5%的糖即属此种情况。

另一方面，宝宝吃糖后不感到饥饿，食欲降低，会减少他

们对营养丰富的食品的摄入，
造成营养不良，而且已有大量
研究表明，吃糖或甜食过多，
是发生龋齿的重要原因。每日
多次吃含糖食品，特别是能黏
附在牙齿表面的甜食，有利于
细菌在牙齿表面的生长和繁
殖，牙齿受损出现小洞，就形
成了龋齿。吃甜食过多的另一

图 4 - 1　多吃糖不好

危害就是摄入能量过多，转化为脂肪蓄积在体内导致体重超出
正常范围，成年时易患冠心病、糖尿病等疾病（图 4 - 1）。

对于糖类的摄入，可以把握这样的原则：适量摄入。要注
意防止宝宝养成偏爱甜食的不良饮食习惯，尽可能少向他们提
供甜食点心，仅在带宝宝去公园游玩时，糖果可作为食物的一
部分，以增加能量，平时吃糖、甜食或含糖饮料后，要用凉开
水漱口。

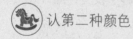认第二种颜色

目的　让宝宝自己看书，选择自己爱看的图画，然后学认
最明显的第二种颜色。

前提　能指认图片，正确认红色。

方法　选择一本大的一图一物的婴儿图书，可将书拆开，

每页用透明塑料袋套上再用针线钉好，给宝宝自己看，以免容易损坏。过3~5分钟家长提问"这是什么?"再指红色的地方问"这是什么颜色?"回答正确后再指绿色的地方说"这是绿的"，然后再取几种绿色的东西巩固新学的颜色。

区分瓶盖和石头子

目的　辨别2种或3种不同的圆形的东西，复习数数。

前提　能抠出形板中的圆块。

方法　用两个小塑料碗或两个小盒子，分别放上几个圆的瓶盖和几颗圆的卵石。将两个盒内的东西倒出放在桌上混合，大人先将东西分开，示范捡到两个盒子内，一面让宝宝帮着学捡，看看宝宝是否能将两种东西分开。大人一面捡一面告诉宝宝，这边放瓶盖，那边放石头子，让宝宝边捡边跟着说物名。如果宝宝很喜欢做这个游戏，大人

图4-2　区分瓶盖和石头子

可拿出第三个盒子，里面放几个扣子，将3种不同的东西混合，看看宝宝是否仍能将3种东西分开。边捡边学数数（图4-2）。

画长头发和点芝麻

目的　练习握笔画点和线。

前提　学会正确握蜡笔。

方法　在桌上铺一张大纸，大人在纸上画一条长线说"这

是妈妈的长头发"，让宝宝拿蜡笔模仿在纸上画长线。然后大人在纸的另一端画一个圆圈说"这是烧饼，咱们给它点芝麻"。在画的烧饼上用蜡笔点小点，也让宝宝握蜡笔在圈内点点。并告诉他芝麻越多烧饼越香越好吃（图4－3）。

图4－3　学画长线

 火柴盒搭火车

目的　锻炼手眼协调，学习结构平衡。

前提　学会用两块积木砌塔。

方法　将火柴盒横排成串，在一个火柴盒上竖起一个当火车的烟筒。搭好后用手推动最后一个火柴盒，口中念"轰隆、轰隆"的火车开动声，引起宝宝的兴趣。然后推翻搭好的火车，让宝宝自己重搭（图4－4）。

图4－4　搭火车

打鼓

目的 学习按节拍打鼓。

前提 学会拍手。

方法 找两个空的罐头盒和两根筷子,播放儿童歌曲的录音带。大人示范用一根筷子按节拍击罐头盒,给宝宝另一根筷子让他学习,并模仿大人的节拍击罐头盒子。如果宝宝完全不按节拍乱敲,就先收去小鼓,用拍手的方法先学,直到能按拍拍手后再击小鼓(图4-5)。

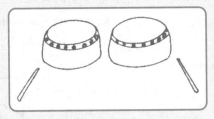

图4-5 学打鼓

自己坐便盆

目的 培养独立坐盆的能力。

前提 能独自走稳,能自己脱下(扒开)裤子。

方法 观察宝宝的生活习惯,每天按时叫他去坐盆大小便。便盆放在固定的地方,当他需要时自己去坐盆要给予表扬。为他准备方便拉开的裤子如松紧带裤子,使他能完全自己松开。成功和及时坐盆要及时鼓励,失

图4-6 自己坐便盆

败不批评，以免挫伤宝宝自理的积极性（图 4 – 6）。

 认人

　　目的　培养观察力和记忆力。

　　前提　曾与小朋友交往。

　　方法　经常来往或曾经一起玩的小朋友要互相问名字，经常打招呼。大人带这宝宝外出或见到来访的小朋友要问宝宝，"谁来了？"让他说出小朋友的名字。谁是文文的妈妈，明明的奶奶，田田的阿姨等。由于带宝宝的大人常常和宝宝在一起，所以宝宝也会认识他们。偶然在街上遇到未带宝宝的家长，也要问宝宝"这是谁的妈妈？"让宝宝回答，从而增进他的观察和记忆能力。

 不要吵

　　目的　学会关心他人，控制自己。

　　前提　懂得礼貌语言和乖的意义。

　　方法　当大人午睡或家中有客人要商量事情时，照料宝宝的人要告诉宝宝"不要吵闹"。可以做安静的游戏如摆积木、玩套圈、配瓶盖、套叠玩具等。学会关心他人，玩时轻摆轻放，不叫嚷。也可以同宝宝玩娃娃睡觉的游戏，哄娃娃睡，拍拍它，动作要轻柔，不要将它吵醒。不过宝宝能安静的时间不长，大概过 15～20 分钟就要将他带到户外去，让他跑跑跳跳，允许说话。

图 4 – 7　学会关心他人，
　　　　　控制自己

让宝宝学会控制自己，懂得关心别人，哪怕很短的时间也有必要（图 4 - 7）。

教育顾问

说话是不是迟了

1 岁左右的宝宝大都开口说话了。但也有的宝宝 1 岁多了还不讲话，或者叽里咕噜说些谁也听不懂的"话"，这样的宝宝说话是不是迟了呢？这使父母有些担心，怕宝宝不聪明。其实，这种担心是多虑了。

宝宝学说话要比学走路、吃饭、穿衣难得多，因为说话包含了位于颈部和脸部 50 ~ 60 块肌肉精确协调的运动。宝宝是按他们自己独特的速度获得语言的。各个宝宝在开始说话的时间上存在相当大的差异。语言发展相对迟一些，这对将来他们运用语言的能力或在学校中的表现来讲没有什么关系。

这一年龄的宝宝说话的速度受智力发展速度、个性、身体的发展、学习的机会等许多因素的影响。例如，有些宝宝由于某种原因肌肉发展迟缓，可能说话比别的宝宝迟。大人与宝宝说话时间总量的多少也是一个重要因素。临睡前讲故事是增进语言发展的一条途径。如果大人对 1 岁多宝宝讲话的时间少，他常常比一般的宝宝说话迟。如果家庭里的几个成人说话的地方口音有很大差异，宝宝没有确切的模仿对象，也可能说话晚。

只要宝宝说话不是过分迟，就不必担心。但是，如果宝宝

对声音反应不多，或者不去模仿说话，那就要及时检查听力是否有问题，听力有问题会影响婴儿的语言发展。

 让宝宝在模仿中造就健康人格

后天的习性大多都是在婴幼儿期不自觉地模仿形成的。宝宝到了1岁的时候，有一个突出的特点，就是喜欢模仿大人。

1岁以后的宝宝开始对大人的动作发生兴趣，并乐于模仿大人的动作、语言、表情等。经常看到1岁多的宝宝抱着娃娃，给娃娃喂水、喂饭，甚至有的宝宝让娃娃枕上枕头，盖上被子，边拍娃娃边说"乖乖孩睡觉觉"，这是多么形象的模仿！完全把妈妈的形象再现出来了。这是宝宝积极主动学习大人经验和生活方式的起点，因此，大人要注意正确地引导宝宝去模仿。

父母应认识到模仿是好事，要给宝宝创造机会。到了1岁的时候，应该给他们准备好小塑料饭碗或铁饭碗、小勺，教给他们正确握勺和端碗的姿势，模仿会了这些动作，宝宝自然就掌握了一些生活技能，这对于独生子女早期培养独立生活能力是很重要的。

父母要注意尽量为宝宝提供好榜样，不当着宝宝吸烟，对宝宝说话时语言文明，不带脏字。在宝宝尚不具备分辨好坏是非能力的时候，让宝宝多看到生活中积极的方面，多模仿一些好东西。大人要善于利用宝宝模仿语言的积极性，教宝宝一些儿歌，充实宝宝的语言，增长知识。

树立什么样的榜样至关重要。由于宝宝对大人的信赖和尊敬，往往以为大人的言行都是对的，乐于把大人的言语、仪表、神态、动作以及待人接物的态度作为自己模仿的对象。这就需要大人注意自己的言行举止，处处以身作则，要求宝宝做到的，自己也要做到。

 教宝宝认识颜色

五光十色的周围环境激发着宝宝的认识兴趣和愿望，也培养宝宝的美感。教宝宝学会区别和认识颜色，是教宝宝认识事物、发展智力、培养美感不可缺少的内容。

根据宝宝的心理发展特点，红色最先引起宝宝的兴趣，但1岁多的宝宝对颜色的喜好已经表现出了差异。我们在教1~2岁的宝宝认识颜色时，主要是认识红、黄、蓝、绿四种基本颜色。

一般来说，教宝宝认识颜色可以从周岁左右开始。这时，宝宝虽然还不会说话，但已能听懂和理解许多话。父母反复地结合实物，指出颜色的名称，宝宝是能够学会的。光靠说教不行，主要是让宝宝通过游戏学习，如找找什么是红颜色的等等。

锻炼园地

 采蘑菇

目的 练习走、蹲下、弯腰等动作。

前提 能蹲下、起来。

方法 准备一只水桶或小筐，把积木块当作蘑菇散开，撒在地上。让宝宝拣起，放在小桶或小筐内（图4-8）。

图4-8 采蘑菇

 指挥员

目的　增强体侧肌肉力量，提高两上肢协调能力。

前提　双臂能随大人上下前后做运动，能听懂命令。

方法　用筷子贴上不同颜色的彩纸做几面小旗。大人与宝宝两手持旗面对面站立。大人可先给宝宝做一下示范动作。"举旗"，小旗子向头上方举起。"放下"，手臂落下。之后，与宝宝一起做。宝宝学会做了，大人就可停止动作，而只用口令指挥宝宝上下挥动旗子。

 走斜坡

目的　训练身体平衡能力。

前提　放手能走稳。

方法　用一条宽 40 厘米、长 2 米左右的厚木板，一端高 12 厘米左右做成斜坡。训练幼儿走斜坡。开始可用一只手扶宝宝走上斜坡。待宝宝走稳后，可鼓励宝宝独自走斜坡（图 4-9）。

图 4-9　走斜坡

 大夫信箱

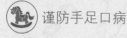 谨防手足口病

手足口病是一种由病毒引起的急性传染病，3 岁以下的宝宝易患此病，多发生在夏秋季。手足口病的病毒存在于疱疹液及患儿的咽喉、粪便中，通过呼吸道和消化道传染。

患手足口病的宝宝先表现咳嗽、流鼻涕、烦躁、哭闹，多数不发烧或有低烧。发病1～3天于手、足、臀部皮肤出现米粒大小红色斑丘疹，或白色透明的浆液性水疱疹。口腔内两颊、咽部、舌及牙龈处也可见疱疹，破溃后形成小溃疡，患儿常表现流口水、拒食、用手抠嘴。大多数患儿均为轻症，皮疹于3～7天内消退，不会留下后遗症。个别患儿可能并发脑膜炎、心肌炎、脊髓灰质炎样麻痹等，不可忽视。

宝宝患手足口病并不可怕。首先要仔细查找传染来源并进行隔离。治疗本病可用病毒灵或中药如板蓝根冲剂、清热解毒方剂等。如果患儿持续发烧、呕吐、烦躁不安，应去医院请医生密切观察、治疗。

本病的预防很重要，在流行季节要少带宝宝到公共场所游玩，教育宝宝养成讲卫生的良好习惯，做到饭前、便后洗手，对餐具、生活用品、玩具等应定期消毒。本病无免疫性，患过本病的如不注意预防，还会再患。

 如何训练孩子大小便

良好的大小便习惯对于孩子正常的饮食、睡眠、生长发育都很有好处，应该从小培养。1岁半的孩子已经有自控能力，是培养大小便习惯的适宜年龄。

（1）排便要有固定的地点，便盆放在小孩容易找到的地方，便盆最好是白色无图案，有利于孩子专心大小便。

（2）根据孩子大小便的规律，培养孩子定时大小便。一

般大便在早起后或晚上睡觉前，小便多在喝水后 10 分钟。

（3）孩子大小便时，特别是在开始独自坐盆大小便时要有专人看护，在旁边发出"嘘……"之声，使其形成条件反射。大小便后鼓励孩子，说"真好，真听话，宝宝能自己大小便了"，并教育孩子，要大小便时给大人示意，如说"宝宝要大便"，"宝宝要尿尿"等。

（4）不要强行让孩子坐盆排便。有时孩子没有便意，不想大便，或者坐在便盆上排不出便来，在鼓励和诱导排便均不成时，不要勉强孩子排便，更不能恐吓，坐盆 5 分钟仍无大便，就让孩子起来，在有便意时再大便。否则孩子有了厌恶或恐惧感，反而不能顺利地大便，甚至久坐便盆导致脱肛。

（5）冬季天冷，用旧毯子做个大小合适的空心套子，套在便盆上面，以免皮肤触到便盆感到冰凉，影响孩子便意。

（6）穿满裆裤的孩子，大小便前后要指导脱下或拉上满裆裤，当裤子未被弄脏时要鼓励表扬孩子。

（7）大、小便完了以后要训练孩子养成自己洗手的卫生习惯。

发育测评

表 4-1　1 岁 3～4 个月发育测评表

分类	评测方法	项目通过标准
大动作	大人牵一手，宝宝另一手扶栏，一脚蹬上，另一脚踏在同一台阶，站稳之后再往上迈	由大人牵一手，自己扶栏上楼梯，两脚踏一阶
	大人和宝宝按三形排列，让宝宝向父、母两个方向抛球	会向两个方向抛球

分类	评测方法	项目通过标准
精细动作	让孩子自己拿书、看书、翻书	正着看书，从头看起，每次翻 2 ~ 3 页
	搭积木建高楼，积木排火车	会搭四块积木的高楼和排四节火车，加一个烟筒
	将圆形和方形准确放入穴内	能放入形板中的圆形和方形
认知能力	找认识的图片	配上相同的图片 4 ~ 5 对
	指出身体部位或五官	能指出身体部位 5 ~ 6 处
	从积木、几何图形板中找到圆形	认识图形，能从形板中找到圆形
	背数，给大人 1 个和 2 个东西	会背数 1 ~ 3，能分清 1 和 2
社交行为	回家时到门口让宝宝带路，能找到自己的家	会从门口找到自己的家
自理能力	观察孩子大小便时能否及时找到便盆	自己及时找到便盆 1 ~ 2 次
	自己用勺吃食物	自己用勺吃掉一半食物

第五章
1岁5个月

营养指导

孩子不爱喝牛奶怎么办

一般来说，1岁以上的孩子每天还应喝250毫升牛奶，因为牛奶是比较好的营养品，既易消化又含有多种营养素，是孩子生长发育不可缺少的食物。但是有的孩子到了1岁多，尝到了五谷香，便不爱喝牛奶了。对不爱喝牛奶的孩子不要勉强，可用蛋羹、豆浆、豆乳等与奶交替喂孩子，同时还可采用心理的方法，诱导孩子喝，可循序渐进地喝，开始少喝一点，慢慢再增加。因为有的儿童胃中缺少消化牛奶的乳酸酶，喝了以后胃不舒服。但常喝就可促使胃中分泌乳酸酶，这样喝了牛奶就好消化了。

游戏时间

积木搭桥

目的 学习积木结构平衡。

前提 学会积木砌塔。

方法 将火柴盒3个（或积木3块）摆成桥。宝宝学会用2块积木搭塔成高楼之后，大人要引导宝宝做另一种搭法。两个盒子之间要留出桥洞，让小船从桥洞通过（图5－1）。

图5－1 积木搭桥

 逛动物园

目的 看真的动物，与书上看到的作比较。

前提 在图书上已经认识若干种动物名称。

方法 大人抱着宝宝在笼前观看大动物，以防宝宝害怕。先指宝宝认识的动物如猴子、熊猫、大象等，然后再认1~3种书上未见过的，如斑马、鹰、鸵鸟。每种要仔细观看，告诉孩子动物的习性，吃什么，在哪儿居住，有什么特点。回家后再复习看到的新动物和已认识的动物（图5－2）。

图5－2 带孩子逛动物园

 学青蛙跳

目的 学儿歌和双脚跳。

前提 会从最下一级台阶跳下。

方法 大人同宝宝面对面站立。

小青蛙

一只青蛙一张嘴，

两只眼睛四条腿，

扑通一声跳下水。

一面说儿歌一面指嘴和腿。到"扑通"时二人一起双脚离地跳一跳。如果宝宝跳后站不稳，大人可以双手扶着宝宝一起跳。一面念一面学跳跃会使宝宝特别高兴。

认识第三种颜色

目的 让孩子区分颜色，认第三种颜色——黄色。

前提 宝宝认识红和绿二色。

方法 在吃香蕉、梨等食物时，教宝宝认识第三种颜色黄色，为了教宝宝区分三种颜色，可拿三个颜色为红、黄、绿的气球，用毛线配上一条尾巴。大人先示范拉红线牵出红

图 5-3 拉球绳认颜色

气球，再摆好让宝宝试拉。然后大人用手指气球，让宝宝找出相对应的绳子去拉出气球来。让宝宝认识他第一个拉对了的颜

色。连续几天继续玩，以巩固第三种颜色（图5-3）。

 答问题

目的 知道饿了和口渴了该怎么办。

前提 会说饭和水两个词。

方法 同宝宝在一起照料娃娃，大人说"她饿了，怎么办呢?"如果宝宝说出"吃饭"。大人就帮他找勺子和碗来。如果宝宝不会说，去找出碗和勺子来，大人就说"好，喂她吃饭吧!"并同他一起说"吃饭"这个词，过一会儿又说"娃娃口渴了，怎么办呢?"，看看宝

图5-4 饿了怎么办

宝能否说出"喝水"或者去拿出杯子来。然后大人和宝宝一起复习"喝水"这个词（图5-4）。

 替大人拿东西

目的 帮助大人取到要用的东西，学会关心别人。

前提 认识物品的用途，区分各人用的东西。

方法 当爸爸下班回家时，妈妈让宝宝给爸爸拿拖鞋，看宝宝能否区分哪双是爸爸的拖鞋，并拿过来。当奶奶蹲下来干活时，让宝宝给奶奶拿板凳来，好让奶奶坐下。凡是宝宝做了好事，大人都要高兴地称赞他是"乖孩子，真能干"。以后宝宝就能高高兴兴地主动替大人做事，学会关心别人（图5-5）。

图 5 - 5　帮忙大人干力所能及的事

 听！这是什么声音

目的　培养注意力及听觉分辨能力。

前提　宝宝会遵守"不要吵"，能保持安静片刻。

方法　在外面下大雨、打雷闪电的时候，宝宝会很害怕。大人把宝宝抱起对坐，同他一起听和看外面下雨的声音和闪电。当看到闪电时，告诉宝宝要用手捂住耳朵，等候打雷。有了准备，一旦打雷时就不会太害怕了。平时有叫卖声或鸟叫声或其他声音，大人都要带宝宝出去看看声音的来源，听听鸟叫，使孩子能分辨声音（图 5 - 6）。

图 5 - 6　听听自然界各种声音

认数字

目的 培养对数字的敏感。

前提 能按要求捡出图画。

方法 抱宝宝在大挂历前指认1，许多宝宝对葫芦形的8也感兴趣。当宝宝学会1~2个数字后，可带宝宝在街上认读汽车牌、门牌或车站牌上认得的数字，使宝宝对数字感兴趣，愿意再学习所不认识的数字。让宝宝认数只是培养宝宝对数字的敏感，但不能把认字认数作为宝宝主要的活动。如果宝宝对认数、认字有兴趣，可以在游戏中，在宝宝看图中学习。如宝宝不感兴趣不能强迫宝宝，等以后宝宝有兴趣时再进行也不迟。

教育顾问

 孩子为什么边涂鸦边说话

孩子的涂鸦即乱涂乱画，它的意义不仅在于绘画发展本身，而且它对孩子语言的发展有着直接的作用。

当孩子兴致勃勃地涂着画着时，小小的脑瓜中一定有些只有他自己才知道的幼稚、离奇的想法，如果他边画边讲边叫，一定是思维极为兴奋，在积极活动着，要急于表达出来，他发出的各种声音就是他表达的语言形式，只是大人们尚不了解或不完全了解。这种活动及表达方式，能促进孩子左右脑的发育。

在孩子涂涂画画时，大人也应参与这种有趣活动，要用语言鼓励他，不懂他画什么时，也要表现出十分理解，高高兴兴

地同他讲话，注意帮助他养成画好一张就仔细看看讲讲的好习惯，这对培养孩子的口语表达能力和今后的阅读能力有直接好处。

 注意培养孩子的主动性

主动性是孩子更多获取知识、更好地适应环境和社会的前提。1 岁前的宝宝在大人喂他吃饭时，他会用小手抓勺。1～1.5 岁的孩子喜欢"自己来"，要自己走路，不让大人抱，要自己吃饭，不让喂，这些是人生最初的主动性的表现，是非常宝贵的。但成人常常有意无意地压制了这种主动性，喜欢给宝宝不能拆的玩具；把宝宝圈在一个小角落里不准出来；对宝宝的事包办代替等。宝宝需要从对周围环境的探索中获得"精神食粮"，他们对身边的一切都有好奇心，迫切想通过自己摸摸弄弄来认识、理解它们。这也是大脑"渴求觅食"的表现，如果限制了他们的主动性，就可能造成宝宝头脑的"饥饿"。大人应设法满足宝宝的这种需求。给他买些能摇动的、能拆卸的益智玩具，还可以利用家里的洗干净的物品如帽子、鞋、用具等作宝宝的玩具，发展想象力，戴起爸爸的旧帽子，他会说"我是爸爸"，接着玩了起来，利用这些物品，宝宝可以做他自己想做的事。

 教孩子认识形状

形状和颜色是事物可见的一般属性，孩子如能尽早认识一些几何形状和基本颜色，将有利于促进他对周围事物的感知，使观察更自觉、更精细。

最初，如果大人指着皮球说"这是圆的"，宝宝会把

"圆"仅仅与这个具体的皮球联系起来，而不是从本来的概括的意义上理解"圆"。因此，必须通过恰当的教育使他真正理解几何形状。

对于1岁多的宝宝，大人教他认识每块积木的几何名称，只要求识别圆、三角和长方的形状特征，并会正确称呼。采取多种多样的游戏方式，让宝宝在反复比较、识别中学习，效果最好。如"造房子"时让宝宝当材料供应员，按需求拿出正确的形状、按形状分类等等。

在宝宝完全叫出三种基本形体的积木块后，还可以让他识别日常用品的几何形状，如书本、盒子、锅盖，还有画册上的一些几何形状。

 牵手下楼梯

目的 训练孩子下楼梯动作和身体平衡能力。

前提 大人牵着手上楼梯能两足踏一阶。

方法 大人牵手，让宝宝另一手扶栏学习下台阶。让宝宝伸腿向下踏在台阶上，另一足也踏在同一台阶站稳，然后再伸一足下另一台阶。下台阶时要慢，让宝宝看清楚才往下伸腿，大人一面数数以减少紧张情绪。

 爬过桥

目的 训练身体平衡能力，锻炼意志勇气。

前提 能很好地爬行。

方法 把两个蹬子放在两边，中间架一块木板，让宝宝爬在一端，大人在另一边用玩具逗引宝宝鼓励宝宝，爬向大人这一端，开始孩子可能有些害怕，可由一人在旁边扶着，慢慢宝宝将勇敢地爬过来，也可逗引宝宝来回爬（图 5 - 7）。

图 5 - 7　爬过桥

迈过障碍物

目的 训练宝宝迈过障碍物的能力。

前提 放手走稳，会迈步动作。

方法 在地上拉一根橡皮筋，高约 10 厘米，教宝宝迈过去（图5 - 8）。

抛球比高

目的 发展大动作。

前提 能站稳。

方法 大人先示范举手向上抛球，然后让宝宝学做，比比谁抛得高（图 5 - 9）。

图 5-8　迈过高 10 厘米的橡皮筋　　　图 5-9　抛球比高

什么是小儿包茎与包皮过长

　　包茎是指阴茎被包皮裹住，包皮不能反转过来使龟头露出的现象。排尿时，尿流缓慢，尿线细，严重的排尿时用劲，哭闹不安，尿一点点地滴出。这是由于包皮口狭小引起的。

　　有些宝宝包皮较长，覆盖了阴茎头和尿道口，但能上翻显露出阴茎头及尿道口，这种现象称为包皮过长。包皮过长的宝宝，应经常洗澡，保持局部清洁，否则容易引起包皮炎症，洗的时候要上翻包皮，清除包皮内的污垢，洗后及时将包皮翻回原处。

　　一般来说，包皮过长如不影响发育，可不治疗。包茎也分先天性和后天性两种。先天性包茎是每一个正常新生儿都有

的。随着年龄的增长，两岁以内，包皮自行向上退缩而露出阴茎头，先天性包茎自行消失。有少数宝宝两岁以后阴茎头不能外露，包皮口极小，可在以后进行气囊扩张术，手术方法简单，10分钟左右能完成，无出血，很少疼痛。后天性包茎是继发于阴茎头和包皮的损伤或炎症。包皮长期发炎，包皮口不能扩大，不能向上退缩，经常引起排尿困难者，须手术治疗。

🐴 怎样保护乳牙

乳牙是小儿的咀嚼器官，也是辅助语言发育的重要器官。乳牙总共20个，在2岁半前将会出齐，要保护好它。

（1）要教会孩子用自己牙齿充分地咀嚼食物，可有意地让他们吃一些硬的食物如饼、硬饭等。充分的咀嚼运动，不仅锻炼小儿的咀嚼肌，促进颌骨发育，使食物变细，有利消化和吸收，还可以加强牙髓、牙周膜、牙组织的血液循环，提高对龋变及牙周病的抵抗能力，使牙齿变得坚固，从而也保护和促进了已在乳牙下面的恒牙胚的良好发育。

（2）要注意口腔卫生，注意宝宝膳食平衡。少吃零食，睡前不吃零食，特别是糖或含糖类食品。

（3）要纠正吸吮橡皮乳、手指、吸或咬口唇、睡时口噙手绢等物的不良习惯。

（4）在进食后让孩子喝点水，以便清除牙缝中的食物残渣，防止龋齿。

第六章

1 岁 6 个月

生理指标

1. 体重

平均值　男 10.9 千克　女 10.2 千克

引起注意的值

高于　男 13.7 千克　女 13.2 千克

低于　男 8.8 千克　女 8.1 千克

2. 身长

男 76.9~87.7 厘米　均值 82.3 厘米

女 74.9~86.5 厘米　均值 80.7 厘米

3. 牙齿

12~14 颗。

4. 视力

1.5~2 岁视力为 0.5。

营养指导

吃粗粮好处多

玉米、小米、高粱等粗粮在当今的餐桌上已不常见，特别

是大人为宝宝制作食物时，更是愿意选择各种加工细致的大米和白面。事实上，粗粮中某些营养素的含量比细粮高，如大米、面碾制过细，反而使这些营养素的含量大为减少。

各种谷类种子的结构大体相同，一般可分为谷皮、胚乳和胚三部分。谷皮主要由纤维素和半纤维素组成，还含有较多的磷、B 族维生素和无机盐；胚乳含大量淀粉和一定量蛋白质；而胚中含有丰富的 B 族维生素。在碾磨过程中，胚较松软，有韧性，不易粉碎，常与谷皮一同成为粮食加工的副产品——糠麸。而 B 族维生素在人体消化、循环、神经、肌肉系统的正常生理活动中起着重要的作用。如维生素 B_1 缺乏时，幼儿食欲差，疲乏无力，严重者还会造成心脏疾患。

另外，粗粮中的粗纤维在当今被称为"第七营养素"，它虽然不能被人体消化吸收，但它能吸收和保留水分，增加胃肠蠕动，促使大便形成，防止便秘。

随着宝宝年龄的增加，其消化功能不断完善，故可以适当安排粗粮食品，以弥补细粮某些营养素的不足。

游戏时间

 说自己名字和学说我几岁

目的　学习自我介绍。

前提　会称呼家里人。

方法　大人问宝宝"你叫什么名字?"宝宝会高兴地说出自己的小名。大人要注意，称呼宝宝最好用正名。如果一会儿叫宝宝,一会儿叫元元,宝宝就不知该怎样称呼自己了。当问到"你几岁?"时,如果宝宝仍竖起食指,就要和他一起说"我1岁",渐渐改用口回答,而不是用手势。逐渐教宝宝说"我"和"我的",当宝宝从知道自己的名字过渡到会说"我"和"我的"时,说明智力水平发展到了一个新阶段。

 说出图中的物名

目的 从听声指物过渡到听声说出物名。

前提 已经会听声指物。

方法 大人同宝宝一起看图书时经常提问"这是什么?"而不是"哪个是兔子?"从10个月起当大人问"哪个是……"时,宝宝从书中或图卡中找出大人所说的物名。从现在起要改成让宝宝自己说出物名(图6-1)。有时宝宝发音不清,只要说

图6-1 诱导孩子说出物名

出一个近似的音,大人就用这个音稍作更正,拉长音让宝宝模仿,直到发出正确音为止。每种物品只要发出一个声音就应给以夸赞"宝宝说得真好"!使宝宝愿意开口。如果多次诱导宝宝仍不开口,大人千万不要批评宝宝,更不要在别人面前说"这个孩子不爱(会)说话"。宝宝会认为不说才对,以后就更不开口了。仔细观察在18~20个月当中,有某一天宝宝突然开口说个不停,尽说些大人听不懂的叽里咕噜,他再也不去用手势表达。如果大人听不懂他的话,他会着急和生气。

 放三种形块入洞穴内

目的 认清穴的形状与形块的关系。

前提 会放入圆形。

方法 用三形板让宝宝取出形块，然后让他自己选择正确的洞穴放入。宝宝最先学会放入圆形，因为圆片没有角，任意放都能放入。然后告诉宝宝放入正方和三角形时，要将角对正才能放入。当宝宝完全在正位会放入时，可将形板倒放或竖放，看看

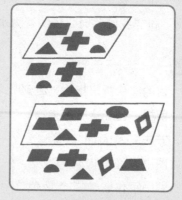

图 6-2 让宝宝把形块放入形板内

在不同的位置，宝宝能否顺利放入。

在三形板基础上，大人可再裁制 5 形板，即加上长方形和半圆形。又可裁制 7 形板，即加上梯形和菱形（图 6-2）。宝宝一面放入，大人一面说形块的名字，暂时不必要求宝宝说出来。

 帮助脱衣

目的 学习部分自理，感到自己有能力干一点事情。

前提 会自己蹬脱鞋袜。

方法 在上床之前，大人先帮宝宝解开扣子，脱去第一只袖子，让宝宝将上衣脱下来。称赞他真能干。第一次要给的帮助多一些，以免他脱不下来。以后渐渐减少帮助，使宝宝学会自己脱衣服。

🐴 向三个方向抛球

目的 学习向三个方向在180°以内抛球，手眼协调运动。

前提 学会向前方抛球。

方法 学习抛球给爸爸，转身90°再抛给奶奶，再转身90°抛给妈妈（图6-3）。开始学习时距离半米，渐渐将距离拉至1米。在练习时宝宝会慢跑去追球。家中的4口人全在户外，有说有笑，共同锻炼身体，全家快乐。

图6-3 向三个方向抛球

🐴 自己用勺子吃饭

目的 练习自己用勺吃饭，不用大人喂或只喂小部分。

前提 会用勺子盛到食物。

方法 让宝宝自己用勺吃饭，夸他吃得好，告诉他要在盘子里拿菜，或者帮他将菜拌

图6-4 自己用勺吃饭

入饭内。多数宝宝都能自己吃干净碗中的饭不必让人喂，个别用勺有困难的宝宝在累了时需大人喂几口。鼓励宝宝与大人同桌吃饭，宝宝受到大人榜样的启发，会吃得更香，更容易将自己的食物吃完（图 6-4）。

 认识交通工具

目的 扩大认知范围，提高视觉分辨力，理解语言。

前提 会称呼陌生的客人。

方法 每天大人带宝宝在街上观看电车、小汽车、摩托车、平板三轮车、运货大卡车、双层大公共汽车、小公共汽车等各种交通工具（图 6-5）。回家后看图再识别各种车辆、轮船、火车和飞机等。休息日大人带宝宝乘坐公共汽车或小汽车使他进一步明白交通工具可以代替步行。

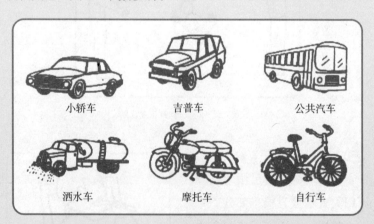

小轿车　　　　　吉普车　　　　　公共汽车

洒水车　　　　　摩托车　　　　　自行车

图 6-5　各种交通工具

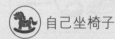 **自己坐椅子**

目的 发展运动能力和勇敢精神。

前提 会爬上台阶。

方法 把一个大人坐的椅子放稳，让宝宝面向椅子爬上去再转身坐下，这个年龄阶段的孩子爬上椅子时有的会回头望望大人，似乎在寻求鼓励和表扬，有的会向下看一看，自己试探位置是否正确，有的在椅子上则蹲下，然后再翻身坐下。这时大人不要急于去扶他，只要用语言和微笑鼓励一下，宝宝就会很快学会这一技

图6-6 自己坐椅子

能，这个年龄的孩子尚不能跨步上椅（图6-6）。

如何进行数学启蒙教育

真正的数学启蒙教育应从3岁左右开始，对于1岁左右的孩子来说，数的启蒙教育主要是让孩子接触到数的概念，培养孩子对数的兴趣。在孩子认识了物体的形状、大和小时，就可以教"1"和"1个"了。

对孩子进行数学启蒙教育要特别强调培养兴趣。与故事、画册相比，数的学习比较抽象枯燥。因此，大人要采用游戏的方法，在日常生活中渗透数学教育，让孩子学得具体，自然有趣。

佳宇的父母很注意引导佳宇关注自己周围的数，如佳宇

1 岁时喜欢把小塑料球一又一个地放进大筒中，然后，又一个一个地取出来，通过反复实践，佳宇慢慢明白：一大堆球能分成一个一个的球；而一个球又一个球放在一起就成了一大堆球。这就是最初的数量关系：1 和许多。在佳宇会走路以后，妈妈又常给他提出要求："给妈妈拿 1 个苹果来"，"再给爸爸拿 1 个来"，或者是"吃 1 块糖"，"吃 1 块饼干"，"点上 1 根生日蜡烛，佳宇 1 岁啦"。佳宇先学会按要求从一堆中取出 1 个，然后才会说"1"和"1 个"。妈妈正是通过日常生活和游戏，使佳宇自然地学到了最初的数概念，觉得数有趣又不难。

父母切忌用强制、死板的方法教孩子学数学，不要在孩子刚刚站在数学的门口，还没来得及入门时，就让他对数学望而生畏，产生厌恶情绪，这对今后的学习非常不利。

给孩子创造解决"难题"的机会

给孩子创造机会，让孩子自己解决一些"难题"，是培养意志、发展智慧的一种好办法。取玩具是孩子经常遇到的难题，家长可以利用或有意创造一些机会，让孩子学着解决这种难题。可以把孩子喜欢的玩具放得远一些，让孩子经过努力才能取着，如引逗孩子爬过去，走过去，踮着脚尖去取玩具。有时甚至要爬到桌子或床底下去够玩具。

还可以教孩子使用工具，试着去取玩具，如用棍子取远处的玩具，用小凳子垫脚取高处的玩具，经过多次体验和经验的积累，解决问题的能力不断发展，意志得到了锻炼（图6－7）。

图6-7 让孩子解决一些问题

 1~2岁的孩子可以学外语

对于孩子来说，不论母语、外语都一样。从小反复听什么语言，就会说什么语言。同时听两种语言，就会说两种语言，乱不了。学外语也跟学母语一样，可以从小学起，从初生学起，起步越早，学得越好越容易。

从小让孩子感受到有两种不同的语言系统，有助于将来的进一步学习。也许孩子学外语常常是学得快，也忘得快，只要没有使用的机会，不管当时说得怎么好，也会忘记。可是，在脑海的细胞深处却仍然残留着接受过那种语言的神经网络，深深地留下了这种痕迹，长大以后重新再学这种语言的时候，就能再度发挥作用。如果能坚持不断地听和说，将来的学习会更容易。

（1）通过答问题方式教孩子学外语。当孩子对看到的各种感兴趣的事物发问时，可以用两种语言一一回答。

（2）用直观法教孩子。如在日常生活中（上公园、逛商

店、做家务时），随时随地教孩子各种事物的说法。在孩子掌握了一些常见事物的名称后，也可进一步教他有关这方面的简单句子或其他一些日常生活用语。

（3）教孩子几首简单明快的英语歌曲。如《字母歌》《祝你生日快乐》等。

（4）通过收听、收视幼儿外语节目激发孩子的学习兴趣，也可以和孩子一起用外语做游戏，或听有趣的外语故事，使孩子不断感受外国语言。

大人要注重让孩子多听，孩子不愿意说时，不要强迫他。孩子情绪高时就教他说，孩子没兴趣就不要教了。听听有趣的外语故事或歌曲，这也是孩子的学习。

 锻炼园地

 学踢球

目的 发展大动作及反应能力。

前提 能站稳。

方法 让孩子站在室中央或室外，大人先示范踢球，然后把球放在孩子脚前，让孩子挥动右腿，用足尖把球踢出，先让孩子学习踢静止的球，再学踢前面滚来的运动的球（图6-8）。

图6-8 学踢球

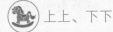 上上、下下

目的 发展孩子下蹲、站起、双手上举动作。

前提 走稳。

方法 大人与孩子面对面站立，边教孩子说"上"，边双手用力向上举；然后说"下"，同时收双手下蹲。反复做几次（图6-9）。

图6-9 上上、下下

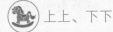 怎样防治小儿疱疹性咽峡炎

疱疹性咽峡炎是一种由柯萨奇病毒、艾柯病毒引起的急性传染性疾病。每年夏秋季发病多，主要在1～7岁宝宝中流行。因病毒有多种不同型，因此同一患儿可重复多次感染此病。发病后典型的症状是发热、咽痛，也有的患儿有头痛、腹痛、肌痛等症状。主要的体征是可见咽部充血，散布着灰白色疱疹，直径约1～2毫米，四周绕有红晕，2～3天后红晕加大，进而疱疹破溃成溃疡。此种疱疹多见于扁桃体前柱、软腭、腭垂（悬雍垂）等处。病程4～6日，严重者可延长至2周。

对这种病毒感染因型别多尚未制出疫苗。目前对有接触史的孩子可注射丙种球蛋白3～6毫升预防感染。在幼托机构发现流行也可采用此种被动免疫的方法。对患儿进行隔离2周，并

对接触者进行检疫。对患儿的治疗可口服中药，采取对症处理。

 保健之窗

 饮水要注意卫生

儿童饮用的水一定要卫生，否则要致病的。这里主要是指饮水不能含有致病的细菌、病毒和其他有害于健康的污染物。

去除饮水中的致病微生物和污染物的过程叫水的净化，净化后的水叫净水，其意为干净的水。儿童常用的净水有开水、蒸馏水、矿泉水、纯净水等。

开水是人们最常饮用的净水，极易制作，煮开即可，但应注意的是要煮开 3 分钟后才能将一般的致病菌杀死。开水，特别是凉开水保存的时间不宜过长，否则空气中的细菌也会污染开水的。一般保存 2～3 天就要换掉。

蒸馏水是水煮开后，将其蒸气冷却的水收集而成，密封保存。蒸馏水是很卫生的，但要注意在保存过程中不受污染。另外水中有些人体需要的微量元素没了，是其不足之处。

矿泉水实属地下水，是含有一定量微量元素等矿物质、不含有致病菌的地下水。只要出厂时卫生检验合格、保存完好即可饮用，特别是在旅途、游玩时饮用方便。

纯净水是将自来水通过净化器，将自来水（其他水源也可）中的有害物质，如病菌、矿物质吸收、过滤而成，是一种简便、易成的净水。纯净水卫生、无致病菌，但有益于人体健康的某些微量元素也被滤除。

对于饮水卫生的要求越来越高，是人们生活水平提高的必然结果，也是对水源污染采取的一种措施。本来城市的自来水

是符合卫生用水标准的，在自来水厂经过物理、化学等方法净化过。但在漫长的自来水管内输送过程中，特别是在高层建筑物的屋顶储水池中，有可能受到第二次污染，因而不得不在饮用时进行再消毒。

对于各种净水的选择，可以根据家庭的条件而定。从去除致病菌及有害物质的原则考虑，开水仍然是一种卫生、经济、容易被接受的卫生饮用水。

发育测评

表6-1　1岁5~6个月发育测评表

分类	评测方法	通过标准
大动作	大人在孩子前面退着跑，让孩子跑步跟上来，看看在停止时是否要扶人或扶物停止	跑步时能自己减慢速度，偶然扶人扶物才能停止
	大人将球轻踢给孩子，看他能否将球踢回	会踢球，即体重可落在一足上抬腿踢球
精细动作	让孩子用蜡笔在大纸上画长线	会用蜡笔在纸上画出长线
	模仿用纸绳或尼龙线穿进别针的圆孔	会用尼龙线穿上别针后面的圆孔
语言理解	用语言说自己1岁	会用声音说出"我1岁"
	看图书时问孩子画中人物的名称及动作	会说10个以上名词和7~8个动词
	跟随背儿歌	会背几句儿歌或者全首儿歌
社交行为	替父母拿拖鞋，替奶奶拿板凳及其他用具	会替父母拿拖鞋，帮奶奶拿板凳等物
自理能力	让孩子自己端杯喝水	完全自己端杯喝水很少洒漏
	白天是否湿裤子，有时经人提醒，会自己去坐盆	白天会自己去坐盆，少有尿湿裤子

第七章

1岁7个月

1岁7~9个月发展目标

（1）游戏时会蹲下。

（2）跑步能自己停下，会踢球。

（3）能用积木砌火车，会穿珠。

（4）会把圆、方、三角形全放于形块内。

（5）能自然地把2~3个字连贯地说出。

（6）会重复大人话中的最后两个字。

（7）会背一句儿歌。

（8）会顺数1~5或1~10。

（9）会指认两个数字。

（10）能分清哪个是1，哪个是许多。

（11）会说"这是我的"。

（12）会拉你去找需要的东西。

（13）要吃、要玩、要大小便时会说出。

（14）会用勺把碗中食物吃干净。

1岁7~9个月教育要点

（1）与孩子玩捉迷藏、踢球、捡球游戏，练习蹲、拾、拿、踢等动作。

（2）教孩子穿珠、取放形板等动手游戏。

（3）鼓励孩子用简短的句子描述自己的行为、见闻。

（4）教孩子正确使用"我"字。

（5）教孩子背儿歌、点数。

（6）让孩子多接触社会和自然。

（7）指导孩子有目的地观察事物。

（8）认识各种事物的用途和特征。

（9）教孩子与人交往使用恰当的礼貌用语。

（10）与小伙伴共同游戏共享玩具和食物。

（11）让孩子自己吃饭。

（12）根据孩子的行为给予"可以"或"不可以""对"或"不对"的直接指导，发展孩子良好的行为和习惯，抑制不良的行为习惯。

营养指导

粗粮怎样细做

粗粮虽然有着不可取代的好处，但由于口感不如细粮，往往不容易得到宝宝的认可，在此向大家介绍几种粗粮食品的制作方法。

1. 牛奶玉米粥

牛奶250克，玉米面50克，黄油5克，精盐、肉豆蔻少许。

将牛奶倒入锅内，加适量精盐、少许碎肉豆蔻，用文火煮开。玉米面用水调湿后，一点一点地放入锅内，注意搅匀，不要形成面疙瘩，用文火再煮 3～5 分钟。将粥倒入碗内，加入黄油，搅匀，晾凉后即可食用。

此粥味美适口，含有丰富的优质蛋白、脂肪、碳水化合物、钙、磷、铁及维生素和烟酸等，适于 8 个月以上宝宝食用。

2. 红豆小米粥

小米 50 克，红小豆 15 克，红糖适量，糖桂花少许。

将红小豆、米分别淘洗干净，红小豆放入锅内，加适量清水，大火烧开后转文火煮至烂熟，再加入水和小米一起煮，煮至黏稠为止。在粥内加入适量红糖，烧开后盛入碗内，撒上少许糖桂花即成。

此粥色泽红润，香甜爽口。红小豆含丰富的蛋白质、赖氨酸。赖氨酸是人体 8 种必需氨基酸之一，对幼儿大脑发育有重要作用。小米中含有维生素 B_1、维生素 A 以及足量蛋氨酸。

3. 糜面小窝头

糜子面 200 克，清水、小苏打各适量。

把糜子面和小苏打混合均匀，加温水和成软面，用手沾少许水，取一点软面捏成小圆锥体，再在底部用手指按出小洞，上屉用旺火蒸约 40 分钟即成。

此小窝头含有蛋白质、脂肪、碳水化合物、钙、磷、铁、维生素 A、维生素 B_1、维生素 B_2 和烟酸。

4. 金银蒸卷

标准粉 50 克，玉米面 300 克，金丝小枣、清水、面肥、小苏打各适量。

先将面粉加适量清水、面肥和好，放在温暖处发酵，然后加小苏打揉成面团。另将玉米面加小苏打用水和好。将面团擀成一张大皮，铺上玉米面，上面撒上洗净去核的金丝小枣，再折卷，然后切成短段，上屉用旺火蒸约40分钟即成。

看图背儿歌

目的　利用图画或玩具诱导孩子识儿歌。

前提　孩子会说儿歌押韵的字。

方法　大人买一两本有图有儿歌的书，教孩子背诵。在孩子开口说话之后，背诵儿歌能增加词汇，使发音清晰。孩子喜欢背诵有关动物、昆虫、车辆、娃娃等他能理解的事物的儿歌。儿歌押韵，略带情节或故事性，易学易记。大人朗诵要有表情，引起孩子的兴趣。每天定时背诵，如睡前、饭后或晚上7~8点大人同孩子游戏时背诵。每天背诵使词汇因为复习而能被记住。

拧瓶盖玩套瓶

目的　锻炼手眼协调，认识大、中和小。

前提　会将小玩具放入盒内。

方法　大人找出大中小三个形状相似的瓶子，套起来又在孩子面前拆开，面说"先打开大的，再打开中间的，最后打开小的"。让孩子将小的瓶盖拧好，放入中瓶，拧好最后打开小的。盖再放入大瓶内。这三个瓶子能让孩子独自玩上半个小时，因为有时他会将盖子盖错了，或者将小的放入大瓶内忘了中瓶。他要经过多次练习才能学会这种本领。如果家中有大中小三个盒子也可让孩子做这种练习（图7－1）。

图7－1　套瓶盖

倒米和倒水

目的　锻炼手眼协调。

前提　双手能捧碗喝水。

方法　用两只塑料小碗，装上大米约1/4碗，小心地从一只碗倒入另一只碗内，看看有几颗大米掉在桌上，捡好重放碗内，反复练习要一颗大米都不洒出为止。碗内的东西可更换，如红豆、绿豆，或小珠子和小扣子，甚至水也可作为练习用。随着孩子能力的增强，可把碗换成口径较小的口杯或小瓶，看看有没有水洒在桌上和地上（图7－2）。

图7－2　倒米和倒水

 分辨声音

目的 让孩子分辨出什么东西发出的声音,练习听的分辨能力。

前提 知道发声物的名称。

方法 让孩子闭上眼睛,在他耳边放一只钟表问他:"这是什么声音?"让他先说,猜不对再睁眼看。可以拿孩子的发声玩具,用筷子敲碗,金属勺子掉在地上的声音等等进行练习。当孩子猜对了由东西发出的声响后,还可以猜大人的叫声及说话声、走路声等。

 看浮沉

目的 观察哪些在水下面,哪些会浮上来。

前提 认识上和下。

方法 用一个白色透明的塑料瓶,装上半满的水,放入两颗小石头,用塑料片剪两条鱼和两朵花放入瓶中,先竖着放,将

图7-3 看浮沉

瓶子摇动,见石头子在水中不动,鱼和花在瓶中漂动。再把水瓶横着放,石头沉在水下不动,花和鱼随着水在瓶中飘动。孩子好奇地观看将瓶子倒过来或放在任何位置,通过观察和大人的讲解,学会了上下浮沉的意义(图7-3)。

 背数 1～5

目的　学习背数。

前提　会背 3 个字的儿歌一句。

方法　牵孩子上下楼梯时学习数数，拿套叠玩具时套一个数一个数。孩子最喜欢数食物，如糖果、饼干和水果等。每天吃水果时都让孩子数一数。这时孩子能随大人数到 5，个别孩子也能数到 10。不必要求孩子点数，因为孩子手的动作慢，口数得快。但孩子懂得拿给你 1 个或 2 个东西。背数如同背诵儿歌，孩子不见得完全懂得歌词，但他喜欢韵律。模仿着背诵，只觉得好玩，并未真正识数（图 7 - 4）。

图 7 - 4　背数 1～5

 掸土、擦桌、扫地

目的　模仿大人的动作，学会保持清洁。

前提　会替大人拿拖鞋和板凳。

方法　在大人掸去衣服上的尘土时，也给孩子一个掸子，让他模仿掸去衣服上的尘土。擦桌和扫地时，也给他一块抹布和一个小扫帚。孩子不会将垃圾归拢，甚至将扫拢了的垃圾又扫开，大人不要批评，只要孩子能模仿就称赞他，使他乐意去做。也可用碎纸散在地上让他学习扫成小堆，然后撮到簸箕内（图 7 - 5）。

图 7 - 5　学扫地

 放在哪里

目的　锻炼记忆力。

前提　知道物名。

方法　孩子玩的东西放下，隔 1~2 分钟后，大人问他："刚才玩的小狗放在哪里?"让孩子说出或找出来。孩子喜欢玩大人的东西，如爸爸的钢笔、爷爷的放大镜等。隔 1~2 分钟要问："爸爸的笔在哪里? 爷爷的放大镜在哪里?"有时大人忘记马上提问，

图 7 - 6　让孩子帮助找东西

也要过一段时间想起来，如果间隔的时间较长，孩子也能很快将东西找出来，说明孩子的记忆力挺好。大人可以有意让孩子拿用几样东西，过一会儿再让孩子寻找，看看能否找出来（图 7 - 6）。

教育顾问

 保护孩子探索求知的积极性

1 岁多的佳宇已经有了探索求知的愿望，他要了解各种物品，要摸摸、闻闻、尝尝，仔细考察，这是他认识周围环境的方式。对他来说，世界充满了他刚发现的各种新事物。这些发现既可能激发孩子的求知欲，也可能造成意外伤害。作为家长，既要保护孩子探索求知的积极性，又要保证孩子和家用品的安全，这是现实生活中的一对矛盾。说过多的"不可以"和"不许动"，对孩子的求知欲不仅仅是挫伤，而且是一种压抑，会使孩子误以为探索求知是错误的，对他的未来影响很大。

为了解决这个矛盾，佳宇的父母花了很多心思，把佳宇经常进入的房间重新布置一番，把危险的、易坏的东西都放在孩子摸不到的地方，使佳宇有了一个适合他探索的环境。佳宇的父母对他很少说"不可以"，这不仅使佳宇保持着探索事物的兴趣和积极性，而且使他很重视父母很少使用的"不可以"，认识到有的东西真的不能动，从而使安全得到保证。

 主动管理"不顺从"的孩子

孩子在 1.5 岁左右，大人就会常常带孩子出去逛商店或逛公园。很多大人抱怨说，孩子总是喜欢在路边玩，一会儿爬台阶，越喊他越不走，甚至朝相反的方向跑。因此，母亲担心这样下去孩子会出些行为问题。

其实，这时的孩子对周围的一切都感到好奇，四下走走看看，他觉得很有趣。这是他的天性。如果必须到商店去购物，可以用小车推着孩子。如果是到公园去让孩子见识见识，那就要允许他去探索周围的事物。如果他总是慢慢腾腾，在安全的情况下和他保持一定的距离，过一会儿他就觉得该去赶上大人了。这个年龄的孩子，常常到了吃午饭的时间还在兴致勃勃地玩呢，如果你说"走，该回家了"，他不会听从你；如果你说"咱们一块儿去爬那儿的台阶，好吗?"这时孩子很可能马上会和你一起走。试着用主动的办法管理孩子，可能会更有效。

发展运动能力促进孩子的大脑发育

宝宝满周岁到未满 3 岁，这一时期仍是进行早期教育的最佳时机，但不应把早期教育看成仅仅是积累知识，更不能认为是在培养"天才"。应该注意的是在大人的努力下，使宝宝活泼、愉快、有良好的生活习惯、思维活跃、有旺盛的求知欲、好奇好问、有良好的观察力和记忆力，能和小伙伴友好相处、有生活自理能力。这些才是早期教育的重要内容，而重中之重的是促进宝宝身体正常发育、增强体质，因为心身健康是早期教育的基础。

宝宝在 0～1 岁时，神经系统与运动系统发育的互相影响，生活中的基本动作如坐、爬、立、走等都已发生并有了发展。1～3 岁宝宝的形态结构发育平缓下来，但动作发育继续加速。在 1～3 岁期基本动作即基本活动能力（爬、走、跑、跳等）都已发生并正在发展，神经纤维髓鞘化在 3 岁已完成 70%～80%，其重要意义是大脑功能更加完善，宝宝由于已会走会跑，身体活动满足了身心需要。由于扩大了活动范围，手的功

能与触觉、视觉、听觉等感官功能和动作的自然结合，宝宝的智力体力都有很大发展。所以 1～3 岁的宝宝，应有意识地发展并提高动作、感官的机能水平，要多给宝宝手与感官结合的身体活动。

锻炼园地

跑步停稳

目的　训练孩子跑步停止时自己站稳的能力。

前提　开始学跑。

方法　父母站在孩子的对面，逗引孩子跑向自己，这时孩子只能维持直立体位，稍向前便会跌倒，因此，当孩子跑到面前时，赶快抱住他，随着跑步动作熟练，只需用手稍挡一下，他就会停，到 2 岁左右跑步后自己能站稳（图 7－7）。

图 7－7　跑步后停稳

向目标踢球

目的 让孩子将球踢给人或指定的目标。

前提 会无目的地踢球。

方法 先立一个较宽大目标，如把球踢到墙上。孩子能踢球到墙上后，再立一个较小的目标，如踢给爸爸。因为爸爸能活动，不太难，孩子小，下肢力量还不足，不可能踢得很远。但是经常练习就会使下肢发育得强壮（图7-8）。

图7-8 向目标踢球

 钻拱桥

目的 培养孩子动作敏捷、四肢协调能力。

前提 会手足爬行。

方法 大人双腿跪下，两手撑起，摆成"拱桥"姿势，让孩子快速从下面的空档钻过去，否则将双手往下压，压住孩子，阻止钻过。孩子熟练后，可适当降低"拱桥"的高度。

 过河

目的 学习大步跨过一定距离。

前提 学会双脚离地跳。

方法 放两段绳子或用粉笔在地上画出 12 ~ 15 厘米距离的"河"。第一次由家长牵着孩子迈过去，如果迈不过就跳过

去，以后由孩子自己练习迈过去。绳子渐渐由 12 厘米展宽到 15 厘米，让孩子学习迈大步或者跳过去（图 7 – 9）。

大夫信箱

婴幼儿秋季腹泻是怎么发生的

图 7 – 9　跨过 12 ~ 15 厘米的距离

　　每年秋冬季节，婴幼儿极易发生流行性腹泻，人们通常称之为秋季腹泻。秋季腹泻是由人类轮状病毒感染引起的病毒性肠炎。它的发生有明显的季节性，一般集中在每年的10 ~ 12 月，患病的绝大多数是半岁到两岁的婴幼儿。

　　婴幼儿感染上秋季腹泻后，通常开始并不一定出现消化道症状，而是好像患了感冒，表现出发烧、流鼻涕、咳嗽、精神不振、食欲下降等，过了 1 ~ 2 天开始出现明显的腹泻，大便每天 5 ~ 6 次，严重者可达 10 ~ 20 次，呈黄色或绿色稀水样，或像蛋花汤样，一般很少有黏液或脓血，常常伴有呕吐，次数和量多少不等。由于腹泻或呕吐物中含有大量的水分、碱性物质和钾钠等电解质，因此严重的腹泻、呕吐可导致脱水、酸中毒和电解质失衡，甚至因脱水可出现循环衰竭或休克。

　　秋冬季腹泻是自限性疾病，一般病程 7 ~ 10 天，抗生素治疗无效，因此，一旦诊断宝宝为秋冬季腹泻，抗生素就不必滥用，而重点应是及时预防和纠正小儿的脱水、酸中毒及电解质失衡，同时给予必要的对症治疗。

（1）大人应继续给予宝宝平时习惯的饮食，如母乳、牛乳、稀粥、烂面条等，避免不易消化的食物，一般不要禁食。

（2）口服补液盐能方便、有效地防治轻症的水、电解质平衡紊乱，大人一定要按规定配制，不要自行另加其他成分，以免影响疗效。

（3）同时可给止吐药、助消化药等对症治疗，十六角蒙脱石以及改善肠道微环境的药物，如双歧杆菌、乳酸菌等制剂也有一定的效果。

（4）如宝宝出现明显的脱水、酸中毒应及时去医院诊治，以免贻误病情。

1.5~3岁宝宝一日生活安排

宝宝随年龄增长，活动时间增加，每天活动7~8小时。应根据孩子的年龄特点，在相对稳定的时间内，如早晨8点、下午3点或晚上6：30后，安排10~15分钟看图识字、讲故事等学习活动。学习以游戏的形式进行，以激发孩子的学习兴趣为主要目的，其他活动时间可从事益智游戏、体育锻炼。每天保证3小时以上的室外活动，根据季节不同选择早晨、上午、下午、傍晚进行。

每日饮食一般4次，3顿正餐，1次午点，上午水果1次，

晚上可不再进食。

睡眠，白天 1 次 2~2.5 小时，夜间 1 次 10 小时，保证睡眠时间一昼夜 12~13 小时。

表7-1　1岁半至3岁宝宝一日生活安排

时间	内容
6：30~7：30	起床，大小便，盥洗
7：30~8：00	早餐
8：00~11：00	室内外游戏，喝水，小便，吃水果
11：00~11：30	午餐
11：30~12：00	小便，准备午睡
12：00~14：30	午睡
14：30~15：00	洗脸，午点
15：00~18：00	室内外游戏，喝水，小便
18：00~18：30	吃晚餐
18：30~19：00	室内外游戏
19：00~20：00	盥洗，小便，准备入睡
20：00~次日6：30	睡眠

第八章

1岁8个月

营养指导

 怎样选择强化食品

　　强化食品指的是根据营养需要向食品中添加营养素，或以添加某些营养素为目的，而添加天然食品以增强食品的营养价值，经过这样的工艺处理的食品称为强化食品。强化食品根据强化目的的不同可分为 4 类：

　　（1）向食品中添加天然含量不足的营养素，如向谷类中加氨基酸，市场上常见的有赖氨酸面包、赖氨酸挂面；

　　（2）补充食品在加工制作过程中营养素的损失，如向加工精细的面粉中加入维生素 B_1，维生素 B_2 和烟酸，向水果罐头中加维生素 C；

　　（3）通过强化使食品中含有的营养素更全面，适合食用者的需要，如配方奶（即母乳化奶粉）、宇航食品等；

　　（4）为满足特殊地区、特殊职业的人们的需要而进行的维生素强化。

　　为宝宝选择强化食品的目的，是为了保证宝宝在生长发育的各个阶段能得到全面合理的营养。选择强化食品时，首先要

确定宝宝确实缺乏某种营养元素，有必要食用强化食品。当通过体格检查，发现宝宝缺乏某种营养素后，还要做膳食调查，看看膳食安排是否合理，若不合理，首先要考虑的是改善膳食安排，提高食物总摄入量。在此基础上，适当食用强化食品，以补充营养素的不足，绝不能单纯依靠强化食品供给营养素。如体检发现宝宝有佝偻病时，应在安排好宝宝饮食的基础上，选择使用强化钙的面粉，强化维生素 A、维生素 D 的奶等。总之，选择强化食品一定要有针对性，不能盲目滥用强化食品。

 画短道道就是 1

目的 认识和会写第一个数目字或汉字。

前提 会画长头发。

图 8－1　学写 1

方法 学画一个短的竖道，认识 1。如果孩子很喜欢再画，可以再教他画一个横的短道也是 1，是汉字的一。带着孩子在大挂历上找哪里有 1 或一。当孩子在街上玩耍时可以让他观看汽车的号码找 1，或在广告牌和汽车站牌上找 1。当孩子在许多地方都找到 1 时，就更高兴回到家中去画 1（图 8 - 1）。

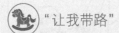 "让我带路"

目的 让孩子从胡同口认识自己的家。

前提 孩子经常去户外有认路的机会。

方法 每次从街上回家都要鼓励孩子做带路人，让他走在前面，从胡同口领着大人回家。当孩子认识了自己家门，感到十分自豪时，大人应当称赞他"真能干"。再下一次可以试着让孩子在马路上认识自家的胡同口。大人要替他找一些标志，如商店、广告牌或特殊式样建筑物，使他容易找到自家的胡同口（图 8 - 2）。

图 8 - 2 学认自己的家

 上街买菜

目的 认识更多物名，听懂人们对话。

前提 已经学过几种食品名称。

方法 大人常常推着童车带孩子去附近买东西，孩子也很愿意跟随大人上街买菜。有些大人始终让孩子坐在车上，买来的东西也和孩子一起放在小车上推着回家。孩子看不清楚外面发生的事，甚至在童车内睡着了。这就

图 8 - 3　看看妈妈买什么菜

让孩子失去了学习和参与的机会。大人应该将孩子抱起来或牵着孩子，让他看看蔬菜，听着母亲讨价还价说话。孩子也可以抱着母亲买来的东西放入车内，让孩子参与买东西的活动。在回家的路上可以念着买来物品的名称，孩子通过参与就可以学到新名称，看到新鲜事物，开阔眼界（图 8 - 3）。

 游戏认字

目的 培养对文字的敏感性。

前提 已认识一些图画。

方法 利用孩子认识的图配上汉字卡，摆好后故意将字卡弄乱，让孩子学习图配字。摆字卡时要让孩子放正，不能把字倒放。重复几次将图的秩序改变，让孩子放字卡看看是否与图画相符。以后完全取消图画，显示 1～2 个字卡让孩子找出相应

的图画，反复几次，直到最后显示字卡能读出来为止。图和字要分为若干组，每组4~5个。认识两组后，可以将两组的图和字混合，让孩子对应摆好。如孩子对文字感兴趣可经常进行识字游戏，孩子不感兴趣不能强迫，不能把识字作为本年龄段的主要发展项目（图8-4）。

图8-4 看图找字卡

 倒退着走

目的 学习退后走几步。

前提 能走得很稳。

方法 在孩子前面放一个拖拉玩具，让孩子看着玩具拉动它，这样就必须退后走。一面鼓励孩子拉响它，一面站在孩子身后保护。初时孩子走一步就往后看，当他看到大人在后面时就不会

图8-5 倒退走

怕了，放心地往后走或者后跑几步（图8-5）。

 数水果

目的 培养对数的敏感。

前提 会说 1、2、3。

方法 孩子最喜欢水果，家中买到水果之后，可将水果洗净放在桌上让孩子玩一会儿。让孩子将水果排成一行，拿出第一个教他边拿边说："第 1 个给爸爸，第 2 个给妈妈，第 3 个给宝宝。"然后再连续说"1、2、3，一共 3 个"。这时孩子的手

图 8-6 数水果

往往比口动作慢，所以要让他慢慢拿，每拿 1 个多说 1～2 个字的话才能使手口合拍（图 8-6）。

 辨别是非

目的 学习分清是非。

前提 听懂简单的故事。

方法 大人在同孩子一起读图书讲故事时，读到"小白兔找到一个萝卜，他想天很冷，猴子一定没有东西吃，所以马上给小猴子送去"。讲到这里马上问他"小白兔好不好？"孩子会点头拍手或者说"好"。

大人带孩子在外边玩，发现有人随地乱扔果皮，就问孩子"这样做的人是好还是坏？"还不会说话的孩子会摇手摇头表示不好；会讲话的会说"坏"。孩子能从故事、图像、画面等将好坏分开。若一时还分不开，可以重复几遍直到分清为止（图 8-7）。

图8-7 看一看谁好谁坏

如何解除尴尬的局面

1岁以后，孩子的知识经验增多，语言的发展使孩子逐渐能够表达自己的愿望和要求，特别是1.5岁以后，孩子已经有点"长大"了，家长也常常领着他到街上转转，这真是人生的乐事。然而孩子也许在这个时期，常常让你难堪。在街上，看到好吃的东西或好玩的东西一定要买，不买就坐在地上哭闹，惹来很多人围观。为解除这尴尬的局面，家长常草草了事，买上东西，赶快把孩子抱走；也有的家长觉得孩子太让他丢面子，把孩子打上几耳光。

孩子有自己的要求和愿望，这是孩子独立性的一种表现，对于1岁多的孩子刚刚产生的独立性的"幼芽"，家长要予以保护。因此，对于孩子大哭大闹的原因，家长要加以判别。如果孩子的愿望和要求合理，就应该满足；如果孩子的要求不合理，就一定不要迁就，一旦孩子在公共场合大哭大闹，家长可以试试用走开的办法解决。如果孩子站着不走，一定要买了东西才走，家长要对孩子说："这个东西不能买，你不走，我们走了。"孩子看到家长走了，也就会跟上来。当然家长要走得缓慢，让孩子有能力很快跟上来。如果孩子哭闹得厉害，也可以把正在哭闹的孩子抱到人少的地方，放下来，离开他一段距离。尽管这个距离并不太大，但对孩子来说，足以使他觉得安全受到威胁。这会分散他对原有目标的注意力，很容易忘掉刚才哭闹的目的。这时，家长再及时地去安慰一下，并尽量将孩子注意力转移到别的有趣事情上。应该强调的是，同行的人意见要一致，行动要统一。否则，孩子会因有人支持他而哭闹得更加厉害。

为了避免这种尴尬场面的出现，家长上街前不要对孩子乱许愿。

🐴 1 岁多的孩子喜欢找大孩子玩

1 岁多的孩子已能独立行走，语言开始发展，能听懂周围人说的话，并有了简单的词句。手的活动也开始向复杂和精细的方面发展，这使他们有可能广泛地认识物体，产生要和周围的人们进行交往的愿望和要求。

1 岁多的孩子像一个小小的"探险家"，以积极的态度去探索环境，看着周围的大孩子有那么大的本领，就渴望像大孩子那样玩耍。加之，他们有了简单的模仿能力，又非常喜欢模仿，这些都使他们更乐于与大孩子亲近，和他们一起玩。我们常常看到 1 岁多的孩子跟在大孩子后面，大孩子干什么，他们就干什么。大孩子在前面跑，他们还有些跌跌撞撞地跟在后面跑。大孩子拣树叶，他们也学着拣树叶。大孩子用小棍拨弄观察蚂蚁，他们也凑过去看一看（图 8 - 8）。

图8-8　1岁多的孩子喜欢找大孩子玩

　　家长不必制止自己的孩子找大孩子玩，但一定要进行必要的保护，以免孩子跌伤、碰伤，或被大孩子撞倒。在日常生活中，家长要加强孩子的身体锻炼，学会躲闪等一些自我保护的基本技能。家长应注意创造条件让孩子与小伙伴一起玩，满足他渴望交往的需要，并在和小伙伴共同游戏的过程中培养孩子最初的合作精神和最简单的交往技能。

培养孩子的注意力

　　注意力对于一个人的认知活动非常重要，目前一些小学低年级学生，学习成绩不好的主要原因，就是注意力集中性和稳定性差，上课不能专心听讲。学业成功，是每位家长对孩子的期望。因此，从小培养孩子的注意力非常重要。

　　1岁8个月的佳宇已逐渐学会自己独立玩了，如果没有干扰，一副积木他能兴致勃勃地反复摆弄几十分钟。如果妈妈从旁给予指点，他也乐于接受，并能模仿妈妈的样子搭个高楼或

高塔。这说明他的有意注意开始了。

妈妈很珍视佳宇的专心。当佳宇正在聚精会神地玩的时候，妈妈从不无故去打断他。因为对于孩子来说，玩就是学习。这种"专心"学习，非常有利于培养孩子的注意力。为了遵守时间常规，又不中断佳宇在专心从事的活动，该开饭了，妈妈也会"等他一会儿"，待他思路告一段落，再叫他吃饭。遇到类似的情况，妈妈也常采取提前通知、给予思想准备的办法，让孩子能做完这件事。如告诉他再玩一会儿就应该吃饭或睡觉了。

每一位家长都应在孩子的注意力刚刚开始发展，在他专心玩与学的时候，为他提供一个不受干扰的环境。

锻炼园地

滚铁罐

目的　追着跑，捡起东西。

前提　会慢跑，停止时不向前摔倒。

方法　在一个小铁罐内，装 1～2 颗小石子。家长在空地上将铁罐滚在地上，石子使空罐发出响声招引孩子追铁罐，到铁罐停止处，弯下身子将铁罐拾起。注意要用带盖的小铁罐，不能用打开过的铁罐头，以防开口处刺伤孩子。如果孩子跑步还不会停止，可将罐滚到墙边或有栅栏处，让孩子一手扶墙或栅栏以方便停止和蹲下。多练习后，孩子就会在够着东西之前减速，学会自己停稳，不必扶物。

看谁投得远

目的 训练幼儿投掷能力。

前提 会向前方投球。

方法 自制小沙包（100克重左右），在地上划一条投线，站在线的后边，向前方投掷沙包，与小伙伴比赛，看谁投得远（图8－9）。

图8－9 看谁投得远

登上椅子再上柜子

目的 学会登高取物。

前提 会用板凳登上椅子或床铺。

图8－10 登上椅子再上柜子

方法 孩子很喜欢爬上高处取东西，尤其当大人请他拿东西时，他会用各种办法登高够取。他会先上板凳登上椅子，又扶着椅背登上桌子再去取柜子上的东西。登高够取是一种能力锻炼，是好事但要注意安全（图 8 - 10）。

大夫信箱

怎样在早期发现婴儿腹泻出现脱水和酸中毒

严重的婴儿腹泻可导致脱水和酸中毒，这是因为腹泻丢失的肠液中含有大量的水分和碱性物质，使体内水分减少，酸碱平衡被破坏。根据水分丢失的多少，脱水的临床表现也有不同。

早期轻症者可表现口渴、喜饮水、小便的量和次数减少，前囟和眼窝轻度凹陷，可稍有烦躁但精神尚好，神志清楚。

严重的脱水一般腹泻和呕吐较为严重，可表现无尿，口唇黏膜明显干燥，消瘦，前囟和眼窝明显凹陷，哭时泪少或无泪，腹部及大腿内侧皮肤捏起时表现松懈无弹性，面色苍白，口唇和指甲颜色发绀，手脚发凉，脉搏细微，宝宝精神萎靡或阵发烦躁，甚至出现休克，危及生命。

婴儿酸中毒主要表现为面色灰暗，口唇呈樱桃红色，呼吸急促或深长，精神萎靡、昏睡，严重时可昏迷、抽风。

凡婴儿腹泻后出现上述情况，家长应引起注意，及时送往医院检查，以免延误诊断和治疗。

1~3岁宝宝需购买哪些衣物

1岁后的宝宝已开始学步，活动量和范围增大，这时可以好好地为他打扮打扮，但选购衣物要考虑到：

（1）1~2岁的宝宝有的虽不会自己尿尿，但大多数宝宝尿前能有明确的表示或家长已掌握宝宝排尿的规律，可选择满裆裤。

（2）宝宝开始学走路了，衣裤不宜过长，女孩最好不要穿长裙，以免影响活动。

（3）避免套头衫。大多数宝宝不喜欢衣物从头上套下，所以最好选择前面开扣的。

（4）选择棉质、防磨损的衣裤较好，不要选择紧身的衣裤，鞋袜不宜过大过小，否则会损害足部。

不同季节不同性别孩子至少应选择的衣物

女孩

夏季

  4套连衣裙（1套出席重要场合穿，3套平时穿）

  4条短内裤（在家穿或外出穿在裙内）

  4件背心（在家穿或外出穿在裙内）

  1双长袜（出席重要场合穿）

  2双短丝袜（平时穿）

  2双凉鞋（一双平时穿，一双重要场合穿）

春秋季

    4 条长内裤

    4 件内衣

    2 套运动衣

    1 件连帽夹克

    1 双皮鞋和 1 双运动鞋

冬季

    2 件羊毛衣

    2 条羊毛裤

    1 件棉衣

    2 条棉裤

    2 条冬季裙

    2 双棉鞋

    2 双棉袜

    不同季节的睡衣各 2 件

男孩

夏季

    4 条短裤

    2 件背心

    2 件短袖 T 恤

    2 双短丝袜

    2 双凉鞋

春秋季

    4 条长内裤

    4 件内衣

2套运动衣

1件连帽夹克

1双皮鞋（或运动鞋）

冬季

2件羊毛衣

2条羊毛裤

1件棉衣

2条棉裤

2条长裤

2双棉鞋

2双棉袜

不同季节的睡衣各2件

第九章

1岁9个月

生理指标

1. 体重

平均体重　　男 11.5 千克　　女 10.9 千克

引起注意的值

高于　　男 14.5 千克　　女 14.0 千克

低于　　男 9.2 千克　　女 8.6 千克

2. 身长

男　　79.4～90.9 厘米　　均值 85.1 厘米

女　　77.5～89.8 厘米　　均值 83.7 厘米

3. 牙齿

14～18 颗。

营养指导

表 9－1　1.5～2 岁宝宝一周食谱举例

时间	早餐	点心	中餐	点心	晚餐
星期一	牛奶 鸡蛋 面包	水果	米饭 香干芹菜肉末	水果 饼干	鸡肉菠菜面条

续表

时间	早餐	点心	中餐	点心	晚餐
星期二	牛奶 鸡蛋煎饼	水果	米饭 青椒肝丝	面包	芝麻酱、糖花卷 青菜、豆腐、 鱼肉丸汤
星期三	牛奶玉米粥 炒豆干	水果	米饭 三色肉丸	水果 烤馒头	糜面小窝头 虾仁黄瓜丝汤
星期四	牛奶 蛋糕	水果	米饭 豆豉牛肉末 炒青菜	水果 饼干	金银蒸卷 豆腐青菜 鸡肝汤
星期五	牛奶 麻酱花卷	水果	米饭 豆腐、鱼肉、萝卜	水果 红豆米粥	鸳鸯汤面
星期六	牛奶 鸡肉青菜面条	水果	米饭 鸡蛋炒菠菜	水果 豆包	肉菜包子 豆腐西红柿汤
星期天	牛奶 红豆米粥 鸡蛋	水果	米饭 豆干、肉末、 炒土豆丝	水果 面包	千层糕 白菜肉末汤

游戏时间

 画弯弯画出个鸭子像个2

目的 认识2，会写2。

前提 学会写1。

方法 大人同孩子一起学画，当孩子无意中画了一个两头弯弯的画，大人高兴地喊道，"宝宝写了鸭子2"。大人的高兴引起孩子高度注意，他会不自觉地再画几个两头弯弯的画画。

这时大人要用心地教他，上面的弯弯是鸭头，画圆一些。下面是鸭身，画平一些，使它更像个 2。于是拿出两个玩具，两块饼干，让孩子知道 2。把两块饼干作为奖励，因为今天孩子会写 2。从此每当出门口让孩子找哪里有 2 字，回到家也要找挂历上的 2 字，以便巩固（图 9－1）。

图 9－1　学写 2 字

 1 和许多

目的　区别 1 和许多。

前提　会数 1、2、3。

方法　同孩子一起吃葡萄干或爆米花。给孩子 1 个，如果他还想要可以拿出一堆来，说"这里有许多"。又从这堆内拿出一个来说"这是 1 个"，再指那一小堆说"许多"，让孩子自己拿出 1 个，再指那边有许多。也可以让孩子看图指出哪个是 1，哪个是许多。

 砌高楼

目的　学习排列整齐。

前提　已经会砌两块积木。

方法　大人用方积木（可用长方形火柴盒代替）同孩子一起砌上 5～6 层，告诉他"这个楼房有 5（6）层"。关键在于每砌一块都要用手把积木（火柴盒）的四个角对正，如果放歪了楼房就会塌下来（图 9－2）。孩子学会了整齐地砌高楼后，要让他学会把积木放入盒子内排列整齐，把盒盖盖上。可用一个大盒子装上专为孩子搭积木用的火柴盒，最好用干净纸将盒子两边含磷的地方糊上，以免孩子将小盒子放入口中而受毒害。孩子从小就要学习自己收拾玩具，而不用大人帮助，以养成良好的自理习惯。

图9-2　砌5~6层高楼

 学说"我"

目的　学会用代名词。

前提　认识自己的东西。

方法　大人有意问孩子："这件衣服是谁谁的？是文文（别人的名字）的吗？"孩子的回答有两种可能：

（1）"这是明明的"，即用自己名字回答。

（2）"这是我的"。

当孩子用名字回答时，大人可以提醒道"这是我的衣服"——指自己正穿着的衣服，"这是我的鞋"等等。孩子马上就会改口说"这是我的衣服"。以后这个"我"字就会在孩子的话中经常出现。

 擦鼻涕

目的 养成清洁的习惯。

前提 会拉下蒙脸藏猫猫的手帕。

方法 在孩子流鼻涕时教他从衣兜里找出手帕赶快把鼻涕擦净(图9-3)。然后照照镜子,看看脸上是否擦干净。经常告诫孩子,不得用衣袖或衣服擦鼻涕,有鼻涕要马上擦净。

图 9-3 学擦鼻涕

通过儿歌或讲故事让孩子知道拖着两条鼻涕最难看,最不卫生。如孩子患感冒要马上治疗。

 喂小动物

目的 观察动物的生活习性,增长见识。

前提 认识常见动物名称。

方法 家长带着孩子用一个小盘放上剩饭和收拾出来的鱼鳃、鱼内脏等去喂小猫。孩子看到小猫喜欢吃鱼和鱼的内脏,得到较深的印象。带孩子去看用草喂兔子和牛羊,用玉米渣或别的粮食掺切碎的菜帮子喂鸡,观看叔叔用鱼虫喂金鱼等等。孩子看到动物吃东西

图 9-4 喂养小动物

会十分高兴，并且会留意把一些肉骨头留给小狗吃，把不好挑刺的鱼头鱼尾送去喂猫。如果有机会在下午 4 ~ 5 点钟时逛动物园，就会看到喂大动物吃东西的情景，这会使孩子十分兴奋。这时可趁势让孩子记住哪些动物吃肉、哪些动物吃草，得出粗略的印象（图 9 - 4）。

教育顾问

对孩子说话讲究艺术

1 ~ 2 岁的孩子，已学会了一些词，并能用一些简单的句子来表达自己的意思。但家长在用语言指导孩子的行动时，仍需要语言简短、直截了当。讲究和孩子说话的艺术会提高亲子交流的质量，取得好的教育效果。

（1）在对孩子说话时弯下腰去，看看孩子的眼睛，也要求孩子看着你，使孩子明确意识到你在对他说话。

（2）用肯定的语句告诉孩子你希望他做什么，如"洗干净手再吃苹果"。而不要用否定句告诉孩子你不希望他做什么，如"不准用脏手拿苹果"。

（3）把要求孩子行动的词语放在句子的前面，这有

图 9 - 5　对孩子说话时要弯下腰

助于孩子把注意力集中在行动的实质内容上，比如，妈妈可以用温柔清晰的声调对孩子说"走过来！""给我球！""坐下！"等等。

（4）给孩子的行动指令一次只能一种，因为 1～2 岁的孩子还不能同时对"关上门""走过来"等多种指令做出反应。

总之，对孩子说话要有针对性、简单明确（图 9－5）。

 如何戒除孩子要别人东西的习惯

小的孩子常常要别人的东西，尤其是吃的东西。弄得家长很难堪，常常骂孩了没出息。其实，孩子要别人的东西和有没有出息没有必然的联系，小孩要别人的东西是一种很普遍的现象，同样的东西也总是觉得别人的好。这主要是孩子缺乏知识经验而好奇心又特别强所致，随着孩子年龄的增长和知识范围的扩大，这种现象就消失了。但是家长决不能因此而放任自流，等待孩子的自然过渡和消失，而是要采取正确的态度和处理办法。放任自流和管得过严都会使孩子形成对别人所有物的占有欲，看见别人有什么东西都想据为己有，那是一种危险的人格特征，甚至会导致犯罪。

要克服孩子的这种现象，关键在于正确引导：

（1）增加孩子有关的知识。通过比较使孩子知道自己手里的东西到了别人手里还是那个样子，不会变。如孩子想要别人的饼干，明明家里有，可他偏要别人的。这时，父母不要太强硬，而是在接受了别人的东西后和自己家里的作对比，让孩子亲口尝。亲身体会到味道是一样的，以后他就不再要了。

（2）不要压制而要引导。压制会使孩子产生常说的"逆反心理"，更想得到它。因此，在孩子要别人的东西时，可以温和地提醒他，使他回忆起曾经吃过或玩过这种东西，有助于解除孩子的强烈要求。

（3）转移注意力。有时孩子要别人的东西，这种东西自己家确实没有，如果经济条件允许，就答应（并做到）给他买一个。如果条件不允许，应尽可能把孩子的注意力引向别处。

（4）试用交换法。交换玩具或食物可以满足孩子的好奇心，还可以防止孩子独霸和占有欲的产生。如孩子要别人的玩具，就让孩子自己拿着玩具用商量的口吻、友好的态度和小朋友交换着玩，使双方都受益。

让孩子聆听周围世界的声音

听音乐是发展孩子智力的好方法之一。但我们周围的世界充满了各种美妙的声音，让孩子谛听、辨别周围世界的各种声音，其感知要比听音乐更直观、更具体，其内容要比听音乐更丰富、更有趣。早晨洗脸时，听听流水的"哗哗"声；烧菜做饭时，听听"得得"的剁肉声，菜下油锅的"哧嚓"声；刮风时，听听风吹树枝的"簌簌"声，脚踩枯叶的"瑟瑟"声；下雨时，听听雨打地面的"嗒嗒"声；睡觉时，听听钟表的"滴嗒"声，还有窗外蟋蟀的"唧唧"声……（图9-6）。

图9-6　让孩子听周围世界的声音

训练孩子谛听周围世界的各种声音，孩子即可获得以听觉替代视觉、凭声音感知事物或现象的能力。这种能力，心理学上称为"跨通道知觉能力"。它的获得主要依赖直接经验的积累和学习。孩子如能尽早获得并发展这种能力，无疑能促进听

觉感知和智力的发展。

 "开火车"

目的 训练孩子模仿能力和节奏感。

前提 走稳。

方法 大人在前做车头，孩子在后做车厢，并用双手拽住家长的衣服，随着"呜!"的一声开始向前走动，大人在前面做示范教孩子，两臂伴随着"哐哐、哐哐"的节奏前伸、后撤学做火车的动作（图9-7）。

图9-7 伴着节奏做动作

图9-8 抛气球

 抛气球

目的 锻炼手眼四肢协调。

前提 会跑和跳，少摔跤。

方法 让孩子将充满普通空气的气球抛高，球落下时用头顶、手托或身体垫使球不落地。大人和孩子比赛，孩子和小朋友比赛，看谁的气球最后落地（图9-8）。

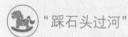"踩石头过河"

目的 训练孩子身体平衡能力。

前提 独自走稳。

方法 用粉笔在地上划两条线当作河。在河里划一些圆圈当石头。告诉孩子"河里有水，我们要踩在石头上过去。当心别掉进河里"。河的宽度、各石头之间的距离要根据孩子的能力来确定。随着孩子能力的增长，可逐渐增加难度。大人可与孩子一起玩这个游戏，这样孩子会很感兴趣（图9-9）。

图9-9　按着规定的位置走

 大夫信箱

小儿患急性中耳炎有哪些症状

急性化脓性中耳炎是儿童时期常见疾病，它不仅可影响宝

宝的听力，还可引发严重并发症，甚至危及生命，因此对急性化脓性中耳炎要及时诊断、治疗并积极预防。

宝宝患急性化脓性中耳炎前，常有上呼吸道感染的症状，如发热、流涕、咳嗽等，继而出现耳痛。耳痛多突然发作，婴幼儿则表现频频用手抓耳、哭闹烦躁、夜不能眠。体温可骤升至 39～40℃。数小时或一两天后耳朵开始流脓，提示鼓膜已穿孔，开始为稀水样，渐变为黏稠。流脓后体温下降，耳痛减轻，患儿不再哭闹。急性化脓性中耳炎反复发作，鼓膜听骨受破坏可影响听力，病变侵犯周围骨质可引起乳突炎、化脓性脑膜炎、脑脓肿等。因此，婴幼儿感冒后，若有不明原因的高热、哭闹、烦躁、抓耳等表现时，家长应提高警惕，及时去医院，请医生仔细检查耳部，及早发现中耳炎，予以治疗，避免鼓膜穿孔及其并发症。

保健之窗

 如何防止宝宝尿床

1～2 岁宝宝夜间尿床是正常生理现象，为减少夜间尿床的次数，使宝宝 2～3 岁以后不再尿床，可采用以下办法预防宝宝尿床：

（1）建立合理的生活制度，避免过度疲劳以致夜间睡得太熟。夜间睡眠太熟的宝宝，白天一定要睡 2～3 小时。

（2）晚餐不要太咸，餐后要控制汤水、牛奶等液体的摄入量，以减少入睡后尿量。

（3）睡前不宜过于兴奋，必须小便后再上床睡觉。

（4）夜间要根据宝宝的排便规律及时把尿，把尿时要叫醒宝宝，在其头脑清醒的状况下进行。随着宝宝年龄增长，应培养宝宝夜间能自己叫父母把尿的能力；夜间小便的次数，也可逐渐减少或不尿。一般到1～2岁时，每晚把尿2～3次即可。

（5）宝宝尿床后不要责备、恐吓，以免造成紧张、恐惧心理。

（6）白天要训练宝宝有意控制排便的能力，如当宝宝要小便时，可酌情让其主动等几秒钟再小便等等。教宝宝排便时自己拉下裤子，也可培养有意控制排便时间的能力。

发育测评

表9-2　1岁7～9个月发育测评表

分类	评测方法	项目通过标准
大动作	大人先做示范，站在孩子后面，让他放心后退着走，看他能后退走几步	会随大人倒退着走5步
	能控制速度慢跑和快跑，会自己不必扶物及扶人而停止	跑步时完全不必扶人和扶物停止
精细动作	用方积木或火柴盒，下面放2块，上面放1块，留出中间的空隙作桥	会用3块方积木搭桥，下面2块间有空隙
	用塑料绳学穿珠子，看1分钟内穿上几个	每分钟穿上3个珠子

续表

分类	评测方法	项目通过标准
认知能力	大人将 10 张未见过的图片放成一排，让孩子找出哪几张完全相同	在 15 张图片内找出 3 对完全相同的图片
	拿出红、黑、白或黄色让孩子学习和辨认	认识红、黑、白 3 种颜色
	让孩子说或做动作表示日常用品，如肥皂、牙刷、勺子、钥匙等的用途	会用动作表示 4 种物品用途
语言理解	大人拿着孩子喜欢的新衣服新鞋，放着说"这是××的吧?"看看孩子用"我"还是用名字回答	回答"是××的"说自己名字，回答"是我的"
	背诵全首儿歌	背全首儿歌
社交行为	喜欢同小伙伴一起玩，听大孩子的话，会哄小朋友	能听大孩子的话，会哄比自己小的孩子
	学抹桌子，替人拿东西，上街购物后喜欢拿着物品回家	会抹桌子，替人拿东西，拿购买的东西回家
自理能力	为孩子脱去一只衣袖，看他能否脱去上衣；脱掉一条裤腿，看他能否脱下裤子	脱下已脱一袖的上衣，脱下已脱一裤腿的裤子
	会用手绢自己擦鼻涕	会用手绢自己擦鼻涕

第十章

1 岁 10 个月

1 岁 10 个月 ~ 2 岁发展目标

（1）会向后退，跑步稳，不摔跤，能独自上下楼梯，开始学跳。

（2）能打开门栓，会折纸，逐页看书。

（3）能模仿画竖线和圆。

（4）喜欢说话，能说出三个字的简单句。

（5）能回答简单的提问，还会你我对答。

（6）会看图知早上、晚上、晴天、下雨等。

（7）能背诵一首儿歌。

（8）注意成人对自己的评价，喜欢赞扬。

（9）能按照成人的指示来调节自己的行为。

（10）能模仿成人做简单家务。

（11）会穿简单的衣物。

（12）晚上不尿床，大小便会说。

1 岁 10 个月 ~ 2 岁教育要点

（1）带孩子到室外练习各种运动技巧。

（2）让孩子模仿画线条和简单的图形及折纸等动手的游戏，锻炼手的灵活性。

（3）教孩子有目的地观察比较事物，掌握大小、多少等概念。

（4）教孩子正确发音、用词和说完整的句子。

（5）经常提问，引孩子多说话。

（6）教孩子关心和同情他人，照顾弱小者。

（7）让孩子做力所能及的事。

（8）教一些简单的是非观念，学习控制自己的愿望和情感，调节自己行为。

孩子食物制作

1. 五彩虾仁

虾仁 250 克、豌豆、胡萝卜丁、蛋糕丁、水发香菇丁各 25 克，鸡蛋半个，香油 6 克，盐、料酒、淀粉、葱、姜末各少许，植物油适量。

将虾仁洗净，用清洁的纱布揾干水分放入碗内，加入盐，打入蛋清，用劲拌匀，再加入干淀粉拌匀备用。将胡萝卜丁、香菇丁放入开水锅内余熟捞出。炒锅置于火上，放入植物油烧至四成熟，下入虾仁滑散，捞出沥油。原锅内留下少许油，下葱、姜末炝锅，加入少许水（或高汤），放入豌豆、胡萝卜丁、香菇丁烧一会儿，再放入蛋糕丁，加盐、料酒，用湿淀粉勾芡，倒入虾仁，淋香油即成。

此菜色泽艳丽，味道鲜美，能引起孩子食欲。含有丰富的蛋白质、钙、磷、铁、维生素，能满足孩子营养需求。

2. 软煎鸡肝

鸡肝 100 克，鸡蛋一个，面粉少许，精盐适量。

将鸡肝洗净，摘去胆囊，切成略厚圆片，撒上精盐，两面蘸满面粉，外面裹蛋清液，放入烧热的油锅中，煎至两面成金黄色即可。

此菜外焦里嫩，含蛋白质、钙、磷、铁、维生素 A、维生素 B_1、维生素 B_2，适于孩子食用。

3. 鸡血豆腐汤

豆腐 30 克，熟鸡血 15 克，熟瘦肉、熟胡萝卜各 10 克，水发木耳 5 克，鸡蛋半个，鲜汤 200 克，香油、酱油、盐、料酒、葱末、水淀粉各少许。

将豆腐、鸡血切成略粗的丝，黑木耳、胡萝卜、熟瘦肉切成细丝，将锅置于火上，放入鲜汤，下入豆腐丝、鸡血丝、木耳丝、胡萝卜丝、肉丝。烧开后，撇去浮沫，待豆腐、鸡血浮起时，加盐、酱油、料酒，再用水淀粉勾芡，淋入蛋液，加入香油、葱末、盛入碗内即成。

4. 芝麻酱糖花卷

面粉 400 克，面肥 75 克，芝麻酱 50 克，花生油、红糖、碱面各适量。

将面肥放入盆内用温水解开，加入面粉和成面团，待面发好后，加入碱液揉匀，稍饧。将芝麻酱放入碗内，加入红糖、花生油调匀。将面团擀成大皮，再在上面抹匀调好的芝麻酱，卷成卷，用刀切成相等的段，拧成花卷码入屉内，旺火蒸 15

分钟即成。

小花卷香甜暄软，含钙、磷、铁等幼儿生长所必需的营养素。

游戏时间

配对

目的 分清哪两个完全一样。

前提 认识物品名称。

方法 用食物、玩具、图片等让孩子分辨，把两个完全一样的配成一对。孩子认识水果、动物、用品、玩具等都可用来配对。有时看到一两个未见过的东西，通过配对也可以学会它的名称和了解它的特点（图 10 - 1）。

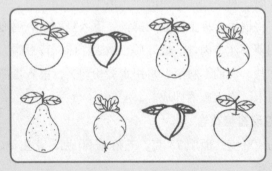

图 10 - 1　哪两个完全一样

一样多

目的 学会比较多和少，以及一样多。

前提 会数 1～10。

方法 大人要右手拿1个核桃，左手拿2个核桃，问孩子哪边多，孩子很快认出左手有2个，左手拿得多。大人再用右手拿上2个核桃，再问"哪边多?"孩子这时看来看去也比不出来，不知如何回答。大人告诉他"一样多"。反复两手各拿1个、2个、3个，让孩子比较，让他自己说出"一样多"（图10-2）。

图10-2 学会比较多和少

 分清白天和晚上

目的 知道早晨说"您早"，晚上说"晚安"。

前提 会称呼大人。

方法 告诉孩子白天有什么特点，晚上有什么特点。每天早晨起床时让孩子说"您早"。早上天已亮了，起床要穿衣服，一面穿衣一面让孩子学会说"您早"。在家中遇到的人见

第一面时都应说"您早"才有礼貌。

到了晚上准备睡觉时要同家人道"晚安"。有许多家庭认为家中人不必说"晚安"了，但是为了培养孩子有好习惯，要让孩子与大人道别时说"晚安"。有了这种习惯孩子就能分清白天和晚上，分清何时应说哪种礼貌语言（图10-3）。

图 10-3　分清哪是白天，哪是晚上

穿珠子

目的　锻炼手眼协调的精细动作，学会分辨大小和 3 种以上的颜色。

前提　认识 3 种颜色，会套环入棍。

方法　大人为孩子准备彩色的木珠、塑料珠、算盘珠或将彩色的塑料管剪成 1.5 厘米的小段，用纸绳、塑料绳都可

图 10-4　学穿珠子

让孩子学习穿珠子。穿珠时大人要在场，数清珠子的数目，警

惕孩子将珠子放入口内吞掉。一面穿，一面可以让孩子挑出已认识的几种颜色搭配着穿。也可以让孩子捡出大的与小的作搭配。还可以让孩子复习数数，看看已穿进去几个了。穿完一定将所有珠子收拾好数一数，不可遗漏，以免吞食而未觉察（图 10 – 4）。

 唱"十个小姑娘"

目的　学数手指。

前提　会数 1 ~ 5。

方法　大人抱孩子坐在膝上，拿着他的手指边数边唱歌。孩子会哼哼几个音，渐渐会接着唱词搬动手指而且不错。

十个小姑娘

1 = C　　2/4

1 1 | 1 1 | 3 5 | <u>3 3</u>　1 | 2 2 | 2 2 | 7 2 | <u>7 7</u>　5 |

一个　　两个　　三个　小姑　娘　四个　五个　六个　小姑　娘

1 1 | 1 1 | 3 5 | <u>3 3</u>　1 | 5 | 4 | 3 2 | 1 — ||

七个　　八个　　九个　小姑　娘　十个　　小姑　　娘

 背诵儿歌

目的　学会背诵以前学过的全首儿歌。

前提　会背出押韵的字。

方法　大人同孩子一起背诵"小耗子，上灯台，偷油吃，下不来，吱吱吱吱叫奶奶，奶奶也不来，叽里咕噜滚下台。"或者背"小蜜蜂，嗡嗡嗡，飞到西，飞到东。一、二、三、

四、五，五只小蜜蜂。"

第一次学习后，每天反复背诵
3～4 次，每次背 3～4 遍。最好定
时背诵形成规律，孩子会背第一首
儿歌之后，很快就能学习第二、三
首，甚至将全部儿歌书上的几十首
全都背下来（图 10-5）。

图 10-5　看图背儿歌

学脱裤子

目的　培养自理能力。

前提　能在大人帮助下脱去上衣。

方法　大人帮助孩子将裤子拉到膝部，帮他脱去一条裤腿，
让他自己将另一条裤腿脱下。第二步是帮助孩子将裤子脱到膝
部，让孩子自己脱去两条裤腿。最后完成自己将裤子脱下。学
习穿脱衣服最好从夏季开始，因为夏季衣取简单。到秋季时自
己基本上能脱去单衣和单裤，再学习穿脱毛衣也就不困难了。

教育顾问

培养孩子的观察力

佳宇的父母经常引导和启发佳宇观察周围的事物，孩子天
生对新奇的事物敏感，而对不显眼的事物或变化不太注意。比
如，房间里的桌子换了地方，或安了新窗帘，佳宇可能注意不
到。父母就提醒他："今天房间里有什么变化？"父母的衣着
或发型有了变化也要问问他："今天妈妈有什么不一样？"平

时，哪怕是打死一只蚊子或蛾子，也要叫佳宇来看一看，父母还常和佳宇一起玩寻找几何形状等各种游戏。比如找找小汽车上哪个地方是方的，哪个地方是圆的。通过有意识的引导和练习，逐步培养了佳宇对事物或现象观察的兴趣和习惯，发展了感知能力。

 不要吓唬孩子

吓唬孩子似乎是一些家长常用的一种"教育手段"。为了让孩子快些入睡，家长往往会说："快睡，再不睡大灰狼就来咬你！"为了制止孩子做某件事，家长会说："别动，老虎会咬你。"家长用可怕的事物或制造恐怖的气氛吓唬孩子有时会很奏效，真能把孩子"镇住"。但这种做法对孩子人格形成的危害是家长难以料到的，可以说是有百弊而无一利。

吓唬孩子的办法会使孩子对某些事物产生错误的观念，是非不明，真假不分。如果常用"警察来抓你"来吓唬孩子，会使孩子形成警察就是专门抓人的这种错误观念。如果家长常用"鬼"来吓唬孩子，会使孩子错误地以为世上真有"鬼"。

吓唬孩子还会使孩子形成胆小、懦弱的性格。如孩子在玩耍时手碰破了点皮，家长就大惊小怪，甚至吓唬说："以后再乱动，整个手都会掉下来。"那么孩子以后只要碰破了一点就会吓得大哭，很多东西也就不敢再动。有些家长总是利用孩子的弱点来吓唬孩子，或在睡觉前吓唬孩子，会使孩子变得胆小、焦虑。

有些家长利用孩子怕父母中的一方，常用武力来恐吓孩子，如"爸爸回来打死你"或"妈妈回来把你扔出去"。这种情况会使孩子与父母产生对立情绪，形成不良的亲子关系，这对孩子今后人际关系和社会性发展非常不利。

可以说 1～2 岁的孩子最初是什么都不怕的。但是一旦有了恐惧的经历，就会有较长时间的影响。因此，家长要努力使 1～2 岁孩子减少恐惧的体验。

让孩子自己走路

1. 5～2 岁的孩子已能走会跑。可有些孩子能走路了反而不如以前走不稳时那样积极地要求自己走了，常常要大人抱。有时大人手里拿着东西，孩子却坚持一定要大人抱。怎样让孩子自己走路呢？

（1）比赛：孩子不愿走时，大人常用比赛的办法激发他走路的兴趣。事先约定个终点，两人同时开始跑。为了争第一，孩子会使出全身力气向前跑。为了鼓励孩子向前跑，大人有时可故意落在后面，让孩子有成功感。

（2）数数：一路上数数路边的树、电线杆或别的东西，孩子会很有兴致。

（3）捡落叶和石子：边走边捡落叶和石子，孩子会觉得很有趣，有时大人和孩子一起把捡起的石子贴着地面往前扔，看谁扔得远，再跑过去找自己的石头。

交叉使用以上方法可以减轻大人的负担，当然，在孩子太累时，还是要抱（背）他一程。

锻炼园地

抓泡泡

目的 发展孩子跑的动作及反应敏捷性。

前提 会跑、跳。

方法 大人吹肥皂泡，让孩子抓泡泡。肥皂泡不要吹得过高，以免孩子失去信心。东吹吹，西吹吹，逗引孩子来回跑、跳。看孩子的情绪，决定吹的时间长短。

 滚球入门

目的 锻炼上肢运动与眼睛协调。

前提 会对着大目标抛球。

方法 大人带孩子滚皮球，用个板凳当球门，将球滚入板凳下面的洞内。孩子虽然能看清球门，但双手运动还不灵活，有时要往前抛，球反而向后或向侧面滚动。大人一面示范，一面告诉孩子手和球接触的位置。球门离孩子先近后远（图10-6）。

 学飞机飞

目的 训练孩子模仿能力及身体平衡能力。

前提 会跑。

方法 让孩子两臂侧平举作机翼，在地上小跑，时而弯腰，时而直起，模仿飞机下降俯冲动作（图10-7）。

图10-6 滚球入门

图10-7 学飞机飞

大夫信箱

 反复呼吸道感染是怎么一回事，如何防治

反复呼吸道感染是小儿科的常见病。呼吸道分为上、下两部分，上呼吸道感染是指扁桃体炎、鼻窦炎、中耳炎、喉炎；下呼吸道感染是指气管炎、支气管炎、肺炎。什么是反复呼吸道感染呢？根据不同年龄的儿童每年患呼吸道感染的次数来决定，家长可参考以下诊断标准看一看孩子是否是反复呼吸道感染（表 10 - 1）。

表 10 - 1   反复呼吸道感染诊断标准

年龄（岁）	上呼吸道感染（次/年）	下呼吸道感染（次/年）
0～2	7	3
3～5	6	2
6～12	5	1

上呼吸道感染两次间隔至少要 7 天以上；如上呼吸道感染未达到上述次数，可加下呼吸道感染的次数，但反之则不属于反复呼吸道感染。

患反复呼吸道感染的大多数为体弱儿，抵抗力差，医学上称之为免疫功能低下。对这种患儿家长要精心护理，避免感染，如在呼吸道感染的高发季节，尽量不去公共场所；要合理的加强营养，加强体育锻炼，增强体质。同时可在医生的指导下，应用免疫增强剂，如：必思添、卡慢舒、左旋咪唑、核酪、转移因子、胸腺素等等，中药如童康片（复方玉屏风散）等，均有一定疗效。

第十一章
1 岁 11 个月

营养指导

如何补碘

　　碘是人体所需的微量元素之一。碘在人体中主要参与甲状腺素的形成，甲状腺素有促进蛋白质合成、促进胎儿生长发育的作用。当人体轻度缺碘时，甲状腺代偿性增生成为甲状腺肿（即人们常说的粗脖子病）。当婴幼儿缺碘明显时，会影响孩子的生长发育，患克汀病。孩子表现为身材矮小，瘦弱，智力发育迟滞，听力和语言障碍，出现聋或聋哑。孩子表情淡漠，模样呆傻，皮肤干燥粗糙，头发脱落，性成熟推迟，有的不能形成正常的生育功能，造成终身不育。

　　我国除少数沿海地区外，绝大部分地区的水和食物中含碘量不高，所以原则上讲每个人都需要补充适量碘。为此，我国推广使用碘盐，能有效给人们补碘。对一般幼儿而言，可以经常食用一些富含碘的食物，如海带、紫菜、淡菜、虾米、海鱼。其他含碘的食物有蔬菜、肉、蛋、奶、谷类和水果。此外，由于碘易挥发，为了避免制作菜肴时碘盐中碘的损失，所以提倡炒菜时后放盐。做到食用碘盐和平衡膳食后，人体摄入

的碘基本可以满足所需，不用额外打针或吃药来补碘。缺碘会影响婴幼儿的正常发育，食物或水中含碘量过高同样对健康有不良影响，是否需要额外补充，最好征询医生意见。

 了解动物习性

目的　让孩子知道一些动物的习性。

前提　熟悉动物名称。

方法　用动物图卡先让孩子说出动物名，按顺序摆放桌上。再拿出另外几张食物图，让孩子认识它们的名称如胡萝卜、鱼、肉骨头。让孩子按哪个动物喜欢吃的，将食物图放在动物下面（图 11－1）。此游戏也可用玩具和实物进行。同时在教孩子认识各种动物时，也要告诉孩子一些动物的特点和习性。

图 11－1　它们喜欢吃什么

识气候

目的 学习气候名称。

前提 知道白天、晚上。

方法 在天气变化时告诉孩子气候名称，如下雨、刮风、下雪、阴天和晴天等。傍晚看电视时，共同注意明天的天气，到第二天去验证昨天的天气预报。孩子们都喜欢学说气象预报的词汇，如北京晴，南京有雨，西安阴天等。在学习气候词汇同时也学习背诵地名。家中有图书说气候的也可以让孩子复习，说出图中的气象变化（图 11 - 2）。

晴天　多云　刮风

阴天　下雨　下雪

图 11 - 2　说一说是什么天气

 按节奏打鼓点儿

目的 学习节拍。

前提 听熟 1 ~ 2 首儿歌或见过扭秧歌。

方法 用圆的或方的空盒子当鼓，用两根旧筷子作打鼓的棍子。大人和孩子对面坐着，大人先用筷子照着 2/4 节拍先轻敲盒子中央，让孩子模仿敲。照着节拍在第一节时停敲一拍。

孩子做对了就应当鼓掌叫好。模仿大人敲鼓至熟练之后，就可试随录音机播放的熟悉儿歌学敲节拍（图11－3）。大人在重音时可击在盒子中央使音响一些，在弱拍时击在盒子旁边使声音小些，就可以得到较好的节拍伴奏效果。为以后学习音乐打下基础。

图 11－3　学打鼓点

 看蚂蚁搬家

目的　培养观察力和注意力。

前提　喂过小动物。

方法　在散步时，注意观察小动物的运动。最常见的是蚂蚁搬家，蚂蚁排成行沿着一定路线含着东西走动，经常将寻找到的食物搬回家。孩子很注意地看它们走动，注意它们从哪里出来，又进入哪里去。有时蹲下来久久不愿离去（图11－4）。春夏天在花盛开时，可以观看蝴蝶在花丛中飞舞，也可以看到蜜蜂在采蜜，要告诫孩子不要打扰它们的行动，远远地看着不要走近，防止被蜂蜇伤。

 认识物品用途

目的　将用途与家庭用品联系。

前提　认识家庭用品的名称。

方法　从孩子最常接触的东西学起。例如当孩子洗手时，告诉他用肥皂打出泡沫可以将手洗干净；洗干净的手可用毛巾擦干。又如吃饭时用碗和筷子或勺子。上街时用锁将门锁上，回家时用钥匙将门打开。带孩子进厨房，让他认识蔬菜、鸡蛋和肉都是做菜用的，是食物。刀和板是切菜用的；锅和炒勺是做饭用的。经常让孩子认识用品可增加认知能力。

 足尖走

目的 训练平衡能力。

前提 不扶单足站稳1秒钟。

方法 母亲先给幼儿做示范动作，然后一手扶幼儿，幼儿提起脚跟用足尖走。待幼儿熟悉动作后，放手让幼儿自己提起脚跟用足尖走（图11-5）。

图11-4 观察蚂蚁搬家

图11-5 足尖走

教育顾问

 孩子是父母的镜子

"教子先教己"是教子的原则。

一天，佳宇从地上捡起一片废纸，一本正经地交给妈妈，妈妈一时找不到适于扔纸的地方，随身丢到阳台下面去了。没想到，后来佳宇再拾到小纸片等物，不再交给妈妈，而是自己跑到阳台上把纸从栏杆缝里扔下去。这真让妈妈吃惊，当时妈妈根本没有意识到那样做会引起什么后果。佳宇的模仿行为就像一面镜子，"照出"了妈妈的不当行为。

1 岁多的孩子，许多模仿行为都不是及时反映出来的，往往是几天、几周甚至更长的时间后，当某种条件具备时才表现出来，心理学上称之为"延迟模仿"。

孩子不仅模仿家长的举止，对一些事物的好恶也常常受到家长的影响。妈妈评论某件衣服不好，孩子就不穿；爸爸不吃红萝卜，孩子也不吃，甚至会说出爸爸曾说过的理由——红萝卜有气味。

做家长确实不容易，每当要干什么时，首先要想想自己的言谈举止会不会对孩子产生不良的影响。要注意不要当着孩子的面议论别人的长短，表示对某个事物的好恶。从孩子这面"镜子"中一旦发现自己身上的缺点，应立即改正，尽快消除孩子的"模仿源"。对孩子最初表现出的某种不良行为切忌采取"欣赏"的态度而应严肃地制止。为培养孩子的良好人格品质营造一个好的环境。

🐎 从小培养孩子五种品德

3 岁前期是个性的奠基和萌芽时期，从这时起培养孩子快乐、爱心、正直、勇气、信念这五种品德，有益于孩子将来成为一个热爱生活、有所作为的人。

（1）快乐：快乐的经历有助于造就高尚而杰出的个性，使人热爱生命。让孩子自己寻找乐趣，做他自己想做的事情，并让孩子在亲子交往中获得快乐，有助于培养孩子乐观向上的精神和活泼开朗的性格。

（2）爱心：爱心是美的心灵之花，培养孩子具有爱心，有助于形成良好的情操，孩子和父母朝夕相处，父母本身具有一颗仁慈的心，孩子能模仿和体验到父母的爱心，并能逐渐获得爱心。

（3）正直：拥有正直的品德才会拥有真正的朋友，获得真正的友谊。1~2岁的孩子是靠最初的模仿来实践正直的品德的，所以父母应成为正直的典范。

（4）勇气：人的一生中会有无数次失败和挫折，有勇气战胜失败和挫折的人，才可能获得成功。在孩子遇到困难时，父母要鼓励孩子有勇气和信心，自己想办法克服困难、解决问题。

（5）信念：信念激励人们去奋斗，幼小的孩子还谈不上信念，但已有了自己幼稚的计划和愿望，父母要慈爱而耐心地倾听，并予以鼓励。

 孩子近2岁时，家长面临的挑战

帮助孩子喜欢、接受他自己，觉得自己好而且有用，对自己有信心，这对家长来说是一个挑战。

很早的时候，孩子就会表现出积极或消极的情绪和自我体验。家长要细心观察孩子的言行，及时肯定和鼓励孩子的正当言行。"宝宝，你唱的歌真好听。""你把积木放回箱子里去了，真能干。""你都会说浓烟滚滚了，真了不起！""谢谢你把书给妈妈拿来，真乖。""你一定能把毛巾挂起来，再试试，喏，你把毛巾挂起来了，真能干。"这种及时的肯定和鼓励使孩子知道你非常注意他的言行，你知道他"能干"，孩子的自信心也因此而建立起来。

家长直接告诉孩子做什么，比告诉他不该做什么要好，叫

孩子"不要把衣服拖着走"不如告诉他"应该这样拿着衣服"。这样做将使孩子对成功有更好的认识。

家长一定要避免说那些有损孩子自尊心的话。当孩子弄洒了牛奶时，不要说"真是笨手笨脚，走开！"应该对他说"我知道你是不小心才弄洒的，咱们拿一块海绵把它抹干净吧！"。这样做既让孩子知道下次一定要小心，又不损伤孩子的自尊心。

听听孩子的问题，花一些时间了解他的失望和恐惧，帮助孩子战胜消极体验、获得自信心，这至关重要。

锻炼园地

 自己上楼梯

目的 锻炼登高时身体平衡。

前提 大人牵着能上楼梯。

方法 让孩子学习自己扶栏杆上楼梯，大人跟在后面保护。住楼房的家庭练习机会较多，个别 1 岁半的孩子就能自己扶栏杆双足交替地上楼梯（图 11－6）。如果居住地附近有街心公园，可以带孩子经常练习自己扶栏杆上滑梯。大人帮助孩子坐好，双手扶住两侧的小栏，慢慢滑下。

 学跳下

目的 学习跳跃动作，训练身体平衡能力。

前提 会双脚离地跳远。

方法 让孩子站在楼梯的最下一级台阶，扶孩子从台阶上跳下，待孩子动作熟练后，扶孩子一只手跳下（图 11 -7）。

图 11 -6　自己扶栏上楼梯

图 11 -7　学跳下

拉杆跳

目的　训练幼儿的跳跃能力。

前提　会跳。

方法　去儿童乐园，在合适孩子高度的单杠或吊环前，教孩子双手拉住单杠或吊环往上跳。若有小伙伴在场，还可与小伙伴比赛看谁跳得高（图 11 -8）。

图 11 -8　拉杆跳

大夫信箱

1 ~3 岁孩子感冒怎么办

急性上呼吸道感染简称"上感"，俗称"感冒"，90% 以

上是由病毒感染引起。1～3 岁孩子患"上感"后除了出现与年长儿类似的鼻塞、喷嚏、流清鼻涕、轻咳等症状外，往往全身症状重。热度高低不一，热度突然上升常易发生高热惊厥，就是抽风。此外患儿精神烦躁爱哭闹，吃饭不香，还常常出现呕吐、腹泻等消化道症状。因发热可引起反射性肠蠕动增强，感染可引起肠系膜淋巴结炎，所以患儿常有脐周阵痛的症状。有些病毒感染还有不同形态的皮疹出现。一般感冒 3～5 天即可痊愈，如若患儿体温持续不退，临床症状加重，应注意是否炎症向下呼吸道蔓延或引起其他部位的并发症，这时千万不可大意，一定要带孩子去医院就诊。

如上所述，上感多为病毒感染引起，因此抗感染应选用抗病毒的药物，如西药利巴韦林等。也可用中药治疗。此外对症治疗也很重要，针对高热可给予解热镇痛剂，如阿司匹林、扑热息痛、布洛芬等。采取物理降温如洗温水澡、酒精擦浴等。还要注意多给患儿喂水。千万不要紧闭门窗、棉被包裹，这样不利于散热退烧。

保健之窗

怎样才能让孩子吃好饭

良好的饮食习惯能保证宝宝摄取足够的营养和正常生长发育。不良的饮食习惯，如偏食、挑食能可导致营养不足。良好饮食习惯的培养要做到：

（1）不带着玩具上餐桌：每次吃饭前，家长协助 1 岁以上的宝宝自己将玩具收起，放在固定的地方，这有助于宝宝专心就餐。若拿着玩具吃饭，宝宝有可能一会摸玩具，一会抓食物，很难保证食物的清洁。

（2）饭前洗手：不论是自己能独立进餐的宝宝，还是需家长喂饭的宝宝，都应在吃饭前帮助宝宝用清水、肥皂将手洗净。从小坚持饭前洗手，有助于宝宝长大后养成良好的卫生习惯。

（3）宝宝吃饭时应保持稳定、愉快的情绪，精力集中地吃饭：即使是宝宝在吃饭过程中做错了事，也不要大声训斥，最好等饭后再处理。情绪不好会导致食欲下降。吃饭时，家长的谈话内容都应围绕着饭菜，不要为了鼓励宝宝好好吃饭而说，快点吃，这些饭都吃了就带你出去玩。这样宝宝会因急着出去玩，而不好好吃饭。

（4）宝宝进食环境要安静：不要在进食的同时听收音机、看电视及做其他游戏，使其注意力分散。

（5）不要勉强宝宝进食，更不能强迫进食：宝宝饥饿、进食，饱感、停止进食，然后再出现饥饿和进食等，这是一个生理过程，不能人为地改变，当宝宝不愿进食时，说明他已不再饥饿。不要以大人的饥饱想法去强迫宝宝进食，这样会造成宝宝的逆反心理，拒绝进食。逼迫进食会造成脾胃功能损伤，消化失常，导致营养不良。

（6）不要追逐宝宝进食：宝宝吃饱了就不想吃了，家长不要以自己饥饱感来度量宝宝还没吃饱，于是逗着宝宝吃，宝宝躲避大人就在孩子后面追着去喂食，这样宝宝就把吃饭当成玩耍，躲躲藏藏，吃一顿饭用 1~2 个小时。

（7）定时喂养：与母乳按需喂养法不同的是在添加辅食或 1 岁以后儿童的一日三餐时要定时喂养。养成定时喂养习惯后，每当到时喂辅食时，儿童的消化功能处于兴奋状况，有食欲，消化液分泌增加，胃肠蠕动增快，有助于食物中营养的消化吸收。

（8）自己动手进食：应从小培养孩子自己动手进食的能力。孩子开始自己进食时手的动作配合不好，常把饭喂到嘴外，这没有关系，孩子会慢慢学会吃饭的，应鼓励孩子继续自己吃。吃饭前给孩子戴上围嘴，吃完饭后把面部或嘴擦干净就行了。通过吃饭可锻炼孩子两只手协调动作，促进大脑发育。

（9）教育孩子不挑食、不偏食、不过食：孩子发育需全面均衡的营养，单一食物所含的营养素不全面，应鼓励孩子吃粗、细粮、各种蔬菜、豆制品、鱼、肉等，不要挑食、偏食。否则摄取食物营养不全面，影响孩子生长发育，造成营养不良。另外进食要有度，不能过量。过量进食造成营养过剩，以脂肪形式堆积在体表及体内脏器，形成肥胖病。肥胖还可导致肺功能受损，进而出现高脂血症、高血压、心脏病等。

（10）零食有度：零食是对三餐进食的营养补充，是辅助性的。不要过多地吃零食，以致到吃饭的时候肚子一点不饿、吃不下饭，影响宝宝营养摄入。

总之，养成宝宝良好的饮食习惯要从多方面入手：吃饭的环境要安静，不要有干扰；吃饭时宝宝要坐正，紧贴饭桌，专注地进食；大人在旁，边吃边鼓励宝宝吃各种菜肴，说某种菜如何有营养、好吃，并带头进食；在宝宝吃得很好时，要控制食量，不要过饱，引起消化不良；还要注意饮食卫生，饭前洗手，饭后漱口。

2 周岁

生理指标

1. 体重

平均体重　　男 12.2 千克　　女 11.5 千克

引起注意的值

高于　　男 15.3 千克　　女 14.8 千克

低于　　男 9.7 千克　　女 9.0 千克

2. 身长

男　　81.0~93.2 厘米　　均值 87.1 厘米

女　　79.3~92.2 厘米　　均值 85.7 厘米

营养指导

怎样为孩子选择适合的饮料

　　对于母乳喂养的小宝宝来讲，从出生到 4 个月时并不需要其他饮料，母乳中所含的水分完全能满足 4 个月以内宝宝的需要。随着孩子年龄的增加，食用湿润的软食品越来越少，而代

351

之以固体、干燥的食品，孩子就需要饮用更多的饮料。

选择哪些饮料才适合饮用呢？市售的甜味饮料如汽水、果汁一般含食糖、碳酸钠、色素、香味剂等，惟一的作用是增加能量，不能提供维生素等营养素，并且还可能影响孩子的饮食喜好，造成偏爱甜食，发生龋齿，对营养食物食欲差等现象；速溶饮料也是这样。这些都不适合作为孩子饮料。

孩子适合饮用的饮料是白开水、水果（蔬菜）纯汁、豆浆、牛奶。目前市场上已有纯果汁出售，家长在购买时要注意区分含果汁饮料和纯果汁。

很多母亲喜欢给孩子喝加蜂蜜的水，因为这样可以缓解幼儿便秘。但孩子在 1 岁以前，最好别这么做，因为有些蜜中含有的细菌可能引起孩子中毒。从营养的角度看，蜂蜜和食糖的作用相似，仅能提供甜味和能量，营养价值并不高。所以，一岁以上的孩子食用蜂蜜也应适量。

游戏时间

 看图辨性别

目的　学认性别。

前提　懂得称呼哥哥和姐姐。

方法　用图书中的人物让孩子辨认谁是哥哥、谁是姐姐。儿童画册中有穿衣、吃饭、洗澡、扫地等的画面，其中有男孩和女孩。让孩子称呼男孩为哥哥，称呼女孩为姐姐，最后问"你是男孩还是女孩？"孩子往往不会辨认自己，而是通过记忆来说出自己的性别（图 12 – 1）。

 学用筷子

目的　锻炼手指的小肌肉协调活动。

前提　会用小勺自己吃饭。

方法　让孩子与大人同桌吃饭。大人示范，孩子模仿。初时孩子用握棍子的办法，两根筷子不能分开，只能拨饭入口，不会夹菜。在熟练的基础上渐渐学会分开两根筷子，能夹上菜。用筷子是一种精细的技巧动作，早日学会对以后学用剪子等技巧有帮助（图 12 – 2）。

图 12 – 1　谁是哥哥、谁是姐姐

图 12 – 2　学用筷子

 用木槌打钉

目的　练习手眼协调。

前提　学会套塔或套碗。

方法　如果能购到一种木制的打桩床，就会让孩子高兴地玩耍许久。床上有八个木桩，用木槌打入床面上的大孔内，小木桩会从床的侧孔挤出来。如果没有，可用两块泡沫塑料板，用竹子自制竹钉，用木槌子将竹钉子打入（图12－3）。注意安全。

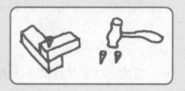

图12－3　用木槌打钉

"你""我"对答

目的　会正确使用代名词。

前提　会说"这是我的"。

方法　要求孩子说完整句子，在问"你几岁？"时要答"两岁"。问"你是男孩还是女孩？"答"我是女孩"。鼓励孩子假装打电话提问"你是谁？""我是妈妈。""你在干什么？""我在打毛衣。""谁上街去？""我们吃过饭再去。""我要去。""好，我们下午一起去"。孩子用一个小工具玩"打电话"可以练习许多用"你"和"我"的句型（图12－4）。

图12－4　打电话

图12－5　扭秧歌

扭秧歌

目的　按拍子走步。

前提　学过打小鼓。

方法 用两条长的丝巾，大人和孩子各人在腰上缠一条。用自制的小鼓或用口说出秧歌的鼓点"呛—呛—，迟呛迟—"，大人在前面走秧歌步，让孩子在后面跟随模仿。或者有机会去公园或街道广场看大人团体扭秧歌，再回家学习（图12－5）。

教育顾问

培养孩子爱提问的习惯

孩子爱提问，不仅能反映出他思维发展的进程，更重要的是表明他好观察、善于捕捉周围环境中新异的事物或现象。而且，一般来说，爱提问的孩子总比不爱提问的孩子学得更多一些。

佳宇在会说话以后，常常向大人提出一些有关周围环境的问题。佳宇的爸爸妈妈在与佳宇说话的过程中（如认识周围和画册上的事物），也经常采用自问自答的方式（如"这是什么呢？""这是××""这是谁呢？""这是××"），这样的亲子语言交流模式，使佳宇在1岁多就慢慢培养起爱提问的良好习惯。虽然说话还不清楚，他就能用"么呀？"（这是什么呀？）来提问了。1.5岁左右，他的问题就更多了，不仅会问"这是什么？"还会问"谁来了？""在哪儿？"等问题。

快满2岁了，佳宇有了探究事物原委的提问"为什么"。如"齐齐为什么哭了？""灯为什么不亮了？"等等。表明他的思维已有了进步，已初步感知到一些常见事物的相互关系。

一切思维从提问开始，让孩子有更多的机会接触各种新鲜事物和环境，能激发孩子探索的兴趣，引发疑问。家长如能耐心热情地解答孩子的每一个提问，将有利于孩子积极开动脑筋，发展思维。

 性格形成与早期教育方式有关

佳美和璐璐是好朋友，常在楼下一起玩，所以两位家长很快就认识了，并在一起交谈教育孩子的体会。璐璐妈妈问佳美的妈妈："你的孩子很有个性，一点不娇气，什么事都做得那么好，而且很少听她哭，做事总是很认真并坚持做到底。而我们璐璐我没少花心思，我的全部精力几乎都放在她身上了，可她很娇气，一点小事哭个没完，脾气很大，想干什么不让她干就大发脾气，我让她学画画，给她请老师教她书法，可她对什么也不感兴趣，做什么事都是三分钟热度，没有长性，可把我急坏了。我真觉得带她很累……"

听了璐璐妈妈的话，佳美妈妈说："其实，你没有必要这么小就让她学这、学那。关键是要培养她的良好性格，儿童性格形成的起源是孩子期的生活习惯，所以我从小就注意养成佳美良好的生活习惯。如我一贯生活安排很有序，让佳美自己睡觉，不陪着她，也不去哄她睡，时间长了她睡觉很省事，躺下就能睡着。还有我每天定时让她排便，刚开始她没有，但我总这样坚持，慢慢她也就养成了定时排便的习惯。等她慢慢长大后我会给她提出一些要求，但不去过多地干涉她，使她比较自由地发展。凡是她能自己做的事我都让她自己做，所以她独立性比较强。我从不强迫她学什么，只是在她有兴趣时教她一些，她很快也就学会了……"听了佳美妈妈的话后，璐璐妈妈说："看来我们对孩子的教育方式有问题，不能总责怪孩子。"

的确，家长早期的教育方式对孩子性格的形成是有导向作用的。我们要培养孩子良好的性格，这对他今后一生都是很关键的。所以家长一定要注意自己的教育方式，不要过多地保护孩子，也不要过多地干涉孩子，因为这些对孩子的性格形成都是很不利的。事实上一切教育都归结为养成儿童的良好习惯。愿所有的家长都能认识到这一点，培养自己孩子的良好习惯，这将使孩子终身受益。

锻炼园地

 绕圈跑

目的 发展运动功能。

前提 能跑稳。

方法 在室外或室内地上画一个圈，或中间放一个物体，家长和孩子绕圈跑，边跑边做抓小鸡游戏。

 运菜

目的 训练幼儿快速反应能力。

前提 能蹲下、站起、跑。

方法 准备小桶一个，一小堆青菜（如豆角、小白菜、小萝卜等）插在不同处。让幼儿将青菜运到 5~6 米远处。鼓励孩子快点运、来回跑（图 12-6）。

图 12 - 6　玩运菜游戏

目标投球

目的　训练孩子手眼协调能力及运动能力。

前提　能自如走或跑。

方法　在地面放一个篮子，在两边约 2 米远处各放一些球，然后让孩子拎一个球向篮子跑去，在近处把球投进篮中。快速跑向另一边，弯腰捡起另一个球跑回投向篮中，来回进行（图 12 - 7）。

图 12 - 7　投球入篮

大夫信箱

当心小儿急性喉炎

小儿急性喉炎是一种应给予特殊重视的上呼吸道感染性疾病，它好发在冬春两季。由于小儿解剖生理的特点，其喉腔狭小，周围组织较松弛，发炎后易发生明显的肿胀，特别是在声门下部表现更为严重，极易发生喉梗阻、呼吸困难、缺氧，危及生命。

急性喉炎可由细菌、病毒、支原体等引起。一旦宝宝患病，可出现刺激性咳嗽，这是小儿急性喉炎最具特征性的症状，有经验的医生凭此即可做出诊断；小儿还可发出空、空、空样的咳声，像小狗的叫声，临床称之为"犬吠"样咳嗽，出现声音嘶哑，严重者出现吸气性的呼吸困难，表现吸气时有哮鸣音；患儿常常有低热，有时也可为高热。

小儿出现上述症状，怀疑为急性喉炎，家长最好带宝宝去医院看病，因为小儿急性喉炎一旦延误病情，可引起严重的喉梗阻，甚至窒息、死亡。如明确诊断为急性喉炎，医生除开一些消炎、止咳、退烧药外，还常常给一种叫"泼尼松"的药物，目的是减轻喉头水肿、防止喉梗阻，这种药是激素类药物，服药的疗程、减量和停药要严格听从医嘱，家长一定不要自作主张。宝宝患病后家长要加强护理，首先应让患儿安静卧床休息，避免刺激，以免加重呼吸困难；多喝水，吃易消化的食物；保持室内一定湿度和温度，空气清新，避免刺激性的空气刺激等等。

保健之窗

 2 岁的孩子还需要补钙

给孩子补钙，补到 1 岁后就再也不补了，鱼肝油也不用吃了，这好像成了惯例。从营养学的观点和儿科临床实践看，给孩子补钙的时间应延长，至少延长到 3 岁。

人体内 99% 的钙都在骨骼内。人的生长发育，尤其是身高的增长离不了骨骼的发育，骨骼发育必然需要大量钙的补充。儿童身高迅速增长是在 3 岁以内，因而钙的补充不能只限于 1 岁以内。

儿童佝偻病多发生在 3 岁以内，而不只是在 0～1 岁时期。相当一部分小孩在满 1 岁后学会走路的同时，下肢开始出现弯曲，成为罗圈腿或 X 形腿，这说明小孩的骨头还不硬实。

近年来全国大量的营养调查结果显示，我国膳食中钙营养素很少，大约为我国营养学家们推荐的每日应摄入钙量的一半。这大概是我国婴幼儿佝偻病和老年骨质疏松症的主要原因之一。

根据上述三点理由，为了儿童的健康，2 岁的孩子还需要补钙。

2 岁后孩子补钙的主要方法是：①多吃含钙高的食物，常见的有奶制品、虾皮、小鱼、动物肝脏、鸡蛋黄、红小豆、芝麻酱、海带、小白菜等绿叶菜。②多晒太阳，能加强钙的吸收。③如怀疑孩子缺钙，可做血钙或发钙检查，在医生指导下服用钙剂和鱼肝油能有效地防治钙的缺乏。

发育测评

表12-1　1岁10个月~2周岁发育测评表

分类	评测方法	项目通过标准
大动作	自己扶栏上楼梯，双足交替一步一阶	让孩子自己上楼梯，观察是否双足交替一步一级
	家长扶孩子双手，从最后一级楼梯跳下	由大人双手扶着跳下最后一级台阶
	会在大人帮助下爬上摇马或摇鸭后，用双手把住，身体上下前后摇动	由大人扶上摇马后，会双手拿把柄摇动木马
精细动作	用木槌敲木桩，打桩床或敲竹钉入泡沫塑料板上	会用木槌敲击木桩进入小洞内或扎入泡沫塑料板上，使竹钉直立不歪
	套碗摆好，让孩子将它套入	会按大小次序放入套碗和套塔4层
	穿珠子，每分钟可达4~8个	穿上珠子，每分钟6个
认知能力	背数到10，先会背数，后会数手指	点数到3，背数到10
	看图书时，问孩子"这是哥哥还是妹妹?"看是否答对	分清图书中哪个是"哥哥"，哪个是"妹妹"
	让孩子从窗户往外看，问是白天还是晚上	说对是白天还是晚上
语言理解	孩子能记住父母姓名，有些能记住奶奶及爷爷的姓名	说清父母的姓名，说出爷爷奶奶的姓名
	孩子喜欢模仿唱歌，除学父母唱外还学电视及录音机唱歌	会唱一首完整的歌
社交行为	孩子喜欢爬入床底下、桌子下、门背后，喜欢藏起来	会躲藏在隐蔽之处
自理能力	会用小勺将一顿饭完全吃掉，不必让大人喂	完全自己吃完一顿饭

2~3 岁篇

　　应从小培养孩子对自己性别的正确辨别，家长不应凭自己对男（女）孩的喜好来随心所欲地打扮孩子，应让孩子有与同性小伙伴玩耍的机会。

第一章

2岁1个月

自己会吃饭

2岁1~3个月发展目标

（1）能双足离地跳远。

（2）能一步一步地上楼梯。

（3）自己能爬上滑梯并滑下来。

（4）会接滚过来的球。

（5）会用笔画竖线、圆、平行线。会用积木组合成火车、塔、门楼等形状。

（6）看图可分清早上、晚上、晴天、阴天、下雨、下雪。

（7）看物可辨别上下、左右、里外。

（8）背数到10，唱1~2首儿歌。

（9）会拿图书，要求你念给他听。

（10）知道拿玻璃等易碎品要小心。

（11）非常重视自己的东西，会帮助大人一起收拾玩具。

（12）受批评时或当别人不顺从自己时会生气吵闹。

（13）喜欢同一二个好朋友玩耍，但易发生冲突。

2岁1~3个月教育要点

（1）鼓励孩子跳高、跳远、上下楼梯、滑滑梯、独脚站立、骑三轮车等多种活动，增强体质。

（2）教孩子手握笔，随意涂鸦和模仿画线、画圆。

（3）教孩子拼插各种物体，发展想象力和创造力。

（4）教孩子说完整的句子、背儿歌、背数字、按节奏唱歌。

（5）按时给孩子看图画书、讲故事，养成良好的学习习惯。

（6）适当教孩子学认汉字，培养识字的兴趣。

（7）让孩子认识事物的特点和自然现象，培养有意观察能力。

（8）学习与小朋友分享玩具和食物，但不要强迫孩子放弃自己心爱之物。

（9）采用适当方法拒绝孩子的不合理要求，学习遵守生活规则。

（10）教孩子自己吃饭、洗手、洗脸、收拾玩具，养成良好的生活习惯。

生理指标

1. 体重
平均值　　　男 12.4 千克　　　女 11.7 千克

引起注意的值

高于　　　　男 15.3 千克　　　女 15.1 千克

低于　　　　男 10.0 千克　　　女 9.2 千克

2. 身高
男 81.7～94.2 厘米　　　均值 88.0 厘米

女 80.0～93.1 厘米　　　均值 86.6 厘米

3. 牙齿
18～20 颗。

营养指导

怎样培养孩子的进餐兴趣

每一个做父母的都希望孩子多吃饭，长得健康，于是想尽一切办法鼓励、哄骗孩子进食，但很多时候收效甚微。那么如何培养孩子的进餐兴趣呢？

首先，孩子的感觉器官已逐渐发育，已具备对颜色、形状、味道等的反应能力。因此在制作孩子食品时不能只讲营养，还应注意色、香、味，先从感观上吸引孩子对食物的注意力，引发进食兴趣。比如在颜色调配上，应强调鲜艳，鸡蛋炒西红柿、青椒肝丝、炒三丁（胡萝卜、香干、肉）、三色肉丸等往往能使孩子觉得好看，从而有吃的欲望。在花色品种上切忌单调，最好在 2 天内每顿饭不重样，使孩子在每次吃饭时都感到"新奇"。如面食可以做成各种形状，孩子从感观上先接受了各种食品，进而吃着好吃、可口，才能逐步形成对食物的兴趣。

其次，大人可以让孩子适当参与食品的制作和饭前准备工作。如在制作食物过程中，可以给孩子讲各种蔬菜的名称，让孩子把拣好的菜放到盆里，2～3 岁的孩子还可以帮助家长剥毛豆、包饺子、发筷子等，从简单的劳动中培养起对进餐的兴趣。

此外，大人在孩子面前不要谈论什么好吃或什么不好吃，自己喜欢吃什么或不喜欢吃什么，当和孩子一起进餐时，大人大口大口吃得津津有味，也会引起幼儿对进餐的兴趣。

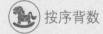 按序背数

目的　学习数数。

前提　会背儿歌。

方法　在上下楼梯或跑步等日常活动中教孩子从 1 开始背数。经过练习，孩子常常能背数到 15，个别到 3 周岁时还能

背数到 50。

分里、外

目的　知道位置变化。

前提　知道大和小。

方法　大人和孩子同坐桌前，
大人用一个积木放在盒子里或外，
让孩子学习。然后将积木递给孩
子，由大人说口令，看孩子能否将
积木放在正确位置上（图 1－1）。
孩子放对了千万记得要表扬他。

图 1－1　学辨里和我

配上缺角

目的　理解整体与局部关系。

前提　学会配对。

方法　用两张动物图，各剪去一角。让孩子寻找哪一个角
应当放适当位置上，使图变得完整。用物品图、人物图和风景
图都可以让孩子学习配上缺角。最好先将图用硬纸板贴好再剪
下，不易弄破。这种剪过的图可保留好，作为下一步拼图
之用。

积木搭门楼

目的　锻炼手眼协调，学习积木间的平衡。

前提　会用 3 块积木搭桥。

方法　在搭好桥的基础上，在桥的旁边各增加 1 块积木，
变成门楼。

分清自己的性别

目的 知道自己是男孩还是女孩。

前提 看图能分清男孩、女孩。

方法 图书中的人物较易从头发和衣服分清性别。对自己的性别通常是要靠记忆分清的。对小朋友的性别也要靠记忆，因为许多女孩也剃男孩的发型，也穿男孩的衣服。经常在一起玩耍的孩子在3岁之前基本上都玩相同玩具，较少有性别之分。但是孩子们会记得他是哥哥，她是妹妹。随着年龄增大，男孩多干粗重的活，女孩多干细致灵巧的活，渐渐在游戏中出现分工。大人应从小培养孩子对自己性别的正确辨别，大人不应该凭自己对男（女）孩的爱好来随心所欲的打扮自己的孩子，让孩子有与同性小伙伴玩耍的机会，这样有利于孩子性别识别能力的发育。

 谁的东西

目的 懂得东西归谁所有。

前提 会说"这是我的"。

方法 拿出三双鞋，同孩子一起辨认"妈妈的""爸爸的""我的"（图1-2）。然后和孩子一起说"我的"并指自己，说"你的"并指对方，说"他的"并指另一方向表示第三个人。经常在摆餐

图1-2 分清谁的东西

具时复习"妈妈的筷子、爸爸的筷子，我的筷子"等，让孩子懂得三种代名词的表达方法。

学漱口

目的 在早晨和饭后漱口以保持口腔清洁。

前提 会自己端杯子，不洒出水。

方法 早晨和饭后大人和孩子一起拿起杯子将水含入口内，鼓腮几次使水在齿间流动，然后将水吐出（图1-3）。开头孩子不会将水吐出，往往把漱口水吞掉。多次学习之后就学会不吞咽漱口水，将水吐出。

图1-3 学漱口

听动物叫

目的 发展听觉分辨能力。

前提 学过模仿动物叫。

图1-4 猜动物叫

　　方法　大人同孩子做"猜一猜"的游戏。大人模仿猫叫"喵喵"，让孩子猜是模仿哪一种动物叫（图1-4）。大人再说"咩咩""嘎嘎"或者"哞哞"，看看孩子能否猜出是什么动物叫。如果有动物叫的录音带就能播放出更加正确的动物叫声。也可以带孩子去动物园观看动物，听它们的叫声。

 冬天和夏天

　　目的　认识季节变化。

　　前提　会说衣服和食物名称。

　　方法　利用照片或图片看到有些人穿大衣戴帽子和手套，或者看到图片上画有雪花，这时家长可以和孩子一起讨论冬天的情景。冬天很冷，出外一定要穿上厚的衣服，家中生火或者有暖气。因为外面很冷，有时会下雪，人们喜欢围炉子吃涮羊肉。再拿另一些照片图片，看到有人穿裙子和短袖的薄衣服，有人在水中游泳和划船，到处树木叶子茂盛，人们都在吃西瓜和冰棍。家长可和孩子谈论夏季的炎热。孩子先分清冬天和夏天，以后再渐渐认识春天和秋天（图1-5）。

图1-5　分清冬天和夏天

教育顾问

 孩子说话迟怎么办

有的孩子 2 岁多了还不会说话，与同龄孩子相比晚了许多，对于这样的孩子的教育应注意哪些问题呢？

第一，孩子如果已经能听懂成人的话，只是自己表达不出来，这说明儿童智力不存在什么问题，只是语言发展较缓慢。造成这种情况的原因很多，如大人工作忙，很少与孩子进行语言交流；还可能是大人之间各操一种方言，让孩子无所适从，这些都可能造成儿童说话迟缓。只要大人注意增加适当的语言刺激，孩子一般能达到同龄儿童的语言水平。

第二，孩子既不理解成人言语的意思，又不会表达，并表现出除言语发展落后外的其他方面的不良症状，如动作不协调、情绪不稳定等。如果是这种情况，就应引起大人的重视。因为这不仅表明孩子语言方面存在问题，也说明孩子在其他方面同样存在问题，这就需要找医生或心理学家进行专门的咨询和诊断治疗。

 当孩子哭闹时如何处理

2～3 岁的孩子在自己的要求得不到满足时，会用哭闹的方式来软缠硬磨，以达到其目的。大人一旦迁就，就会使孩子找到了"要挟"大人的"法宝"，他们会一再运用这一"法宝"迫使大人"就范"，给今后的教育带来困难。因此大人千万不能被孩子的哭闹"冲垮"了理智的"闸门"，对孩子的爱要理智而有分寸。

如何掌握这个分寸呢？首先大人要分清孩子的要求是否合理。如果孩子提出的要求不合理，大人要以鲜明的态度，坚决的口气予以拒绝，而不要态度不明朗，口气犹豫不定。因为 2 岁多孩子在听别人说话时，首先是注意说话人的语气和表情，其次才去理解词义，所以大人模棱两可的拒绝方法，会使孩子觉得还有希望，因此便以哭闹进一步向大人施加压力。

2 岁多的孩子平时记忆的水平较低，对大人已坚决拒绝过几次的不合理要求，仍会以反复的哭闹形式提出来。因此，大人的前后行为要一致。切忌前几次拒绝，后来又因被纠缠不过而同意。这样孩子会觉得只要坚持哭闹下去最终能成功，因而养成哭闹的坏习惯。

对孩子的哭闹不妨试一试以下方法解决。

（1）大人可采用转移注意力的方法。如可自言自语地讲故事，开始孩子不理会，渐渐地也会被有趣的故事情节所吸引，忘记了哭闹。

（2）增强孩子的自尊心。如妈妈说："某某长大了，不会再哭啦……"

（3）要给孩子讲道理。有些道理孩子可能难以理解，但大人仍要坚持讲，目的是让孩子明白凡事都要服从"道理"，而不是随心所欲，想怎样就怎样，为今后的说服教育奠定良好基础。

培养孩子感受音乐

大人如果把一些零散的、容易被忽略的时间利用起来，培养孩子欣赏音乐的能力，日积月累，孩子的音乐素质一定会大

大提高。

佳美的妈妈就很注意对孩子进行培养，在让佳美欣赏音乐之前，妈妈首先向佳美介绍作品的名称、内容，把佳美的注意力吸引到作品的意境中去，让佳美知道听什么。而且父母每次都与佳美一起倾听，一起感受，父母首先进入音乐规定的情景中，以这种积极的态度引导佳美，而且妈妈总是启发佳美边听边想。让佳美反复欣赏，每欣赏一遍后都提出不同的要求，鼓励佳美大胆说出自己的感受。由于佳美语言、词汇还不那么丰富，妈妈启发她用动作、手势、表情等各种手段来表达。由于家长引导得好，慢慢地佳美对音乐很感兴趣，每当电视或录音机中播放音乐时，她都会随着音乐手舞足蹈。培养孩子对音乐的爱好，首先就应该从培养孩子欣赏音乐开始。佳美妈妈的做法是正确的。

2～3 岁的孩子，对音乐作品的性质不易理解，他们听音乐时，注意的往往是表现主题思想的一些特征性音乐，像模仿动物的叫声，汽车的喇叭声等。而他们对作品的情绪、风格、强弱、速度变化不注意。因此，在给 2～3 岁孩子选择欣赏的曲目时要注意选择速度平稳，表现内容单一的音乐作品。如《摇篮曲》《拍球》《小鸟的歌》《骄傲的小鸭子》《啄木鸟》《娃娃》《小白兔跳跳》等曲目。

2～3 岁儿童的适龄玩具

1. 成长必备玩具

2～2.5 岁　打桩床、各种球、简单镶嵌软塑。插塑玩具、简易拼图、图片、图书、儿歌、蜡笔等（图1-6）。

2.5~3岁　串珠，可帮娃娃穿脱衣服、鞋子，拼图，插塑玩具，各种球、蜡笔、彩色水笔、图画纸、图片、图书等（图1-7）。

图1-6　2~2.5岁儿童的　　　图1-7　2.5~3岁儿童的
　　　适龄玩具　　　　　　　　　　适龄玩具

2. 参考玩具

2~2.5岁

交通玩具：各种车、飞机、轮船等。

形象玩具：动物、水果蔬菜、娃娃等。

水上玩具：水上漂浮小动物等。

沙上玩具：小桶小勺等。

音乐玩具：铃鼓或小鼓撞铃。

泥工玩具：橡皮泥、泥工板。

2.5~3岁　钓鱼玩具、各种球、轮车、交通玩具、橡皮泥、泥工板、录音机、磁带、麦克风等。

锻炼园地

 单足站立

目的 学会用单足站稳。

前提 会跑步后自己停稳。

方法 大人同孩子对面站立，
互相牵手，共同提起右脚。站稳之
后大人用口令"一二三放手"，看
看孩子能否站稳一会儿。然后再牵
手，共同提起左脚，随口令放手。
也可以先扶家具单足站立，站稳之
后放手一会儿。单足站稳为日后学
习单足跳跃及舞蹈练习做准备（图 1-8）。

图 1-8 让孩子单足站立

 捡滚球

目的 让孩子追滚球，锻炼手眼和下肢协调运动。

前提 能在快跑后自己停止而不摔倒。

方法 用一个口袋将家里的大小皮球全都装上，在空旷地面
将口袋倒置，把空口袋递给孩子，让他将球全捡回口袋里。这时
孩子很高兴地一个个去追，大人可以提醒他先把附近的球捡上，
再去追远处的。或者先去追最远的，回来顺路再捡附近的。

 骑三轮车

目的 学习驾驶平衡。

前提　能在车上坐稳。

方法　孩子坐上三轮车，由大人用绳子牵着车把，让孩子学习踏脚前进，很快孩子就会骑三轮车，熟练之后学习转向两侧。在侧转时孩子渐渐学会用身体使车子在转弯时保持平衡。

 双足连续跳

目的　学习下肢弹跳，使肌肉强健。

前提　会从最下一级台阶跳下。

方法　在散步时，大人牵着孩子学习双足离地跳。先跳一下，再跳第二下，休息一会儿跳第三下。二人相对牵着双手，一面数，一面跳。然后让孩子扶着栏杆或树枝自己跳，最后徒手自己连续跳。

 儿童为什么容易发生"口吃"

"口吃"也叫说话结巴，2~5岁的儿童最易发生。这个时期的儿童，由于语言的加速发展，对成人语言理解力显著提高，生活范围扩大，好奇心强，极喜欢在成人面前把自己心里的感受用说话方式表达出来。但他们对事物的兴趣和认识已超过语言的能力，语言功能尚不熟练，当急于说话时，一时又找不到合适的词汇和准确的发音，常出现语音互相联系不流利、拖音、语言节律受阻或不自主地重复等，这在正常发育的孩子是经常发生的一种生理现象，是难免的。但有时发生的"口吃"完全出于他们的好奇，模仿他人"口吃"所致。

孩子心理紧张是引起"口吃"的又一重要因素。如：①第一次进幼儿园或改换幼儿园，对陌生的环境和老师感到害怕时；②父母在训练孩子语言时要求过严，孩子发音稍不准、说错话、说话慢、背诵诗词不流利等，表现急躁、指责、催促反复纠正，造成孩子心理过分的压力；③一次突然的惊吓，精神受到刺激而紧张过度。这些都可导致孩子发生"口吃"。

当孩子发生"口吃"时，大人不要着急，不要急于矫正，更不能训斥、指责。以父母真挚的爱消除孩子心理的紧张和压力。帮助孩子发展语言能力时要根据年龄特点，不要急于求成。和孩子说话，节奏要慢、吐字清晰，让孩子听清楚，再慢慢地说出。

父母和孩子一起说儿歌、唱歌及给孩子朗读，这是帮助孩子学习语言、发音的最好方法。但朗读时语调不要变换太多，因这会干扰他们的注意力。

"口吃"的孩子在轻松的气氛中慢慢进行语言训练，大多数随年龄增长都会纠正的。

保健之窗

预防龋齿

食物越来越精细，纤维素减少，甜食又多，食物残渣留在牙缝被口腔内细菌分解、酸败，将牙齿表面腐蚀，这是龋齿产生的主要原因。一般以4岁至7岁儿童患龋齿的最多。

预防龋齿首先要使牙齿长得坚硬，要多晒太阳，补充钙和维生素 D。多吃蔬菜水果，少吃零食甜食。

　　要讲究口腔卫生，饭后要漱口，早晚要刷牙。2 ~ 3 岁的儿童就可学习刷牙。定期进行牙科检查。

　　两岁之后应当为儿童进行第一次牙齿保健检查，来观察乳齿萌出状况，二来检查有无刚刚出现的龋点。目前不少儿童在乳齿尚未出齐就出现龋齿。早期检查是十分必要的，因为侵蚀乳齿的焦性葡萄糖酸会顺着龋洞渗入牙髓，侵犯正在成长的恒齿，恒齿由于受到侵蚀，往往也易于龋变。许多家长以为反正孩子的乳齿迟早要换掉，有龋齿也无关系，乳齿掉了恒齿出来就没有龋齿了，所以不肯带孩子去检查，这是不对的。除两岁检查一次以外，最好每半年检查一次，早期发现可以早期修补以保护恒齿。

第二章

2岁2个月

会自己洗手

营养指导

五大类食物要按比例食用

食物的种类非常多，但很多食物有相同的特点，营养学工作者根据食物的营养素的特点将食物分成五大类。

第一类为谷类、薯类、干豆类。主要提供碳水化合物、蛋白质、B 族维生素，也是我国膳食的主要能量来源。

第二类为动物食物，包括肉、禽、蛋、鱼、奶等，主要是提供蛋白质、脂肪、矿物质、维生素 A 和 B 族维生素。

第三类为大豆及其制品，主要提供蛋白质、脂肪、膳食纤维、矿物质和 B 族维生素。

第四类为蔬菜、水果，主要提供膳食纤维、矿物质、维生素 C 和胡萝卜素。

第五类为纯能量食物，包括动植物油脂、各种食用糖和酒类，主要提供能量。

这五大类食物均应按需适量摄取，不宜食用过多的动物食物和纯能量食物，以保证植物食物为主，动物食物为辅，能量来源以粮食为主的基本特点，避免西方发达国家膳食模式带来的脂肪过多、能量太高所引起的"文明病""富裕病"等弊端。同时要注意在各类食物中，尽可能地选择不同食物品种，以达到食物多样化和营养素供给平衡的目的。

 画香蕉、画月亮

目的　画封口的曲线，过渡到画圆形。

前提　会画长头发。

方法　让孩子握笔模仿，画成似香肠、香蕉或月亮的形状。孩子只是随手去画，当大人发现它的形状接近某个东西，并帮他略加修改而成一个东西时，孩子会十分高兴，会连续多画而成椭圆或似香蕉和月亮的形状（图 2 - 1）。

图 2－1　学画封口的曲线

　赢字卡

目的　认识文字符号。

前提　认识图形。

方法　大人选出几张孩子认识的图形，另用白纸裁成 4 厘米 ×5 厘米的小纸块，在每张小纸上写一个字。学习时用图配字，如马的图配马字。认上几遍就将图取掉，光看字卡念出字来。念对一个字给一张字卡，让孩子拿着赢到的字卡，大人同孩子一起数数，看看共赢到几张字卡，学会几个字。每次只可学认 1～2 个新字。学过的每天都要复习 1～2 遍；以免忘记了。每天定时认字，坚持下去一定会有好成绩（图 2－2）。

图 2－2　识图认字

 辨左、右

目的 分清左右。

前提 会握筷子。

方法 先问孩子"哪只手拿筷子？"用右手的孩子会举起右手，用左手的孩子会举起左手（图2-3）。对于用右手的孩子，先告知拿筷子的手是右手，让孩子将

图2-3 学分左右

手垂下，摸到自己的大腿，告诉他"这是右腿"。下次再问孩子"哪边是右手"，他会举起拿筷子的手作答，再问"哪边是右腿"时，他会将右手下垂找到右腿。平时多问几次孩子就能记住。当孩子记住右手、右腿后，再教他认左手左腿。

 分上、下

目的 发展空间方位辨别能力。

前提 会做上下、下下的游戏。

方法 先告诉孩子哪是桌子上面、哪是桌子下面，然后问孩子"桌子上有什么？""桌子下有什么？"再让孩子按要求把一些东西放在桌上，一些放在桌下。如碗、筷子放在桌子上，凳子、鞋子等放在桌子下。还可要求孩子将红积木放在黄积木上。看图画时也可随时问"树上有什么？""树下有什么？"等等问题（图2-4）。

插积塑

目的 练习手眼协调。

前提　会用积木搭门楼。

方法　大人用积塑按图形先插成某种玩具。然后鼓励孩子用积塑先学习将凹面嵌入另一块积塑内（图 2－5）。先用两三块插成最简单的用具，如盘子，烧饼等。再用多一些插成圆或小球。渐渐由少到多，或连上两个盘子成一个车轮，两个电话接上成为车身，将几件插上成一辆汽车。

图 2－4　看图说出屋子上面
有什么，屋子下面有什么

图 2－5　让孩子学插积塑

刚才这里有什么

目的　发展观察力、注意力和记忆力。

前提　认识物品名称。

方法　在桌上摆放两种孩子熟悉的玩具，让孩子观看，让他说出玩具的名称。然后将玩具收走，让孩子回忆刚才桌上放着什么。如果孩子忘记了，就再拿出来，让他看看，再拿走，让他说出是哪两种玩具。如果孩子记住了，可以再试放 3 个小玩具。这个游戏只能连续做两次，防止孩子疲劳和厌烦。

学洗手

目的 学会自己洗手，饭前便后保持个人卫生。

前提 已学会自己开关龙头，擦手。

方法 先将衣袖卷上，大人和孩子一道在水龙头下洗手。让孩子拧开龙头，将手淋湿关上龙头，大人示范如何抹肥皂，将双手来回搓洗。先洗指甲缝、

图2-6 学洗手

指尖、指间缝、手心和手背，再用水将手上的肥皂沫完全冲净，冲的次序与搓洗时相同。将手上所有肥皂沫冲净后，让大人检查是否彻底洗净了。最后关上龙头，用自己的毛巾将手擦干。寒冷的冬季还要涂上润手霜（图2-6）。

招待小客人

目的 学习与人交往的能力。

前提 会讲几个字的话。

方法 有熟人来访时，让孩子负责招待来访的小朋友。带他到院子或自己放玩具的地方，拿出玩具同小朋友玩。客人比自己大，要称哥哥或姐姐，让他念故事书或玩拼图积木等较困难的玩具。客人比自己小要称呼弟弟或妹妹，同他玩娃娃、小熊等玩具，要关心他们是否

图2-7 学会招待小客人

要喝水、吃东西、上厕所等（图 2 - 7）。

教育顾问

 让孩子单独睡好

佳玲两岁 2 个月了，正好搬进二居室的楼房，妈妈想借此机会让佳玲单独睡在一张床上。妈妈理解佳玲从未自己睡过，这也是她生活经历中的一次转折，便对佳玲说："我的佳玲长大了，能够自己睡一张床了，真棒!"听了妈妈的夸奖，佳玲往新房里一看，妈妈早已给她准备好了，床上有个大娃娃，床边还挂了小玩具，床头前还粘贴了很好看的画片，佳玲非常新奇，跑到床上。妈妈又进一步引导说："今天你和大娃娃一起睡好吗？你哄她睡觉。"到了晚上，妈妈来陪佳玲，并给她讲故事，不一会佳玲就睡着了。第二天一早，妈妈就来到佳玲床前，把她叫醒，问她早，并夸奖佳玲真不错，真是长大了，是个大孩子了，能自己睡在一张床上了。

佳玲的母亲做得比较好，为孩子与父母分床睡做了很多工作，而这些工作恰好是应该做的，并符合这一时期孩子年龄特点（图 2 - 8）。

儿童心理学家认为：2岁左右的孩子应适时和父母

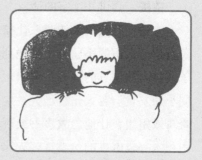
图 2 - 8　孩子单独睡好

分床，这对于儿童形成独立意识和自理能力十分必要。但作为家长应尽量消除或避免分床引起孩子的消极反应，要用积极正确的方法引导孩子，千万不可强迫孩子，或是孩子不愿单独睡就打、骂孩子，因为2岁多的孩子与父母分床睡，这对他们来讲是很大的一次转折，心理上的一些波动是难以避免的。

培养孩子口语表达能力

口语表达能力要从2～3岁抓起。因为这是掌握口头语言的最佳时期。在这一时期培养孩子的口语表达能力应注意以下几点。

（1）符合孩子直观具体的思维特点。教孩子的词汇要结合孩子常见的、特别感兴趣的事物进行。例如，亲人的称呼、喜爱的玩具、小动物的动作等等。

（2）在游戏中让孩子学习语言。孩子的学习积极性在很大程度上取决于兴趣，游戏是练习语言的很好方式。例如：玩"娃娃家"游戏的孩子可以根据自己的生活知识，再现生活，孩子可以根据自己扮演的角色，进行语言练习。

（3）丰富孩子的生活。丰富生活是发展孩子语言的源泉。可多带孩子到户外观察大自然，游览公园等。通过观察扩大孩子的眼界，丰富生活，发展思维、想象能力，提高语言表达能力。

（4）设置发展口头语言的良好环境，父母要用普通话给孩子绘声绘色地讲故事，语音、语法要力求正确，语言简练、句子完整。

（5）让孩子经常进行练习。父母要有意识地寻找孩子善于表达的话题，和孩子交谈。比如："这是什么""我要吃饼干"等问题句型练习。随时强调规范的语言。

（6）练习语言的形式多样化。讲故事、说儿歌、看图说话、打电话等都是练习口语的好办法。

培养孩子口语表达能力的要求是让孩子会听、会说和有良好的讲话习惯。

会听是指在会话中要有礼貌，注意听别人的讲话，不中途打断别人的说话，能听得懂别人的话，能抓住讲话的主要内容，不弄错别人的意思。

会说，包括对话能力，是指喜欢说话，发音准确，句子完整，能用语言清楚的表达自己的意思，独自讲述的能力，能围绕主题有条理、前后连贯、内容丰富、用词生动、形象地描述自己的见闻。

良好的讲话习惯，指能在人前大胆的表达自己的意见，讲话有正确的姿势，回答问题看着对方，语声、语调正确。

唱歌要从儿时培养

孩子天生就喜欢听人唱歌，并且爱学习唱歌，在歌唱中得到极大的满足。多教孩子唱歌有利于培养孩子快乐的性格，使他身心得到全面发展（图2-9）。

一天，佳宇哼着"妹妹你坐船头，哥哥在岸上走"的歌，近乎是嚷出来的，妈妈听见后没有大声指责他，而是说："佳宇来，妈妈教你一首好听的歌"。妈妈柔和地、轻声地唱起来："你看那边有一只小小蝴蝶花……""妈妈你快教我。"妈妈说：

图2-9　唱歌要从儿时培养

"你看，你的姿势要准备好，身体自然放松，两个手臂自然下垂于身体两侧，眼睛向前看。另外你唱歌时不要大声嚷，嚷出来的歌就不好听了，要用你自然的声音唱。你来听妈妈是怎么唱的。"就这样妈妈示范一句，佳宇跟着学一句，不一会佳宇就学会了，妈妈不断地表扬和鼓励使佳宇很快就学会了唱歌。

这个年龄的孩子理解能力还不完善，加之他们的生活经验有限，所以要选择孩子们喜欢的和感兴趣的歌曲。而且歌曲的内容应是孩子日常生活中所熟悉的，歌词要简单，速度要适当，不要教孩子唱成人歌曲。从内容上看，成人的歌曲歌词都较复杂，孩子难以理解。从音域音调上来说，成人歌曲常常音域太宽，音调太高，对孩子的嗓子发育不利。

另外，即使孩子唱歌走调，也应鼓励他大胆地唱，而不要嘲讽讥笑他，认为孩子不是唱歌的料。一般来说，唱歌走调，幼儿时期是比较容易纠正的，长大则较难改了。而更重要的一点在于培养孩子唱歌的兴趣，所以要像佳宇妈妈那样启发培养孩子唱歌的兴趣，并耐心细致地加以辅导。

孩子唱歌的能力是在练习中逐步提高的，3岁前家庭环境对孩子音乐能力有潜在影响，3～5岁时家庭环境对孩子音乐能力发展的影响处于高峰阶段。

锻炼园地

平衡木

目的　学习登高平衡。

前提　会登上椅子爬上桌子。

图 2 – 10　走平衡木

方法　两边平放一块砖头，在砖上放置一块 15 厘米 ×50 厘米的木板。孩子蹭上木板从这头走到那头，可以来回走，或者一手提一个玩具走。大人在旁边保护，让孩子学习各种走法。例如向前方走，横着走，倒退着走。可以在平衡木上做做动作，如双臂向上，双臂平向外展等。学习身体平衡，头上顶一本书，不让书掉下来；或者头上顶一个能发出响声的玩具，走平衡木时不让发出声音等（图 2 – 10）。

 接滚来的皮球

目的　锻炼手眼和全身动作协调。

前提　会向大人抛球。

方法　大人和孩子到户外练习抛球，球抛到大人一边时，大人将球向孩子方向滚到地上，让孩子学习接球。初学时皮球只能慢速滚动，而且离孩子站的地方较近，以便孩子容易接住。当孩子学会接慢速滚球后，一方面可加快速度，一方面可滚至孩子身边一段小距离，让孩子练习弯腰伸手或者迈步去接滚来的球（图 2 –11）。

图 2 – 11　接滚来的球

一步一阶上楼梯

目的　训练孩子下肢肌肉力量及身体平衡能力。

前提　会两足踏一阶上楼梯。

方法　手扶孩子，教孩子自己扶栏上楼梯，一步一阶
（图2－12）。

 扑蝴蝶

目的　锻炼孩子反应敏捷。

前提　会跑、跳。

方法　大人用自制的蝴蝶上下晃动，表示蝴蝶在飞舞，让
幼儿追赶蝴蝶，同时跳起来扑蝴蝶（图2－13）。

图2－12　一步一阶上楼梯　　　　图2－13　扑蝴蝶

 大夫信箱

 小儿心肺复苏的方法

遇到小儿心跳呼吸突然停止，在请救护车的同时，应该及

时抢救，亦即要同时进行心肺复苏，至少应有两人合作。具体操作方法如下。

呼吸复苏：首先清除患儿口、咽和气管内的分泌物，使呼吸通畅，随即进行口对口人工呼吸。将患儿放于硬板上呈仰卧位，稍抬起颈部，使头尽量后仰，使气管伸直。操作者一手托起患儿颈部，一手捏住其鼻孔，深吸气后，对准患儿口内吹气，直到患儿胸部稍膨起，则停止吹气，放松鼻孔，让患儿肺部气体排出（图 2 - 14a）。吹气与排气的时间之比应为 1：2。吹气频率 3 岁以上为 20～24 次/分，3 岁以内为 30～40 次/分。

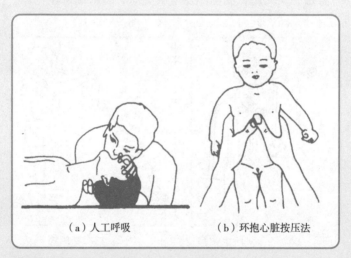

（a）人工呼吸　　　　　　（b）环抱心脏按压法

图 2 - 14　心肺复苏方法

心脏复苏：可采用胸外心脏按压，抢救者以手掌根部按压心前区胸骨处。3 岁以内小儿心脏位置较高，应在胸骨中三分之一处按压（相当于双侧乳头连线的中间），3 岁以上小儿则在胸骨下三分之一处按压。对 1 岁以内小儿可用双手环抱患儿胸部，使第 2～5 指并拢置于背部，双手大拇指与其余 4 指同时相对按压，深度约 2cm，频率为 100 次/分（图 2－14b）。成功的标志是能摸到颈、肱、股动脉搏动，口唇牙床颜色转红，听到心音。

防止儿童在生活中的意外伤害

孩子到了 2 岁后，大脑的运动神经、骨骼和肌肉都渐渐发达起来。整天蹦蹦跳跳，爬上爬下，动作敏捷，还喜欢捉迷藏，到处钻，到处跑。这时的孩子，生活经验少，根本不懂得注意周围环境的危险情况，对自己面前有什么障碍物似乎也看不见，最容易出现意外伤害。一般最多见的是碰伤、摔伤，还有刺伤、气管异物、烫伤、交通事故、中毒等。

防止儿童在日常生活中的意外伤害，以免造成终生不可挽回的遗憾，最重要的是父母、托幼保教人员要经常有防患意识，一面看护好孩子，一面要把药品、剪刀、热水瓶等危险物随时收藏在孩子拿不到的地方。2 岁以上的孩子，对他们看到的、听到的、感触到的东西，都会诱发他们去行动，家长这时不要用简单的语言制止，以防孩子变得胆怯或产生逆反心理。要和孩子一起玩，借机把可能发生的危险和伤害及怎样避免受伤害的安全知识形象地教给孩子，他们就会很好地学会和记住。但孩子一旦受伤，要及时送往医院作适当的紧急处理。

第三章

2岁3个月

自己穿裤子

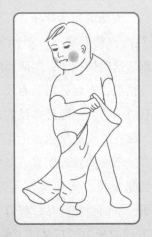

营养指导

🐴 加工烹调方法要适合儿童

不同年龄组食物加工烹调方法

	类别	2~3岁	3~7岁
切法	蔬菜	细丝、小片、小丁	大块

续表

类别		2~3 岁	3~7 岁
切法	鲜豆	煮烂、整食	整食
	干豆	碎烂	整食
	豆腐干	细丝、小片、小丁	大块
	鸡鸭	细丝、小片、小丁	由去骨大块逐渐过渡 至带骨大块
	鱼	去刺、小片、小丁	由去刺大块逐渐过渡 至带刺大块
	虾	虾仁	带壳整食
	其他肉类	细丝、小片、小丁	大块
烧法	动物内脏	细丝、小片、小丁	大块
	动物血	细丝、小片、小丁	大块
	饭	焖烂或用荤素煨饭	同成人
	面食	蒸、煮、烧	同成人，可加油煎
	粗粮	粉糊烂粥	烂饭
	蔬菜、荤菜	烧煮、煨、炖	可加油煎
	点心	烤、蒸、煮	可加油煎

总的说，2~3 岁孩子的食物要加工成细丝、小片、小丁，鱼、肉要去刺去骨；烹制以煨炖、蒸煮为主，要相对软烂。

3~7 岁孩子的食物加工与成人基本相同，可大块、整食。肉可带骨，但是鱼最好去刺，烹制可与成人同。烧、煮、煨、炖、油煎、炒均可。

游戏时间

 寄信

目的　区分数字 1 和 2。

前提　会数 1~5 或 1~10。

方法 大人用两个相同的盒子或铁罐分别标上 1 和 2 当"信箱"，用几张写上 1 或 2 的纸片当作"信"。将标上数字的盒子或铁罐挂在孩子够得到的地方，在室内或室外两个不同的方向。大人每次发给孩子 2～3 封"信"，让孩子寄到号码相同的"信箱"内，看看孩子能否认清数字正确送信。最后检查"信箱"内有无寄错的"信"。区分 3 和 8，6 和 9 都可以用这个游戏。

 动物的特点

目的 培养观察比较能力。

前提 认识动物名称。

图 3－1　了解各种动物的特点

方法 大人先用动物的图让孩子识别动物（图 3－1）。在看图时，可以顺便说出动物的特点。例如兔子的耳朵长，大象的鼻子长，长颈鹿的脖子特别长。区分老虎和豹要注意老虎的毛有条形的纹，而豹的毛有金钱样斑点等。鸭子的脚有蹼，会游水，而鸡的爪是互相分开的，不能游水。会飞的鸟和鸡、鸭、鹅都有羽毛、翅膀和两条腿，而会跑的多数动物都有四条腿。孩子对动物的特点有了初步认识以后，最好找机会去动物园验证一下。这时孩子到动物园就会提出一些问题，注意它们的特点，爱吃什么食物，有什么本领等，使他的知识面扩大。

 过家家

目的 展开合作性游戏，为孩子合群打基础。

前提 孩子至少有一个熟悉的朋友。

方法 为孩子搜集一些能做餐具的小锅小碗，甚至一些小盒盖瓶盖之类，孩子们就能玩起来。孩子们经常看到妈妈做饭、切菜、摆桌子，只要有一点东西能模仿就能玩"过家家"。不同年龄的孩子都能在一起玩，大的当爸爸妈妈，小的当孩子。大的可以出主意变换游戏的花样，一会儿叫小的去买鱼或买水果，一会儿把娃娃、大象、狗熊请来当客人。突然有谁吃多了肚子痛，又导演了一幕去看病的游戏，小餐具又成了打针吃药的道具。互相帮助，发展语言能力，在群体中享受快乐，使过家家游戏成为大小孩子都欢迎的游戏。

摸左、右

目的 进一步分清左右，使思维动作灵活。

前提 分清右手和右腿。

方法 父母和孩子都站在镜子前，由爸爸发出号令"右眼"，大家赶快摸自己的右眼，再听号令"左膝盖"，大家又快点去摸自己的左膝。如果孩子不明白哪里是膝盖，看到别人摸，自己也赶快模仿着去摸。谁最先摸对就由谁发号令。如果

孩子动作慢，妈妈有时故意摸错了让孩子更正而由孩子发出号令，使孩子渐渐学会，动作又快又准。做这个游戏时大人不能与孩子对站，因为对站容易使孩子模仿时发生方向性错误。大家对着镜子做，既便于监督，也容易引出笑话使全家快乐。

 怎么办

目的 学习解决问题，学习词汇。

前提 会在问"你"时用"我"回答。

方法 大人在适当时机提问"如果你口渴你会怎么办？"孩子会回答"我找开水或饮料喝"。"你饿了怎么办？""找吃的"。"你困了怎么办？""睡觉"。"感到太热怎么办？""脱衣服，吹风扇，洗脸等"。"感到冷怎么办？""穿衣服、盖被子、生炉子等"。可以让孩子多讲几种办法，鼓励孩子出新点子。有时家中遇到突然的情况，让孩子想解决的办法。例如傍晚正当全家人在看电视时突然停电了，大人让孩子想办法解决，这时孩子会摸到桌子前，打开抽屉找出手电筒；或者爬上爸爸膝上摸他的兜，从兜里找出打火机来让爸爸点亮。

穿上松紧带裤子

目的 培养自理能力。

前提 会扒开裤子。

方法 早上起床时，让孩子学习自己穿上松紧带裤子。开头人人可帮他将裤子穿到膝部，让孩子自己拉上。以后让孩子学穿一只裤腿，再学穿第二只裤腿。学习穿衣服最好从夏季学起，夏天衣服简单，秋天渐增，到冬季仍需大人帮助。

 自己洗脸

目的 培养自理能力，保持个人整洁。

前提 会自己洗手。

方法 用水湿小毛巾，先洗眼角、耳背、颈部，用毛巾角将鼻内积物转出，然后洗脸部。尽量不用肥皂和溶液洗脸，以防清洗剂渗入眼睛。洗净后将毛巾挂好（图3-2）。

 上小朋友家做客

目的 发展与人交往的能力。

前提 会招待小客人。

方法 上小朋友家首先要向小朋友的家长问好，向小朋友问好。同小朋友一起玩耍时注意只玩小主人拿出来的玩具，不能自己去打开柜子寻找。如果过去曾玩过某一种有趣的玩具，可以提出让小主人寻找。千万不要动用大人的东西，如果有必要，要征得小朋友家长的同意。主人送来的玩具、食物在接受时要道谢，要得到父母许可才能接受。临别时要向主人道"再见"（图3-3）。

图3-2 自己洗脸　　　图3-3 上小朋友家做客

教育顾问

如何培养孩子的口语能力

孩子说话能力的发展，一般要经过三个步骤：一是发音阶段；二是说词阶段；三是说话阶段。说话阶段一般在 2 岁左右开始，孩子能够一句一句地说话了。

在孩子说话阶段开始时，父母要做如下几点。

（1）注意培养孩子说话正确并尽量规范，不能再说重叠词的"娃娃话"如想吃饭，不能说"饭饭"，而要说"我要吃饭"。

（2）培养孩子说话时用词恰当，如"吃饭喝汤"，就不说成"吃饭吃汤"。尤其要训练孩子恰当使用量词，孩子经常胡乱使用量词，如"一个饭""二个马"，总爱把物体的量一概用"个"来表示。

（3）纠正孩子不正确的发音，对 2 岁左右的孩子来说"n、l、z、c、s、zh、ch、sh"这几个音是比较难发准的，父母要有意识地多加训练。

（4）培养孩子说话的完整。父母要注意纠正孩子所说的不完整的话。如孩子不肯去幼儿园，常常会说"妈妈不去！妈妈不去！"妈妈要对他说"谁不去呀？是妈妈，还是你？"这样经过反复的纠正，孩子就会逐渐学会说完整的话。

2 岁多的孩子喜欢说话，父母既要让他说简单句，也要引导鼓励他说复句，由易到难逐步提高其口语能力。

如何劝阻孩子的危险行为

　　佳佳快 3 岁了，好奇心很强，什么东西都要摸一摸、动一动。爸爸的打火机放桌上，佳佳拿起来学着爸爸的样子一按，结果真的冒出火来，佳佳很高兴，接着又一下一下地打着玩。佳佳的妈妈看到后没有马上训斥他，走到佳佳跟前，妈妈把打火机打着火，便说："佳佳你用手摸一摸。"佳佳把手一伸便急速地又把手缩回来。妈妈问"为什么？"佳佳回答说"烫。""对！这样很危险，你还小，不能玩大人用的东西，火会烫着你的手，还有可能把别的东西点着，引起火灾。所以这个东西以后不能随便动。"佳佳点点头。

　　佳佳的妈妈这样处理是对的，因为 3 岁以内的孩子是通过探索周围环境满足其求知欲的。但由于生活经验有限，他们在探索过程中易出现危险行为，而造成意外伤害。

　　劝阻孩子的危险行为是非常必要的。但如果父母过多地说"不可以"和"不许动"，就会使孩子的探索精神受到挫伤。久之，孩子会认为探索求知是错误的，是父母不喜欢的。因此，父母应选择正确有效的方法并把握适当的分寸，既保护孩子的求知欲，又保证孩子的安全（图 3-4）。如为孩子设置适当的活动环境，同时明确禁止孩子接触能威胁健康与安全的物品。保管好易对孩子造成危害的物品。并教会孩子正确使用有一定危险的材料，如教孩子正确使用剪刀等。

　　当孩子已出现了危险行为时，父母要注意把握劝导与阻止的分寸。如果不是绝对必要马上制止的行为，父母不必急于阻止，而应采取委婉的方式劝阻。如果出现立即会出现危险的行为，当然要马上制止。

图 3 - 4　及时阻止孩子的危险行为　　图 3 - 5　手指作画

手指作画——激发孩子绘画的好方法

　　对孩子来说，手指蘸着颜料作画，是一次愉快的享受，是用色彩来宣泄情感的绝妙途径（图 3 - 5）。大人要调动孩子的积极性，不是逼迫孩子学，而是创造一种情境来引发孩子的兴趣，使孩子乐于学。除了让孩子手指作画外，还可以让孩子添画。添画就是让孩子在一幅事先画好但尚未完成的作品上，展开自己的思维和想象，创造性地完成作品。2～3 岁孩子主要是画线条以补足形象，或添画颜色。因为要让 2～3 岁的孩子自己独立画一幅完整的画，困难较大。添画则不然，儿童只需一些简单的线条、图形或色彩，就能完成一幅比他（她）自己单独去画美得多的图画。更重要的是，添画练习既能增强孩子的自信心，又能满足孩子追求完美的心理。心理学家认为，人总会有一种对"缺陷"进行补足的心理，这种"心理加强"使孩子渴望完美。因此当他发现画面有"缺陷"时，就有一种迫不及待渴望补画完整的愿望。而且，给孩子一张事先画好部分图案或色彩的画纸，比起给他们一张白纸来，更能激发孩子的兴趣，使他们产生一种忍不住要动手的欲望。因此，多让孩子进行一些"添画"练习，能在一定程度上起到拓展儿童思维的作用。

花样滑滑梯

目的　发展运动平衡能力和勇敢精神。

前提　能走稳坐稳。

方法　在儿童游乐园，让孩子坐着、仰卧、俯卧从滑梯上滑下，然后跑上滑梯再滑下，不断变换姿势并多次进行。（图3－6）。

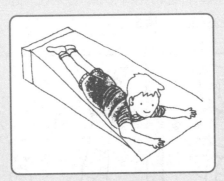

图3－6　花样滑滑梯

在家中用木板支撑一边做成滑板也可让孩子练习，注意木板要光滑、结实，支撑要平稳以防摔伤。

 跨桥墩

目的 练习跨的动作，培养大胆勇敢的性格。

前提 能走稳。

方法 把砖头隔一步远放一块，先示范教孩子从一块跨到另一块砖上，然后鼓励孩子在桥墩上来回行走，随孩子的动作熟练能力增强逐渐加宽桥墩的距离（图3－7）。

 接反跳的球

目的 接过缓冲的球，锻炼手眼协调。

前提 会接滚来的球。

方法 大人离孩子1米左右，将球斜扔到地上，让孩子接住从地面跳起来的球。球经过地面反跳后速度和力度都得到缓冲，较直接扔来的球易于接住。大人要估计到球反跳的位置，不宜离孩子太远，让孩子容易接住。孩子有了信心才渐渐会接离自己较远的反跳球（图3－8）。

图3－7 跨桥墩　　　　　　图3－8 接反跳的球

走走停停

目的 训练反应能力和协调运动能力。

前提 能走稳。

方法 爸爸或妈妈当"交通警察"，旗子放下示意走，举起旗子示意停，同时说走、停，要孩子看旗的位置和听口令做出相应的动作（图3-9）。为了帮助孩子了解游戏规则，开始可有一位家长牵着孩子的手一起听指令行动。掌握规则后，让他单独行动，孩子非常喜欢这个游戏，特别乐意当交通警察。

图3-9 走走停停

 大夫信箱

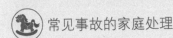 常见事故的家庭处理

1. 烧烫伤的处理

（1）一般烧烫伤立即用干净的冷水或生理盐水（1000毫升冷开水加9克食盐）冲洗创面20分钟；如创伤较脏可用醋

或肥皂水轻轻擦洗；创面表面可涂抹烧伤膏，然后用干净纱布包好；如创面已起水泡，不要挤破，可用干净布盖好，让泡内水分慢慢被吸收。

（2）头面部烧烫伤或面积较大的严重的烧伤创面不要涂抹任何药物，立即送医院处理。

2. 外伤处理

（1）磕碰跌伤、刺伤：一般伤口小，出血量不多，可用冷水或生理盐水将伤口冲洗干净，再涂些碘酒消毒。可根据情况选用胶布或用消毒纱布包扎。

（2）割伤：伤口较小，可用"创可贴"胶布包扎；伤口较大，出血较多的四肢割伤，可将伤口冲洗消毒后，用多层消毒纱布做成较厚的软垫，再用绷带加压包扎起来。并将出血肢体垫高和压迫伤口上端（近心脏端）以利止血。绷带包扎时不宜过紧，1 小时左右应松开绷带检查伤口，以免阻断血流引起肢体坏死。如伤口较深较脏，出血较多，伤口不宜自己处理，特别是面部创伤，应立即送医院处理。

（3）摔伤、碰伤：孩子从高处摔伤或碰伤，有可能会造成脑震荡、颅内出血、内脏出血或体内脏器受伤，所以一定要严密观察孩子有无异常情况，如呕吐、脸色苍白、冷汗淋漓、呼吸急迫、精神不振、反应迟钝、进食减少等，若有上述症状立即送医院检查治疗。在送往医院时要轻轻搬动，细心保护以免加重出血。

3. 中毒处理

孩子误吃有毒东西或吃多了、吃错了药物，应立刻将毒物和药物从胃里清洗出来。通过快速、简单处理后，立即送医院进一步处理。

（1）催吐法：用一根筷子或匙柄刺激孩子的咽部（嗓子眼），或用手指触及孩子咽部，使他发生反射性呕吐动作，将胃里的东西吐出。

（2）洗胃：让孩子喝下清水、温水或温盐水，然后用上述方法催吐，喝水催吐，再喝水，再催吐，反复进行多次，直到吐出的水在颜色上和清洁程度上同喝进去的水差不多为止。

保健之窗

坚持三浴锻炼好

三浴锻炼主要指日光浴、水浴、空气浴。

（1）日光浴：日光中含有红外线和紫外线。红外线照在儿童皮肤上，皮肤就会感到温暖，血管扩张，血液循环加快，身体的新陈代谢增强。紫外线可帮助机体吸收食物中的钙和磷，促进小儿骨骼正常发育，预防佝偻病。适量的紫外线照射，还可刺激骨髓造血功能，防止贫血，又具有杀菌消毒作用，提高皮肤的防御能力。

锻炼方法：春、秋、冬三季气温低，带领儿童阳光下散步或做游戏。夏季进行日光浴锻炼时，儿童只穿三角裤，头戴遮阳帽，身体大部分暴露在阳光下，胸背两面交替进行。照射时间从1分钟逐渐增至半小时。体弱的孩子在树荫下进行即可。锻炼后立即给孩子擦干身上的汗，穿好衣服，饮少量凉开水。

（2）水浴：水导热性强，能从身体带走大量的体热，低

温水和水的流动强度，能刺激人体血管收缩与扩张，从而促进血液循环，增强机体的体温调节功能。

锻炼方法：利用水温刺激和水的机械冲力进行淋浴，但不要冲头，水温从35℃渐下降至26℃～28℃，室温保持22℃～25℃，喷头不超过小儿头顶40厘米。3岁小儿在成人带领下，学习游泳最好选择气温约在26℃，水温不低于20℃。体弱的孩子可进行擦浴，水温从35℃逐渐下降至25℃。擦浴后一定用干毛巾把皮肤擦红，促进皮肤血液循环。

（3）空气浴：利用空气与儿童皮肤表面的温差，反复刺激，以增进儿童身体对气温冷热变化的适应能力。

锻炼方法：四季坚持进行户外活动，少穿衣服，尽量让皮肤接触空气。冬季无大风，儿童进行户外体育锻炼或游戏，可加适量衣服，不宜过多，以便于活动。气温过热、过冷或剧烈变化时，户外活动暂停，逐渐培养小儿开窗睡眠和气温变暖时白天移至户外睡眠的习惯，这不仅能使孩子入睡快而且睡得安稳。开窗睡眠要避免对流风。冬季窗户适当开小一点，或用窗帘遮挡，起床前先关闭窗户使室温回升，以免儿童穿衣时受凉。

发育测评

2岁1～3个月发育测评表

分类	测评方法	项目通过标准
大动作	不必扶持，自己提起双足离开地面跳远	双足离地跳远10厘米
	大人将皮球从地面滚到孩子身旁，让孩子拾起	接住地面滚来的球

分类	测评方法	项目通过标准
精细动作	用5块积木模仿砌门楼，下面2块上面3块	用5块积木砌门楼，下2块上3块
	大人将一块图卡剪去一角，看孩子能否放上	会为图卡配上缺角
认知能力	懂得气象的名称，能说清楚不同的气象	说清楚阴晴雨雪的气候名称
	按大人的吩咐将手放在上下前后的位置，伸出右手和左手，看能否做对	分清左右手，会按口令把手放上面、下面
语言理解	人问"你几岁了"，让孩子会答"我两岁"而不是"你两岁"	问"你"时会改用"我"回答
	经过教导可以学会若干英语单词	学会5个英语单词
社会行为	认识大人的用品和衣物，会替人拿来	分清楚大人的东西各3种
	问孩子自家门号	能回答正确
自理能力	让孩子自己用筷子夹食物	会用筷子将食物送入口中
	让孩子自己洗手	会开关龙头，用肥皂搓手、冲净

第四章

2岁4个月

会自己独立睡觉

2岁4~6个月发展目标

（1）能在窄道上行走，会足尖走。

（2）能单足站稳。

（3）能接反弹过来的球。

（4）会开门、关门。

（5）能认识多种交通工具。

（6）知道常见动物的习性。

（7）能认识 1~5 个汉字。

（8）从胡同能找到自己的家和幼儿园。

（9）喜欢听同一个故事和以他的名字编的故事。

（10）能用动作和语言表示眼前所没有的东西。

（11）禁止做的事知道不去做，有一定的控制能力。

（12）表现出自尊心、同情心和怕羞。

（13）自己会穿松紧带裤子，会扣纽扣。

 2 岁 4~6 个月教育要点

（1）让孩子有充足的运动时间，使躯体动作更协调。

（2）教孩子开关门，玩泥塑、形板、拼图、画画，使手指更灵活。

（3）经常给孩子讲故事，让孩子说出图中人物的名称及动作。

（4）教孩子正确发音，用语言表达自己的意愿。

（5）指导孩子学习前后、长短、大小等概念。

（6）教孩子认读数字，比较 5 以内数的多少。

（7）培养孩子的独立意识、自尊心和同情心。

（8）与同龄小伙伴玩耍，学习与人交往。

 生理指标

1. 体重

平均值　男 12.9 千克　　女 12.3 千克

引起注意的值

高于　　　男 16.3 千克　　　女 16.0 千克

低于　　　男 10.2 千克　　　女 9.7 千克

2. 身高

男 83.8～97.0 厘米　　　均值 90.4 厘米

女 82.2～96.0 厘米　　　均值 89.1 厘米

营养指导

 宝宝食品制作

1. 锅塌豆腐

豆腐 100 克，鸡蛋半个，虾皮 6 克，青蒜 5 克，鸡汤 100 克，香油 2 克，面粉 10 克，花生油 400 克（实耗 10 克），盐、味精、料酒各少许。

将豆腐洗净沥干，切成 1 厘米厚，3 厘米见方的块，放入盘内，每块豆腐上散少许盐，在面粉中蘸匀。将鸡蛋打匀倒在豆腐上，使每片豆腐均匀裹满蛋液，下入八成热的油锅内，炸至金黄色捞出沥油。将锅内的油倒出，放入鸡汤、虾片、精盐、料酒，煮开后放入豆腐，文火煮 7 分钟，至汤汁减少，加入味精、香油，撒上青蒜段盛盘即成。

此菜色泽美观，容易消化。

2. 番茄鱼片

大黄鱼片 250 克，番茄酱 50 克，植物油 200 克（实耗 20 克），料酒、葱末、姜末、盐、白糖、蛋清各适量。

将加工好的鱼片用料酒、盐稍腌一会，然后用蛋清、淀粉糊挂浆，放入五成热的油锅中滑散捞出。锅内留少许油，放葱末、姜末、料酒、番茄酱、白糖、盐，煮成浓汁时放入鱼片，颠翻几下，淋香油即可。

此菜酸甜适口，色泽红润，营养丰富。

3. 三色鸡片

鸡脯肉 100 克，鸡蛋 1 个，水发冬菇 75 克，油菜 50 克，土豆 150 克，花生油 50 克，香油 5 克，盐、味精、料酒、湿淀粉、葱末、蒜末、清汤各适量。

将鸡肉切成小薄片，用盐、蛋清、湿淀粉挂浆，入五成热油内滑散捞出沥油。土豆去皮切成小菱形片，用七成热的油炸成金黄色，捞出备用。将冬菇片切成碎末，油菜片切成小片，分别用水焯一下，捞出沥水。炒锅放油烧热，下入葱末、蒜末炝锅，加料酒，下入鸡片、冬菇、油菜略炒，加清汤、盐烧开，放土豆片、味精，勾芡、淋香油即成。

此菜清爽可口，含蛋白质、钙、磷、铁、锌等多种矿物质和维生素。

4. 虾肉小笼包

面粉 250 克，面肥 75 克，虾仁 250 克，五花肉 250 克，肉皮冻 100 克，熟芝麻 5 克，香油 30 克，酱油、盐、味精、姜末、碱各适量。

肉皮洗净，焖至六成熟，和姜末一起压碎，再用旺火熬成浓汁，冷却成肉皮冻。五花肉饺馅，放入酱油、盐、味精、姜末、芝麻、肉皮冻、香油、虾仁搅拌均匀。用面肥发面，在发好的面中加适量碱液，揉匀。将面团搓成长条，揪成 30 个小

团，擀成圆皮，包成虾肉小包子，放进小笼里，用旺火蒸 25
分钟即熟。

 画圆形

目的　画不规则封口圆。

前提　会画不规则椭圆形。

方法　在桌上铺张大纸，让孩
子在上面画圆圈（图 4-1）。大人
作示范先画一个圆，如果孩子画出
一个有凹面的圆圈，大人加一个柄
说"苹果"。画出一个有凸起的
圆，大人可看形状添上几笔或者画
成梨或者画成桃子。如果偶然画得

图 4-1　学画圆

较规整，可加光芒成太阳。如果近似圆可称它为鸡蛋或者加几
笔成一个碗。如果画的太小，可串起来成糖葫芦或串珠。孩子
随意画竟成了一件东西，就会增加孩子画的兴趣。起初孩子画
好了会叫大人来帮他变成一个东西，渐渐家长可启发孩子自己
去想它像什么，引导他学习自己加上几笔作画。同时，可鼓励
孩子在画好的水果上添颜色。

 比多少

目的　了解 5 以内数的多少。

前提　能背数到 5。

　　方法　拿 5 个苹果或其他东西，分成 1 和 4，让孩子指出哪一堆多，然后在分别数一数每一堆的个数，最后告诉孩子，这堆是 4 个，那堆是 1 个，4 比 1 多（图 4 - 2）。用同样的方法比较 3 和 2。

图 4 - 2　学习比较 5 以内数的多少

 多形盒

　　目的　认识几何图形及形块。

　　前提　会放形块入形板内。

　　方法　市售的形盒为正方形塑料盒，六面当中每面有三个形状不同的洞穴，盒内有 18 个立体的形块，要求孩子按形穴放入形块。如果买不到这种玩具，家长可用纸盒或泡沫块自己剪形穴，用硬纸板剪成扁平的形块。先从 3 ~ 4 种入手，让孩子认清形状后才逐渐增多。如果盒子不便制作，用平面的硬纸板自制也可以，目的是让孩子认识形块和形穴（图 4 - 3）。

 学外语、学礼貌用语

　　目的　增强记忆，发展语言能力。

前提 会背诵几首儿歌。

方法 如果家长懂点外语，可以在孩子吃水果时教他学习单词。孩子学习英语有很大潜力，2～3岁时能记大量词汇，而且发音准确。不过要经常复习，不复习就容易忘记。所以最好从日常接触的食品、用品、图书中的动物、交通工具及人物等学起。先学名词，加上动词和主语就成单句。平时问安及礼貌语言经常用就容易学会和记牢。

家庭中要经常用礼貌语言，清早起来要问"您早"。也可以用英语互相问候。上午第一次遇见人时都要说"您早"。平常家长让孩子干杂事时说"请你给我拿××"。当他递过来时说"谢谢"。要求孩子在请求大人帮忙时说"请"，帮忙后也要说"谢谢"。礼尚往来成为习惯才能培养出有礼貌的孩子（图4-4）。

图4-3 自制多形盒

图4-4 学英语、学礼貌用语

离开家时要说"再见"。睡觉之前要说"晚安"。有亲朋来要问候"您好"或"叔叔阿姨好！"客人进屋要让坐，客人离开要送出门口，请客人有空再来。客人带来的小朋友要由孩子负责接待，拿出玩具共同游戏。如果孩子胆小怕生，不要勉强，不要在客人面前数落孩子。待客人走后告诉孩子应当怎样说和怎样做，使下次能进步。

 捉迷藏

目的　学习躲藏和寻找。

前提　会找出藏起来的玩具。

方法　大人和孩子从室外回来，进门后大人马上藏到门背后，孩子进屋后找不到大人，正在着急，突然听到大人叫他的名字，他会从声音发出的方向寻找，终于在门背后找着了。这时大人鼓励孩子躲藏，让大人去找。孩子往往也跑到门背后，模仿大人躲起来。经过多次大人在不同地方躲藏，孩子也知道可以躲起来的若干地方，渐渐地会自己发现新的躲身之处。

注意　不要让孩子躲藏在衣柜内和大的衣箱内，因为密封的箱子和衣橱不透气，孩子藏身过久会发生窒息。也要注意有些碰锁会一时关住，若事先未带钥匙就会发生麻烦，玩之前告诫孩子不能关门和关锁。

 捏面团

目的　锻炼手的灵巧，学习捏出形状。

前提　学会穿珠子。

方法　家中包饺子时一定让孩子参加，给他一个小面团，让他学捏。他会学大人的样子将面团搓圆，用手掌压扁，或者搓成条（图4－5）。他会用一根筷子或其他工具当擀面杖学大人将面团辗成片。这个小面团使孩子集中精力玩个把小时，成为孩子心爱的玩具。可以加一点盐和1～2滴甘油使面团保持湿润，加1～2滴蜂蜜使捏出的东西干而不裂，表面完整。如

果加上一点水彩颜色就可以做成五彩面塑了。每次用完可用小塑料袋装好放入冰箱保存。

大人可示范让孩子学做许多花样，如先搓圆，再压扁，然后捏成盘子和碗。搓成圆球，插根火柴，变成苹果或梨。捏一个大球，在上面放一个小球变成不倒翁，可在小球上画上五官，并用纸剪一顶小帽。

图 4－5　学捏面团

捏面团时可玩一些游戏，如藏硬币。原来桌上有个小硬币忽然就找不着了，桌上、地上到处都找不着，原来硬币藏在面团里面了。

 看电视学表演

目的　学习语言和模仿动作。

前提　听懂话的意思。

方法　孩子喜欢模仿广告词，尤其喜欢模仿孩子做的广告。因为广告经常重复，学的机会较多。有时孩子喜欢看动画片，复述台词和模仿有趣的动作。当孩子学表演时，大人要鼓掌给予鼓励。孩子通过看电视可以学到不少平时难以遇到的语言。

教育顾问

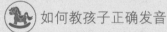 如何教孩子正确发音

佳玲 2 岁多了，已经会说简单的短句了，但她有时发音还不准，把"哥哥"说成"得得"，把"知道"说成"鸡道"。

佳玲的妈妈没有取笑孩子，也没有生硬地批评孩子的发音错误，而是选择了一首《小白鸽》的儿歌，慢慢地教给佳玲。

　　哥哥有只小白鸽，

　　小白鸽呀爱唱歌，

　　咕咕咕，咕咕咕，

　　哥哥听得笑呵呵。

　　通过这首儿歌让孩子把"哥"这个音发准。

　　佳玲的妈妈让佳玲观察她发音时唇、舌、齿的变化，告诉佳玲说"知"时把舌尖向上翘，并又教佳玲学儿歌《知了》。

　　知了你别叫，

　　妈妈刚睡着。

　　知了点点头，

　　"知了知了知道了"。

　　知了真不好，

　　刚说又忘了。

　　佳玲的妈妈所采用的方法是正确的。因为在这一阶段。孩子发音不准确是正常现象，家长不必着急、紧张。孩子发音不准有三个原因：①孩子听觉发展还不完善，对语音的细微差别分辨不清楚；②孩子的发音器官没有发育好，不能自如地运用唇齿、舌根、舌尖等部位发音；③没有弄清发音的部位和方法，盲目模仿成人的声音。所以当孩子发音不准时，应该像佳玲的妈妈那样不要训斥孩子，教给孩子正确发音的方法。此外，还可以采用拟声故事教孩子练习发音；还可以根据自己孩子发音的特点，改变故事中动物的种类。父母在给孩子讲述拟声的故事时，要讲得有声有色，使孩子产生模仿发音的兴趣。

让孩子自己收拾玩具和书籍

这一天强强到佳宇家来玩，他们搭积木，不一会儿佳宇把自己玩的积木收好，到书架上拿了一本书看，强强看到佳宇看书，就把积木一推，弄得满桌子、满地都是，也去拿书看。强强的妈妈来叫强强回家，强强扔下书就要走，妈妈一看便说："你玩完了要收好才能走。""我不嘛，你帮我收。"强强妈妈很不满意孩子的行为，但又无可奈何。这时佳宇跑过来说："阿姨，我来帮他收吧。""你看人家佳宇和我们强强一般大，人家就知道玩完玩具、看完书都收好。"其实，佳宇的这种表现都是大人平时培养的，因为在每次玩玩具之前，妈妈都先提出条件，就是玩完以后要把玩具放回原处，并且把它们收拾整理好。你只有先把原来的玩具放回去了，才能换另一种玩具，对书也是如此。久而久之，佳宇便养成了玩完玩具收好放好的良好习惯。而一些家长总认为孩子还小，长大了自然就懂得了，于是什么都包办代替，2 岁的孩子也乐于沉湎于家长的过分关照下，时间长了自然就什么都不会干了。还有些家长也给孩子提要求，孩子不按要求做时，便一边生气唠叨，一边又去动手帮孩子收拾。这两种做法对培养孩子的良好习惯都是不利的。正确的做法应当像佳宇的家长那样事先提出要求，并让孩子切实动手去做，养成孩子的良好习惯。

如何指导孩子拼插、拼图

佳美 3 周岁了，生日这天妈妈给她买了塑料积插和智力拼图送给佳美。吃过饭后，佳美赶快打开拼图，一下子被五颜六色的图案吸引住了，可是却不知道如何拼好。妈妈首先告诉她拼图的规则和玩法，然后拼给孩子看，让佳美熟悉。妈妈还耐心地取出每一块让孩子看是什么图形，然后拼出来，当她遇到困难时，妈妈稍加指点。佳美将图拼出来了，妈妈马上鼓励、赞扬她。

当佳美学会拼图后，妈妈又用同样的方法教佳美拼插，由于佳美兴趣很高，不一会儿就学会了。

拼图和拼插对孩子的发展起着积极的作用，在玩中使孩子得到了锻炼和发展。拼图，拼插也是这一年龄孩子很主要的玩具。父母应该像佳美妈妈那样，适时地给孩子提供拼图和拼插的材料，并引发孩子想学的兴趣，这是最关键的。让孩子大胆去拼插，不要指责孩子插得不好，要多表扬，鼓励孩子，使孩子自信，有成功感，这是教育的最大成功。此外，家长要讲究方法。家长可以先示范，也可以先让孩子根据图片和实物拼，最后鼓励孩子把同一实物拼成各种形状，如各种汽车、各种桌子等。家长还可以采用比赛的方法，看谁拼得快，这样会激发孩子的兴趣和好胜心等等。

总之，拼图、拼插可以使孩子变得心灵手巧，还可以使孩子的智力得到发展。

锻炼园地

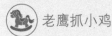

老鹰抓小鸡

目的　锻炼孩子跑、反应灵活。

前提　会跑。

方法 让孩子站在母亲的背后，抓住母亲的衣服。父亲在前面，设法抓住站在母亲身后的孩子，孩子躲，同时母亲张开双臂护着，不让父亲抓着。玩一会儿可互换角色。

猎人打枪

目的 训练孩子动作敏捷。

前提 跑步后自己能停下。

方法 母亲在前面走，当猎人。孩子跟在身后一边走一边问"猎人打枪吗"？如猎人说不打枪，孩子继续问。如猎人说打枪了，则孩子转身往回跑，母亲在后边追，追上孩子后，角色互换（图4-6）。

图4-6 玩猎人打枪

撞瓶子

目的 训练孩子掷准能力和臂力。

前提 能够自如地做滚球游戏。

方法 在离孩子3米处摆上一排空瓶子，让孩子向前滚球将瓶子撞倒。可先由大人给孩子做示范。

捉蝴蝶

目的 发展走的动作。

前提 放手走稳。

方法 用塑料剪成花蝴蝶。场地要平坦。一人用线绳拉着蝴蝶在地上走，一人在后边追（图4-7）。玩一会儿，互换角色。

图4-7 捉蝴蝶

什么是孩子夜惊

夜里惊醒（夜惊）是指儿童不能连续地整夜睡眠，经常夜里醒来哭闹，甚至玩耍一阵。主要见于1~3岁小孩，男女均可发生。

孩子夜惊要注意排除其他疾病所致的夜眠不安，夜间哭闹及不易入睡，如腹痛、上呼吸道感染等。这些疾病引起睡眠障碍一般只有几天，很少持续多日，而且有明显的躯体不适。

儿童夜惊的主要防治措施：

（1）支持性心理治疗：在详细了解病史和认真的体格检查基础上，寻找可能的病因，排除其他疾病。父母以安慰、解释、指导等办法消除孩子焦虑、抑郁心情。合理解决家庭矛盾和生活应急事件，不要让家庭的一些矛盾感染孩子。

（2）改善抚养方式，培养良好的睡眠习惯：父母给孩子建立一个规律的睡眠制度，创造良好的睡眠环境；不要哄着、抱着孩子睡，也不要孩子一哭就去抱、拍、喂奶等。

（3）行为疗法：①父母要积极咨询心理医生，接受指导。②采用消退法效果较好，夜晚孩子出现哭闹不要马上进行干预，有意识地忽视，让孩子学会自己入睡。③准确地记录治疗过程及结果。④定期回顾和修改治疗计划，直至满意为止。

（4）药物治疗：孩子夜惊不是真正的"失眠症"，一般不需用药。对于极严重者，可在医生指导下短期用药物治疗。

保健之窗

 如何让您的宝宝睡好

人的一生约有 1/3 的时间在睡眠中度过，睡眠是人生命活动的需要。处在不断生长发育阶段的孩子，充足的睡眠更为重要。常见睡眠少或睡眠不安的小儿情绪易烦躁，爱哭，食欲不振，注意力不集中，思想反应迟钝，身体抵抗力下降等。

良好的睡眠习惯使孩子每天能按时地自然入睡。这一习惯的养成，要从婴儿开始。①居室安静，空气清新，光线柔和。②让孩子独立睡，最好睡在自己床上。对习惯把手指放入口内或嘴里噙着手绢、被角才能入睡的，须轻轻拿出，反复纠正，就会改掉这不好的习惯。③培养孩子睡前排尿刷牙、洗脸、洗脚，洗干净了就上床睡觉的习惯，逐渐成为促进睡眠的条件反射。④对入睡困难的孩子，父母不要着急，找找原因，是孩子睡前玩得太兴奋、过冷、过热、吃得过饱、恐惧，还是环境嘈杂、室内空气污浊？要对症下药地排除不良因素。父母可在短时间内陪伴孩子。室内灯光要柔和，低声放一些舒缓优美的音乐，使孩子情绪安静下来。父母还可以细声慢语地讲些促进入睡的故事："太阳公公累了，要到山那边去休息，天慢慢地黑了下来，小鸟飞回了巢，小白兔洗完脚已上床甜甜的睡着了……"

学刷牙

营养指导

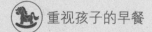

重视孩子的早餐

　　成年人总是习惯把早餐称作早点，其中的主要含义就是这不是正式的一餐，点到即可。这种观点不仅影响到成年人的早餐，也影响到他们孩子的早餐。事实上，早餐也应是正式的一餐，我们不是常常用"一日三餐"这个词吗？这里还希望大家记住这样一个原则：将每日摄入的食物大约同等体积地分配到三餐。

对于孩子而言，早餐对他们的生长发育起着重要作用。有研究表明：有规律食用营养早餐的儿童学习成绩好于不吃早餐或早餐营养不合理者，这是因为未用早餐，机体不能得到足够的能量，就很难集中精力学习和思考问题。

一顿好的早餐应尽可能包括谷类、蛋白质类、蔬菜水果类、油脂和糖四类食物，可取的搭配有：①面包、豆浆、鸡蛋、油炒过的蔬菜；②豆沙包、鸡蛋、米粥、香油拌海带；③面包、火腿、生菜制成的三明治、牛奶。

游戏时间

 学画十

目的　学画十，画栏杆和写数字7。

前提　会画圆圈。

方法　在画圆圈时，让孩子也试画十和廿，用许多小的十字连成小栏杆。家长可在栏杆内加画几个小动物使孩子感到高兴。在画十时，有时会让蜡笔拐一个弯，或者成"7"，或成"厂"。家长要高兴地告诉孩子这就是数字7，是个拐弯。这时孩子很容易就会写十、丁、水和米，也很方便就学会最形象的上和下。家里的人看见孩子会写字都表示惊讶，这种表情会促进孩子愿意学写字。

认职业

目的 知道职业的内容和不同职业者的名称。

前提 会称呼家庭成员。

方法 利用家庭照相册从家庭成员学起。孩子最敬重自己的父母,首先要介绍爸爸是做什么工作的,怎样称呼;妈妈和其他家庭成员所做的工作和称呼。以后可以从儿童书籍中看到工人在操作机器,或建筑楼房;农民在耕种粮食和蔬菜;牧民放养牛羊,也可以从日常生活接触中看到不同职业的人在工作,如公共汽车上有司机和售票员,商店里有售货员,医院里有医生和护士,公园里有管理员和清洁员等。经常利用各种机会让孩子认识多种不同职业的人有利于孩子扩展知识(图5-1)。

图 5-1 认识不同职业的人

拼图

目的 锻炼手眼协调和从局部推断整体的能力。

前提 熟悉物名和局部的名称。

方法 选择一图一物的简单图片,用硬纸贴在底面使图片加厚。将图的主要部位切开成 2~4 片,让孩子试拼。如果学会拼一种,再学拼另一种。拼熟练后可将已经学过的几种图的碎片混合,让孩子分别将每幅图重新拼好。家长将每一幅图的碎片收集到一个信封内,以备以后使用。学会了拼切开 4 片的图

图 5-2 学拼图

片,就可再将图片切成 6~8 片让孩子学习。拼图可以锻炼孩子形象思维,为将来学习数学、构图等打下基础(图 5-2)。

放大镜

目的 知道用一种新办法看东西就和从前不一样。

前提 认识几种熟悉的物品形态。

方法 孩子借用爷爷的放大镜来看故事书中的人物,孩子会惊奇地发现镜子下面的脸变大了。将镜子拿到图中另一部分,也会变大。用放大镜看自己的手指会变得很粗,将镜子拿走手指又变回原来的样子。如果在太阳下面,镜子会把阳光聚集成一个小亮点,孩子会更高兴。

注意 不让孩子用放大镜去看太阳,防止阳光聚焦让过强的光线伤害孩子的眼睛。

为娃娃选衣服

目的 知道衣服的名称,在什么情况下穿什么衣服,动手为娃娃穿脱衣服。

前提　会说2～3种衣服名称。

方法　用大纸先剪个娃娃头，另外画上几种衣服。让孩子先说出衣服的名称，然后问"娃娃头上该戴什么?""夏天穿什么衣服?"如果大人能多画几种颜色的衣服，可以让孩子自己去配衣服和裙子的颜色。或问"冬天外出时应穿什么?"也让孩子去选择。

为孩子选购娃娃时最好选择有几套衣服能随时更换的，或者自己为娃娃缝制衣服。在衣服上缝上大的扣子或安上拉锁，供孩子自由地为娃娃穿脱衣服，学扣纽扣和开关拉锁。平时鼓励孩子为自己选择适合气候的衣服（图5-3）。

图5-3　为娃娃选衣服

耳语传话

目的　培养认真听大人说话的习惯。

前提　会复述短句。

方法　妈妈在宝宝耳边说一句话，让宝宝跑到爸爸耳边传话，由爸爸将话再讲出来，看看宝宝传话是否正确。耳语

图5-4　耳语传话

声音低, 听者只能用听觉去理解, 不能同时看眼神和动作, 所以有一定难度。但孩子喜欢这种不让别人听到的神秘感, 喜欢学习传话。初时只宜说物名或三个字的话, 使孩子传话成功, 以后再把句子加长 (图 5 - 4)。

 分前、后

目的 分清前后。

前提 能按要求做事。

方法 先告诉孩子身体的前面有眼睛、鼻子、嘴、胸部、腹部、乳头、肚脐, 后面有后脑勺、背部、腰部、臀部。大家一起散步时, 让孩子往前看, 说出前面有谁, 有什么东西? 往后看, 说出后面有谁, 有什么东西? 还可以让孩子听口令向前走, 向后转。进一步还可要求孩子按要求把玩具小狗放在小熊的前面, 把小白兔放在小熊的后面。看图画时让孩子说出哪些人和物在前, 哪些在后。

 比较大、中、小

目的 学习比较大、中、小。

前提 能辨别大小。

方法 拿三个大小不同的有盖的瓶, 先教孩子辨别大、中、小将瓶盖与瓶子——对应好, 盖上瓶盖, 拧紧。然后拧下来, 让孩子将小瓶盖套人大瓶盖, 一一套好, 再把瓶盖翻转, 小瓶盖叠放在大瓶盖上呈宝塔状。

吃食物、玩玩具时都可以让孩子比一比大、中、小。

![] 学刷牙

目的 学习自理, 保持个人卫生。

前提 已萌出 16～20 颗乳牙，已学会漱口。

方法 为孩子选购有两排每排四束毛的儿童牙刷。每天早晚和大人一道刷牙。初学时不必用牙膏，先学会将牙刷放在上门牙上，轻轻地颤动 5～6 下后，由上往下刷；把牙刷放在下门牙

图 5-5　学刷牙

上，由下往上刷；再刷侧面，同样侧上牙床由上往下刷，侧下牙床由下往上刷。刷牙动作不要太快，牙里、牙外及咬合面都要刷净。待孩子学会了刷牙的步骤后才让他用少许儿童含氟的牙膏。特别注意晚上睡前一定要彻底清洁口腔，刷牙后不能再进食（图 5-5）。

教育顾问

 如何激发孩子阅读的兴趣

从小培养孩子的阅读兴趣和良好的阅读习惯，对孩子的将来乃至一生都是有好处的。佳宇的爸爸认识到这个重要性，为佳宇创造了很多条件。首先，佳宇的父母给孩子以良好的阅读榜样。孩子是好模仿的。当佳宇看到父母在专注而饶有兴趣的阅读时，也会捧起自己的图画书，依照父母的样子，津津有味地翻看。此外，佳宇爸爸常讲故事给孩子听，因为讲故事本身就是一种口语文学，孩子听了好听的故事后，会激起对故事情

景的幻想，以及对故事细节的探究，进而引起翻阅有关图书的兴趣。佳宇的爸爸每次给佳宇讲故事时都注意使孩子有新的发现和提高，并向佳宇提一些启发式的问题，使佳宇对故事内容的思考更细致、更深入、更富于想象。逐渐地佳宇会复述出好几个较完整的故事情节了。除了佳宇父母

图 5 - 6　激发孩子阅读的兴趣

的这些方法外，还可以让孩子听或看制作精良的故事录音带或儿童文学录像带，因为有的孩子喜欢看书，有的孩子喜欢看录像带，父母要利用多种媒介来激发孩子阅读的兴趣。多让孩子接触阅读环境也是有效的方法之一，父母可带孩子去图书馆，看书展，逛书店，用这些环境的文化氛围熏陶孩子，让孩子懂得从书本上可获得知识，进而养成阅读的习惯（图 5 - 6）。

孩子爱拿别人东西怎么办

　　一天，佳玲去佳佳家玩，回来后把佳佳的一个塑料娃娃带回家。妈妈发现后并没有大惊小怪，而是问佳玲："这个娃娃是你的吗?"佳玲不说话。妈妈说："佳玲是个诚实的孩子，是不是看着好玩，想玩一会儿后再还给人家?"这下佳玲点点头。妈妈耐心地告诉佳玲："别人的东西再好也不能拿，如果要玩一会儿，要经过别人的同意才行。你想想看，你心爱的玩具被别人拿走了也不对你讲一声，你会怎么样呢?"佳玲好像明白了，连忙说："我去告诉佳佳。"佳玲的母亲这样处理是很恰当的，既保护了孩子的自尊心，又教育了孩子（图 5 - 7）。

图 5-7　教育孩子不要拿别人的东西

这一时期孩子的特点之一就是好奇心强，对没见过的东西，尤其是对新鲜玩具，很容易产生兴趣，并想占有它，这是正常的。当孩子拿了人家的东西时，父母表现得过于激烈，指责孩子"偷""贼"等，是不正确的。因为这个年龄的孩子拿人家东西仅出于感兴趣和喜爱，并没有别的复杂动机。但如果父母完全不当一回事，不进行教育也是不对的，会养成孩子的坏习惯。

父母要给孩子讲道理，别人的东西不能拿，还可以让孩子把自己的玩具拿出来，与小朋友交换着玩。

父母不要认为 2 岁的孩子听不懂道理，就不给他讲道理，更不可由着孩子的性子来。也许有些较深的道理孩子暂时不能理解，但只要父母坚持不允许孩子占有别人的玩具，并一次又一次地重复"不能拿人家的东西"这个道理，孩子就会逐渐明白"这是别人的东西，我不能随便拿"。

认真对待孩子的提问

佳宇 2 岁多了，对世间的很多事情都感到很新奇，总爱问"为什么？""妈妈，天上有多少星星呀？"对待佳宇的提问，妈妈总是充满爱心地解答："天上的星星很多很多，数也数不清。"佳宇妈妈也耐心地给佳宇解答。有时佳宇这样问妈妈："我是怎么生出来的呀？"妈妈不骗孩子，而是对佳宇说："你是妈妈生出来的。"对于一些较难解释清楚的问题，妈妈对佳宇说："等你长大了，上学了就知道了。"

佳宇妈妈这样做，可以激发孩子不断提出问题，是很值得借鉴的。这一时期孩子好奇心很强，喜欢观察和提问。对孩子的提问，家长应当有耐心，一个一个地给孩子解答，以满足孩子的求知欲。同时家长要注意解答孩子的问题要尽量深入浅出，用孩子能够理解的话来解释（图5－8）。

图5－8　认真对待孩子的提问

父母还应注意一个问题，不要给孩子错误的答案。如果对某一问题的答案不太确定，就要查阅资料，然后再做回答，千万不要编造一个答案对付孩子，如果给了孩子错误的概念，纠正起来就很麻烦，还会误导孩子。

锻炼园地

跳过小溪

目的　练习立定跳远。

前提 跳跃之后能自己站稳。

方法 在地上划二条相距 20 厘米左右的横线当作小溪。大人和孩子一起练习立定跳远，跳过小溪。大人可先做示范动作，上身略向前倾，两腿略屈膝，全身向前使劲跳跃，双足同时落

图 5 - 9　跳过小溪

地，保持身体平衡，站起。先要求孩子掌握动作要领，落地立稳不倒，再练习跳得远（图 5 - 9）。

玩毛巾球

目的 学习二人动作配合。

前提 会向大人抛球。

方法 大人和孩子各握住长毛巾的两角，把皮球放在毛巾中间（图 5 - 10）。两人的手可以上下左右移动使皮球在毛巾内滚动但不让皮球滚到地上。玩熟练之后可故意将毛巾急速抬高，让

图 5 - 10　玩毛巾球

球抛起，再用毛巾将球接住。可以让两个小朋友玩毛巾球，二人学习动作配合，不让球滚到外面。这是两个小朋友共同玩耍

的第一个球类游戏。

 放球入篮

目的 锻炼孩子臂力，训练眼手协调、全身运动能力。

前提 能举球过头。

方法 用粗铁丝做成篮球圈，用线绳织成网做成篮球筐，固定在孩子头上方约举手能摸着的树上，有条件的可做个架子。让孩子双手抱球，上举将球放在篮球筐里（图5-11）。

 绕过障碍物跑

目的 锻炼运动与视觉的协调。

前提 会跑稳。

方法 大人拿一些空罐头瓶，按不同位置距离放在地面，让孩子空手或抱球绕过障碍物跑，不能碰倒瓶子（图5-12）。

图5-11 放球入篮

图5-12 绕过障碍物跑

注意 开始时瓶的距离可大点，少放几个，随年龄增加，增大难度。

 金鸡独立

　　目的　锻炼平衡协调能力。

　　前提　能单足站稳。

　　方法　大人将一只手放在头上做鸡头，另一只手放在腰后做鸡尾，一脚独站一会儿，让孩子模仿。孩子很喜欢学习鸡的形象，当他独脚立稳时大人同他一起学公鸡打鸣"咯咯咯"，看他能站稳多久。几个孩子在一起玩时可以比赛看哪只"公鸡"最棒。左右脚交替站立。

 大夫信箱

 如何早期发现儿童孤独症

　　儿童孤独症简称孤独症、自闭症，起病于婴幼儿期，主要表现为人际交往和情感交流障碍的精神发育性疾病，可伴智力减退，多见于男孩子。

　　1. 诊断要点

　　（1）通常起病于 3 岁以内。

　　（2）人际交往障碍：极度孤独，缺乏目光对视，对集体游戏没兴趣，不会寻求帮助，难以建立伙伴关系。

　　（3）言语障碍：明显的言语发育障碍，缺乏主动言语，言语刻板重复，声调、节律、速度、重音都常有问题。

　　（4）兴趣和活动异常：兴趣单调、狭窄；对非生命物体特殊依恋；仪式性动作；刻板重复动作；拒绝生活环境的变化。

　　（5）排除婴儿痴呆、儿童精神分裂症及精神发育迟滞等。

①婴儿痴呆：病前一般发育正常，多数于2～4岁起病，且较急。语言功能严重退化或丧失，迅速发展为痴呆，与孤独症不同。

②儿童精神分裂症：发病年龄稍大，一般发育和智力正常，有幻觉、妄想等怪异症状，病程较清楚，抗精神病药物治疗效果较好，有别于孤独症。

③精神发育迟滞：以智力低下和适应能力缺陷为主要特征。与孤独症相反，往往依赖性强，多合并先天缺陷，外貌呈痴呆样的较多。

2. 治疗

（1）帮助父母正确理解并接受这种疾病的长期性、顽固性及致残性，做好长期合作治疗的准备。

（2）促进正常发育，开发脑潜能；减缓僵硬刻板行为；消除不良行为；减轻家庭刺激和压力。

（3）治疗方法：在医生指导下进行家庭治疗。

①教育训练：越早越好，重点是教会患儿有用的社会技能，如生活自理能力，与人交往能力和技巧，与周围环境协调配合能力，建立行为规范。

②行为治疗：通过示范法、塑形法，帮助患儿掌握正常行为模式；配合奖惩方法强化到正常行为。

保健之窗

 如何防止孩子发生斜视

人的眼睛向前看或向其他方向转动时，它的视轴应是平行

的。如果眼睛发生向内、向外、向上或向下斜，视轴不平行，这就是斜视。

3岁前人的眼睛生长发育最快。出生时眼的前部结构相对较大，出生后眼的后部结构发育较快。这种发育特征使小儿眼球形状处在不断变化之中。初生婴儿缺乏双眼注视的能力，可有暂时性的斜视。婴儿期鼻骨尚未发育好，双眼距离较近，有时看上去好像是内斜。2～3岁小儿视力的调节功能发育尚未完善，眼球前后径未固定，常表现为远视，这些是发育中的正常现象。

2～3岁的孩子在看电视或看近物时，由于其眼睛表现为远视，为了视物更清楚，就经常使眼的调节能力处于过度的紧张状态。如果双眼的眼肌力存在强弱不均，就容易发生斜视。斜视开始时可能是间歇性的，疲劳时斜视出现，休息后斜视消失。这些现象容易被父母忽视，随着时间的增长，逐渐就会成为固定性斜视。

如发现孩子有斜视时，要及早去医院眼科检查治疗。父母一定要耐心教导孩子配合医生进行早期轻度的斜视或间歇性斜视的矫治，以防止斜视加重、固定，以免形成弱视。

第六章

2岁6个月

自己脱袜子

营养指导

 宝宝食品制作技巧

1. 洗小白菜

小白菜适于孩子食用，但家长很担心菜梗、菜叶上的脏物不易洗掉。洗这样的菜时，可用2%的盐水浸泡5分钟，然后用清水漂洗干净。

2. 炖排骨

炖排骨的时候加一点儿醋，有助于排骨中钙的析出，提高排骨营养价值。特别是排骨汤，适合于孕妇、乳母饮用，也可用于制作婴儿辅食或给幼儿饮用，可以预防缺钙的发生。

3. 熬粥

熬粥前，将米洗净后放适量水浸泡0.5至1小时，然后将米和水一同倒入锅内熬制，可在较短的时间内熬出香烂的粥，既省时又省火。

4. 炒肉片、肉丝

要炒出滑嫩可口的肉片或肉丝，挂浆和掌握火候是关键。首先要将肉片（丝）中的血水沥尽，若是冻肉，须完全解冻后沥去水分，加适量淀粉、蛋清抓拌均匀。油烧至四、五成热时下入肉片（丝），滑散，至肉变白色盛出。

5. 剥西红柿皮

在炒西红柿或用其烧汤时，西红柿皮卷曲，孩子不易嚼碎。可在制作时将西红柿去皮。具体方法是先将西红柿洗净，放在大碗或小盆中，用开水烫一下，然后可顺利剥去表皮。

游戏时间

复述数字

目的 发展瞬时记忆力。

前提 能按序背数。

方法 大人随意念一个数，让孩子复述一次，开始复述数字最好从 2 位数开始，如父母说 2、4 孩子跟述 2、4，随孩子能力增强，逐渐增加到 4 位数字可随意组合，一般 2 ~3 岁孩子能复述 3 位数，有的能复述 5 位数。

 按大小分类

目的 学习按大小分类。

前提 能分辨大和小。

方法 选红、黑和方形、圆形等各种颜色和形状大小不同的扣子或其他物品各 10 粒，混在一起。先告诉孩子哪个大，哪个小，然后让孩子挑出大扣子放在一个盒子里，挑出小的放在另一个盒子里，直至挑完。让孩子学习不受扣子的颜色和形状的影响能按大小特征分类。也可利用扣子让孩子进行形状和颜色分类训练及学习点数、数数。可选择其他物品做上述游戏（图 6 - 1）。

图 6 - 1　按大小分类

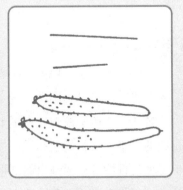
图 6 - 2　比长短

 分长、短

目的 分清长短。

前提　听懂日常用语。

方法　比比妈妈和孩子的手掌、手臂、脚印、裤子、袜子、鞋等告诉孩子：妈妈的长、他的短，让孩子初步理解长短的概念，然后拿长短不同的笔、纸条或绳子等让孩子比一比，说出谁长谁短，巩固长短概念(图 6-2)。

 搭高楼、金字塔

目的　练习手眼协调，结构平衡。

前提　会砌 6 层高楼，会搭桥。

方法　用方积木或火柴盒让孩子搭高楼。要求搭每一块积木都四角对齐，这样才能搭得高而不倒下。

砌金字塔是在搭桥的基础上连续再砌，大人先搭好做示范，孩子就更容易学会。不少孩子学会砌三层的金字塔后很快就会砌 5 层的金字塔。鼓励孩子自己想样子搭出不同的形状(图 6-3)。

 围着模型画轮廓

目的　控制手的肌肉，顺着轮廓画图形。

前提　会自己画圆圈。

方法　用瓶子或碗放在纸上，让孩子拿蜡笔贴近瓶子，画出圆的一半。再将笔放在另一边，画出圆形的另一半。孩子会惊奇地发现围着东西画出的圆形比自己画的更圆（图 6-4）。

可以找出小方纸盒顺着它画出方形。找出一个圆的环，可以顺着外面画出大圆，顺着里面画出小圆。市售有塑料制的画图模型，外形为水果的形态，内有动物的外形，可让会拿铅笔的孩子学画图。

图6-3 搭高楼金字塔

图6-4 围着模型画轮廓

 袋中的东西有什么用

目的 发展触觉，认识物品的用途。

前提 知道物品的名称。

方法 布袋中装有 2 ~ 3 件物品，先让孩子摸，然后说出物名，再让孩子说出它有什么用。如铅笔是写字的，钥匙

图6-5 摸物说用途

是开门的，球是玩的，勺是吃饭用的等等。家庭的用品都可轮流放入布袋中，一面让孩子学触摸，一面学说它的用途（图6-5）。

 学习脱去衣裤鞋袜

目的 训练自理能力。

前提 会自己脱去鞋袜。

方法 先教孩子解开扣子，让他用手握住扣子，先将扣子

的一侧放入衣服扣眼内，再从衣服扣眼内侧将扣子取出。孩子解不掉领口的扣子可由大人帮助。解开所有的扣子后，将衣服向后松开，胳臂从袖子内脱出（图 6－6）。

脱无扣的套头衫和背心要学会用双手将衣服拉向头部。先将头从衣领中脱出，再将胳膊从袖子中脱出。

脱裤子时要先拉着腰部松紧带的部分，将裤子退到膝部，再从膝部将裤子脱下。

图 6－6　学解扣子

每天晚上上床之前都要让孩子自己脱下衣服，将衣服放在固定的地方。先脱下的放在下面，后脱下的放在上面，以便早上穿衣服时按次序穿上。

教育顾问

 孩子为什么爱抢东西

佳佳和佳玲在一起玩，佳佳看佳玲的小铲很好玩，便上去抢，佳玲不给，于是两个孩子争夺起来。佳玲的妈妈看见后说："给佳佳玩吧，她还比你小两个月呢，是妹妹。"而佳佳的妈妈却说："佳玲不给她！这个孩子太讨厌，什么都抢别人的，家里也不是没有……"

其实，佳佳与佳玲的母亲处理得都不太好，因为这一时期的孩子在一起游戏时，常常不客气地互相抢东西，这是因为他们与其他小朋友交往的需要不强烈，也不知怎么去交往，更弄不清楚玩具还有个所有权的问题。所以，他们只要觉得好玩就坚决地抢过来，抓到手里就是自己的。

另外还有一种情况，当别的孩子要他的玩具他不给时，父母不能强迫他把玩具给别人，因为那会使他失望、委屈，觉得父母也帮助别人欺侮他，只能更增加他的自私心理。

父母对这个年龄孩子的"抢物癖"用不着过多干预，有时让他们互相抢抢也没有什么。如果孩子为抢东西而打人、抓人，就要不动声色地把他引开，转移他的注意力，等他平静下来，再讲清道理。用不着当时就狠狠地责备他、羞辱他，那样反而会使孩子变得更自私，更厉害，或者使他感到十分委屈。

随年龄的增长，孩子慢慢就会产生和小朋友交往的需要，逐步学会和别人的孩子交朋友。这时也就会慢慢大方起来，因为这时候他们会感觉到大家一起玩玩具才更有趣，更快乐（图6－7）。

图6－7　正确对待孩子的抢物癖

让孩子乐于服从艺术

佳宇在户外玩沙子，不一会儿就扬起沙子来，他的妈妈没有说："不许扔沙子！"而是用正面指导的方法说："你可以掏沙子挖个洞，来，咱俩一起挖。"佳宇不再扬沙子了，而是高兴地与妈妈一起掏洞。佳宇的妈妈了解了孩子的心理特点，循序善诱引导孩子，这样做是正确的。

正处于第一反抗期的孩子，他们经常和父母唱反调，父母若坚持要求孩子服从，往往会弄得双方都不愉快。因此，父母对孩子要慎用"不"字。因为这个"不"字只是否定了孩子当时想要做的事，却又没有告诉孩子应该怎么做，孩子只好仍照原来的想法坚持下去。而上边所说佳宇的妈妈就没有对孩子说"不许扔沙子"，而是告诉孩子应该怎么办，使孩子易于接受，乐于服从。家长还要善于在孩子面前巧用"帮"字。有时父母叫孩子不要把房间搞得太乱，他偏不，父母叫他喝牛奶，他就是不肯喝。父母可以这样说："我的牛奶喝不完要坏的，请你帮我喝一点。""我的房间太乱了，请你帮我收拾一下。"这样，孩子就乐于接受，就会服从。

 教孩子跳舞，从模仿动作开始

一天，佳美正在看电视，电视里有很多小朋友在跳舞，于是佳美也随着音乐做起动作来。妈妈看了很高兴夸奖说："佳美跳得真美，小鸭子学得很像。"听了妈妈的夸奖，佳美舞的更起劲了……像佳美妈妈这样善于抓住生活中的事情因势利导，随机对孩子进行教育的方法是十分成功的。的确，2岁多的

图 6－8　教孩子跳舞，
　　　　从模仿动作开始

孩子不可能像大孩子那样去受教育，家长要善于在日常生活的细微环节中发现孩子的兴趣，并适时地加以引导和培养。这样就能起到事半功倍的效果。

　　幼儿的舞蹈动作，几乎都是模仿性的。好舞好动是孩子们的天性，2岁时开始形成在音乐伴奏下有节奏的动作，意味着孩子舞蹈动作的开始。因此，家长要创造条件，培养孩子随音乐做动作的能力。可以让孩子模仿做动作，模仿的对象有动物、植物、自然现象及人的各种活动等（图6－8）。

目的　训练孩子腿部力量及动作的准确性。

前提　能单足站稳。

图6－9　踢沙包

方法 划一直径 50 厘米左右的圆圈，距圆圈 3 米处画一横线。让孩子两脚开立姿势站在横线外，然后用一只脚向圆圈内踢沙包，把沙包踢进圈里（图 6 - 9）。

 找宝藏

目的 发展活动能力和观察力。

前提 能跑稳。

方法 在野外或家庭内，家长拿出几种玩具，先让孩子看好，然后背着孩子把玩具放在不同的地方，最好有的在高处需要攀高，有的在物体下需要爬行，然后让孩子在规定时间内把"宝藏"找回。孩子边跑边找时家长可在旁边伴随，以确保安全。也可叫"加油"以鼓劲，提高孩子的兴趣（图 6 - 10）。

图 6 - 10 找宝藏

 沿线滚环

目的 发展手眼协调能力。

前提　会滚环前进。

方法　①家长在地面画相距30厘米2条直线，让孩子持救生圈或呼啦圈，沿直线滚环前进，不能出线（图6－11）。②家长在地面放相距30厘米的易拉罐2排，让孩子持环前进不能碰到易拉罐。

图6－11　沿线滚环

结核性脑膜炎患儿早期有哪些症状

结核性脑膜炎是小儿结核病中最严重的病型，多发生于3岁以下的婴幼儿，多在初次感染结核菌后1年内发生。发病缓慢，但也有急性起病甚至以惊厥为首先症状者。

小儿结核性脑膜炎的一般症状，主要是结核中毒症状，包括发热、食欲减退、盗汗、消瘦易疲倦。早期突出的症状是性情的改变，如以往活泼伶俐的孩子变得精神淡漠、懒动、少言、爱发脾气、双目呆滞凝视、嗜睡等。3岁以下小儿不会自诉头痛而表情痛苦，蹙额皱眉；年长儿则可自诉头痛，但初期多为轻微或为间歇性，以后则为持续性。反复呕吐也是常见的症状之一。

保健之窗

如何预防结核病的传染

结核病菌散布面广且易传染，但只要人们采取预防措施，就能控制它的流行。

（1）接种卡介苗，可以增强小儿对结核病的抵抗力，是预防结核病的最有效措施。

（2）预防家庭内的传染。家庭中如有与小儿接触密切的结核病病人，要注意与小儿隔离。要经常开窗换气，病人的食具、漱具单用、单洗、单放。

（3）下列几种情况需要采取药物预防。①结核菌素试验为强阳性，有结核中毒症状的小儿。②家庭内有排菌的结核病患者，小儿为密切接触者。③未接种过卡介苗，结核菌素试验为阳性的 3 岁以下的婴幼儿。

（4）加强体育锻炼，增强身体对疾病的抵抗力。

（5）防止小儿患其他急性传染病。受过结核感染而未发病的小儿，在患急性传染病时抵抗力急剧下降，则容易发生结核性脑膜炎。因此，在急性传染病流行季节，不要带孩子去公共场所。

发育测评

2 岁 4 个月～2 岁半发育测评表

分类	测评方法	项目通过标准
大动作	会弯腰钻入比自己矮的洞穴内，也会用手足爬进去	会钻过比自己矮的洞穴

续表

分类	测评方法	项目通过标准
大动作	家长将球斜扔地面，让孩子接反跳的球	会接从地面反跳起来的球
	家长扶持，学骑足踏的三轮车，能向前直走	会骑三轮车向前走
精细动作	用积木在造桥基础上用下三、中二、上一块做成中空的金字塔，会用 10 块以上塔高楼	用 6 块积木塔金字塔，会搭 10 层的高楼
	模仿画十、卄或连续的	会画十字和卄
	捏面团学做球、盘子、小棍，两个球做不倒翁等	会用面团捏球、盘子和条形
认识能力	认识圆、方、三角形，还可以学习认长方形、椭圆形	认识圆、方、三角三种图形
	用珠子和积木分两堆，知道 5 以内哪边多	分清 1 个和 5 个两堆珠子哪边多
	为大、中、小瓶子配盖，分清大中小	为大、中、小瓶配盖
语言理解	适当时候应用"请""再见""谢谢"	会说"请""再见""谢谢"
	分清物品所属，会用适当的词说明所属关系，拿出父母及小朋友的东西，能说清楚是谁的	分清物品是你的、我的、他的、大家的
社交行为	大人藏起来，让孩子找，孩子也会藏起来让大人找	会寻找藏起来的大人，也会自己藏起来
	大人在孩子身后讲话，让孩子分清谁在讲话	分清爸、妈、奶奶、爷爷的声音
自理能力	模仿大人，用毛巾学习洗脸，将各部分洗干净，学习含水漱口	会模仿洗脸和漱口

第七章

2岁7个月

 自己穿鞋

 2岁7~9个月发展目标

（1）能爬上3层的攀登架。

（2）会接几米远处抛来的球。

（3）能熟练地骑足踏三轮车。

（4）会定型撕纸、折纸。

（5）会拼图，找出图中明显缺少的部位。

（6）会回答冷、饿、困、渴、热、病了时该怎么办。

（7）会回答故事中简单的提问。

（8）会使用一些反义词。

（9）能按吩咐将指定颜色或形状挑出。

（10）想要东西时会静静地等待。

（11）会挑自己喜欢的衣物穿戴。

（12）乐意帮大人干些家务。

 ## 2 岁 7~9 个月教育要点

（1）让孩子学骑三轮车，玩球，踢球，攀登及参加各种运动游戏，发展大动作。

（2）教孩子折纸，切馒头，穿珠，发展精细动作。

（3）教孩子拼插图，看图找错，发展想象力和观察力。

（4）经常与孩子交谈，提问，鼓励孩子回答问题，发展口语能力。

（5）指导孩子看图讲故事。回答故事中的问题，激发阅读兴趣。

（6）指导孩子系统观察事物，按功用分类。

（7）认读数字，手口一致数数，提高数数能力。

（8）培养孩子对唱歌、跳舞、绘画的兴趣。

（9）满足孩子的合理要求。

（10）让孩子干力所能及的家务活动。

生理指标

1. 体重

平均值　男 13.5 千克　　女 12.9 千克

引起注意的值

高于　　男 17.1 千克　　女 16.8 千克

低于　　男 10.9 千克　　女 10.1 千克

2. 身高

男 85.7～99.6 厘米　　均值 92.7 厘米

女 84.3～98.6 厘米　　均值 91.4 厘米

3. 乳牙

20 颗出齐。

营养指导

2～3 岁宝宝 1 周食谱举例

	早餐	点心	中餐	点心	晚餐
星期一	牛奶 菜肉包子	水果	米饭 豆制品 青菜炒肉片	水果 饼干	面食、青菜炒肉末 豆腐鸡蛋汤
星期二	牛奶 面包	水果	米饭 锅塌豆腐 炒青菜	水果 蛋糕	芝麻酱糖花卷 西红柿虾皮肉末汤
星期三	牛奶 糜面小窝头	水果	米饭 三色鸡片	水果 鸡蛋	虾肉小笼包 豆腐青菜肉末汤

续表

	早餐	点心	中餐	点心	晚餐
星期四	牛奶 金银蒸卷	水果	米饭 番茄鱼片 油拌笋片	水果 小馅饼	肉菜包子 豆腐鸡蛋西红柿汤
星期五	牛奶 鸡蛋 饼干	水果	米饭 软煎鸡肝 炒青菜	水果 面包	面条 太阳肉
星期六	牛奶 蒸鸡蛋	水果	米饭 胡萝卜 土豆炒肉丝	水果 饼干	月亮小蛋糕 红豆小米粥
星期日	牛奶 豆腐 鸡蛋煎饼	水果	米饭 清蒸鱼 海米油菜香菇	水果 饼干	豆沙包 肉末菜粥

游戏时间

 手口一致点数

目的 培养孩子手眼协调能力、手口一致的能力。

前提 会口头数数。

方法 在日常生活中教孩子数数，如"数数看你的衣服上有几个纽扣""数数看这儿一共有多少个苹果"。要求孩子边数边用手指点物品。

孩子开始点数时常会嘴里数过去了，手还没来得及点，常发生数的顺序数错了或数字漏了没数。大人应耐心地教，直到孩子能熟练地口手一致点数。

按功用分类

目的 学习按物品的功用分类。

前提 知道一些物品的功用。

方法 大人教育孩子认识实物和图片时不仅让孩子学习名称、功用，还要学习分类。可经常给孩子提"这是什么东西？""它是干什么用的？"等问题。让孩子开始将物品按吃的、用的、玩的、穿的等功用来分类。大人先将孩子已认识的多种实物或图片装在一个筐或盒子里，让孩子将它们按吃的、用的、玩的、穿的等功用分放在 5 个盒子里。大人再逐个检查有无放错。

谁快谁慢

目的 比较理解快慢的词义。

前提 有相应生活常识。

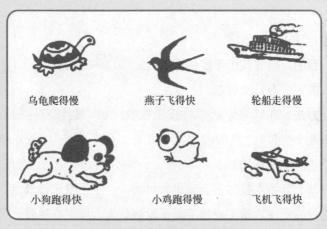

图 7-1 比较他们谁快谁慢

方法　先让孩子了解什么是快，什么是慢，大人与孩子进行跑步比赛，大人快跑，孩子跑得慢。在明白快慢的基础上，注意在语言中使用快慢的词汇来描述动作。

请孩子观察比较常见的动物哪些走得快、跑得快、飞得快，哪些慢。

如乌龟爬得慢，小白兔跑得快，汽车走得快，飞机飞得快，小鸟飞得慢，小鸡走得慢等等让孩子真正掌握快慢的意义（图 7 – 1）。

 学观察

目的　学习根据事物特征形成概念，培养系统观察事物的能力。

前提　感知觉有一定发展。

方法　大人给孩子一个苹果，先让孩子看、摸、闻，最后尝一尝。大人要用语言去指导孩子观察，提出观察要求，通过提问使孩子有目的、有计划、有兴趣进行观察比较。如问：

（1）手里的苹果什么颜色？

（2）苹果还有其他颜色吗？

（3）苹果是什么形状的？

（4）上边有一个什么？

（5）下边有一个什么？

（6）看一看皮表面有什么？

（7）摸一摸皮有什么感觉？

（8）闻一闻有什么味？

（9）尝一尝有什么味？

（10）苹果的肉是什么颜色的？

最后让孩子自己说出苹果的颜色、形状、肉色、味。

3岁的孩子应对常见的水果、蔬菜、日用品、交通工具、动物、花草、树木等能正确叫出它们的名称，认识其形状、颜色等特征。家长也可采取上述方法指导孩子对其他物体进行有序观察。

 玩珠子游戏

目的 发展多种能力。

前提 会穿珠子、认识颜色、会数数。

方法

（1）穿珠比赛：每个盒里装10个珠子，一根尼龙线，大人孩子比赛看谁最先将珠子穿上。大人可故意放慢一点，让孩子先穿上，激发他的兴趣。这一游戏可发展手眼协调和精细动作能力。

（2）颜色分类：每个盒子内装红、黄、蓝、绿等颜色的珠子4颗，让孩子按颜色将珠子分开或按颜色将珠子穿好。

（3）把珠子作为数数、计数的工具：教孩子点数共几种颜色的珠子，共有几颗珠子。红颜色有几颗，黄颜色有几颗，谁多谁少等等。

 身体的用途

目的 了解自己身体部位的用途，培养自我意识，发展孩子语言表达能力。

前提 动作协调能力好。

方法 大人向孩子发出指令，由孩子用手指指向大人说的部位，并且很快说出这个部位的用途。

如大人说："眼睛"，孩子马上用手指眼睛，说："我的眼睛圆又亮，看东看西总是忙。"大人说："鼻子，鼻子用来呼吸，还可用来闻味儿。"

"嘴巴可以说话和吃饭。"

"耳朵用来听声音。"

"我的手能干许多事，洗衣、洗碗、做游戏。"

"我的脚能跑能跳能游泳，真是很有用。"

练习速度可以逐渐加快，练习孩子的灵敏度和语言表达能力。也可让孩子尽可能说出身体某个部位的多种用途，说得越多，越离奇但又合理，说明想象力越丰富，如眼睛是心灵的镜子等，记下孩子的话语一定非常有趣。

 学穿鞋袜

目的　练习手的技巧，学习自理。

前提　会脱掉鞋袜。

方法　孩子会将脚伸入鞋内，但常因左右不分，而提不起来。如果鞋较宽大，即使穿进去了但走起路来不舒服。大人要提醒孩子将鞋分清左右才开始穿，足尖要伸到鞋尖，将鞋完全穿上才提后跟。

图7-2　学穿鞋袜

让孩子在洗脚时把脚踩在看得清楚的地面上或旧报纸上。让孩子自己认哪个脚印是左脚，哪个是右脚，再让孩子将自己的鞋放到合适的脚印上。用游戏的办法使孩子分清鞋的左右，

然后找适合的鞋穿在自己脚上。5 岁之前宜用粘扣或松紧口鞋，不宜用系带的鞋。

最好先让孩子学穿无跟袜，如果袜有后跟要先将后跟放在后面才开始穿，穿到后跟时要将跟部拉正再拉好袜柄（图 7 -2）。

教育顾问

 为孩子创造良好的家庭气氛

从很多在事业上取得卓越成就的科学家来看，他们中大多数人的童年都有着一个和谐的家庭环境、良好的早期教育和父母的慈爱。这说明良好的家庭气氛、父母品德及文化修养，都会潜移默化地对孩子的人生成长产生巨大影响。

好的家庭气氛应该安静、清洁、优雅，人人勤劳节俭，尊老爱幼，无粗暴的行为和语言。家庭成员有广泛的爱好和兴趣，充满着对知识的追求，对书的热爱。与邻居和睦相处，乐于助人。

教育孩子是父母的责任。首先要尊重孩子的人格，耐心听取孩子的意见和要求，考虑他们的感受。但也要行使父母最后做主的权力。当孩子明白父母做主是正确的，内心感到的是安心和对父母的信任。

对孩子正当的爱好和兴趣，不要任意限制，还可创造一些条件帮助发展。当孩子的行为不当或影响他人时，不训斥、不体罚，应讲明道理。这样做比强迫孩子执行家长的指挥要重要得多。

家里有困难，不要瞒着孩子，让孩子知道人生不可能每天都是一帆风顺的。家中有人生病，大家都给予关心和照顾。对家庭的重大问题，全家商量，齐心协力解决问题，从中使孩子体会到自己在家中主人翁的地位和责任感。

家长应坦诚地承认自己判断错误或不该发那么大脾气，这样，对于家庭的团结是大有帮助的，而不要总以自己"完全正确"的姿态去教导孩子。

和睦的家庭，人人都要分担家务，包括孩子。父母不要包办代替，不偏袒、贬低和奚落。对孩子碰到的困难，家长应该给予指导，再让他们独立地克服，以促进他们解决困难的能力和毅力。

🐴 话说"第一反抗期"

佳佳2岁半了，妈妈明显地感到最近他很不听话，总是莫名其妙地与大人对着干，对父母的要求动不动就说"不"，还喜欢自作主张，惹是生非。妈妈让佳佳吃饭，佳佳却说："不，我还要玩。""吃完饭再玩。""就不。"接着又玩起来。户外玩时佳佳坐在地上玩，妈妈说："佳佳起来，地上脏。""不！"妈妈去拽他，可佳佳不但不起来反而大哭起来，还向妈妈扬土……佳佳的妈妈没有打他，也没有斥责他，而是说："佳佳，你看，那边许多人在看耍猴，咱们也去吧。"佳佳这时才起来跟妈妈走了。

佳佳的妈妈是用转移注意的方法。当孩子很执拗时，家长不妨采用这种方法。

2岁半左右的孩子不那么顺从了，这种现象表明了心理学上所谓的"第一反抗期"的到来。这时的孩子开始认识到自

我的存在，独立自主的意识迅速萌生和显露，这是儿童身心发展的转折，是符合心理发展规律的正常现象。父母如果能了解孩子这一阶段的心理变化并及时采取相应的变通措施，既能保护孩子刚刚萌发的独立意识，又能使父母的意见愉快地被孩子所接受，帮助孩子顺利地度过"第一反抗期"。家长不妨采用鼓励、支持与帮助的方法，注意尊重孩子的独立人格、满足他的合理要求，凡是不违反原则或不导致安全问题的事，就不必过分地限制、干涉和指责。

教孩子学习儿歌

佳宇的父母带他到动物园看动物，当看到水面上的鸭子、鹅时，佳宇妈妈指着大鹅问佳宇："鹅怎么叫呢？"佳宇学起鹅叫的声音，妈妈边指着白鹅讲解，边教佳宇学说《咏鹅》的古诗，佳宇很快就学会了。佳宇的母亲善于抓住教育的时机，使孩子在轻松愉快的气氛中学到知识。

2～3 岁是语言迅速发展的时期，由于儿歌短小精悍，说起来娓娓动听，朗朗上口，是孩子喜欢的一种文学体裁。通过儿歌可以教给孩子许多知识。

谁会飞？鸟会飞。鸟会怎样飞？扑扑翅膀去又回。

谁会游？鱼会游。鱼儿怎样游？摇摇尾巴点点头。

通过这首儿歌可以教给孩子认识动物的特征。不同的儿歌内容有不同的教育目的，家长可以根据需要来选择。

一般来说，教给 2～3 岁孩子的儿歌不要太长，以 4～8 句为宜，儿歌内容要选择与孩子生活接近并容易理解的。

教儿歌的方法是多样的，要因孩子的不同情况而异。可以是念一句，孩子跟着念一句；有的是家长整段地念，孩子边听边跟着家长小声地念。各种方法可以结合使用。每次教孩子的时间不要太长，以 10 分钟以内为宜。当孩子已掌握一首儿歌后，可以经常让他当众背诵，以复习巩固。

玩具有哪些类型

玩具的种类非常多，我们可以按玩具的功用分为下列几种。

（1）发展视觉的玩具：如塑料球、彩花、串珠等。

（2）发展听觉的玩具：如八音盒、摇棒、带响的乐器等。

（3）发展触觉的玩具：摸袋，大小形状不同的、不同质地的物品。

（4）发展精细动作的玩具：积木、插塑玩具、串珠等。

（5）发展语言及认识能力的玩具：如望远镜、小家具、拼图、积木、计算玩具、拼插玩具、摸袋、不同用途的图片、棋类等。

（6）形象玩具：如娃娃家、服装、各种动物、各种交通工具、炊具等。

（7）建筑玩具：如积木、十六巧板、百巧板等。

（8）音乐及娱乐玩具：如锣鼓、小熊照相、铃铛、各种琴类及录音机，不同用途的磁带等。

（9）体育运动玩具：如各种球类、沙包、跳绳、风筝及户外的大型玩具跳板、秋千、蹦蹦床、滑梯、转椅、平衡木等。

由以上繁多的分类可见，玩具的发展与科学技术是密切相关的。科学的发展是没有止境的，因此玩具的发展也是无止境的。所以说玩具是世界具体而微妙的科技世界。

锻炼园地

踢球比赛

目的 发展腰腿部肌肉力量，训练足与眼的协调能力。

前提 会向前踢球。

方法 准备一个皮球，一个大纸盒。把大纸盒一面剪掉，靠墙放好当作球门，或两棍之间拉一根线作球门看谁踢进球门的次数多。也可将椅子底下的空档当作球门，把椅子放在中央，和孩子在椅子两边踢球（图7-3）。

图 7-3 踢球入门

追铃铛

目的 发展跑的动作。

前提 能自如地跑动。

方法 大人给孩子一个圆形的响铃铛，孩子往不同方向边丢边跑，铃铛边滚边响向前去，孩子在后面追，非常好玩。

小狗找妈妈

目的 发展运动能力和反应能力。

前提 能跑稳。

方法 大人在室外各相距 4 米远放一排玩具小动物如小

狗、小猫、小老虎等等。大人和孩子站另一边，说"小狗找妈妈"，孩子跑向前，抱起小狗交给大人。大人依次说不同的动物，孩子依次跑向前拿回相应动物，不能拿错（图7-4）。

图7-4 小狗找妈妈

接抛来的球

目的 训练孩子动作的准确性。

前提 会向三个方向抛球。

图7-5 接抛来的球

方法 在学会接反跳球的基础上，大人离孩子较近，将球

直接抛到孩子准备接球的手上。孩子学会将球接住后，大人逐渐后退到离孩子 1 米左右。球的落点在孩子的肩和膝之间，使孩子有时要双手抬高，有时略为弯腰才能将球接住（图7－5）。如果接不住就要跑去捡球，使孩子在户外得到充分地锻炼。

 滚大球

目的　发展平衡能力和触觉。

前提　能坐、趴稳。

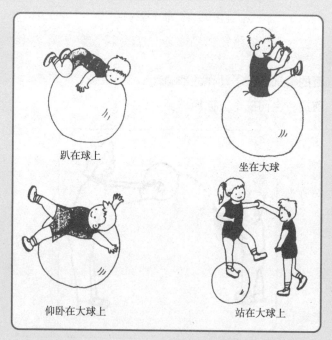

趴在球上　　　　　坐在大球

仰卧在大球上　　　站在大球上

图 7－6　滚大球

　　方法　找一个能承重的大球，放在地板或毯子上，让孩子骑、坐、站、趴、仰卧在大球上（图7-6）。两个大人各拉孩子的一只手和一只脚，来回拉动孩子，要注意安全。

如何早期发现小儿肥胖

肥胖症是一种由于长期能量摄入超过消耗导致体内脂肪积聚过多而造成的一种疾病，肥胖症就是营养过剩。如有的孩子没有养成好的膳食习惯，大量进食油腻、高糖高脂、多奶油食物；而且活动少，能量消耗过少，这样即使进食不多也能造成肥胖。

遗传影响也是肥胖发生的病因。父母肥胖子女也有肥胖倾向。心理因素，如种种原因（父母离异，丧父丧母，受虐待、溺爱等）引起孩子的心理异常，诱发胆小、恐惧、孤独等，可造成不合群，而以大量进食为自娱导致肥胖。

总之引起肥胖原因很多，怎样早期发现小儿肥胖，最主要的办法有以下几点。

定期称重，进行生长发育监测。与本书生长发育指标中给出的同年龄组的体重比较，如果孩子体重在引起注意的值之上要考虑肥胖（图7-7）。

严重的肥胖又可以引起孩子心理和生理发育异常，还可并发高血压、高血脂、糖尿病等多种疾病，因此家长必须对小儿肥胖症引起重视。

图 7-7 定时称体重量身高进行生长发育监测

 怎样预防沙眼

　　沙眼是由沙眼原体通过眼的分泌物污染了手、毛巾、手绢、脸盆及其他公共物品而相互传染的。各年龄的人都可染上沙眼，但以婴幼儿、学龄前儿童及小学生感染最多。特别是那些家庭和集体等生活环境卫生条件差，又没有养成良好的个人卫生习惯的人患病率就更高。

　　沙眼的早期，小儿的睑结膜，尤以上睑结膜呈现滤泡样改变，充血、粗糙。不及时预防和治疗，病变会逐渐加重，眼睑结膜会被大小不等、混浊的滤泡或乳头占满，进一步结膜会呈线状、斑状或网状白色瘢痕样改变。严重时引起眼睑下垂，睑内翻，倒睫毛，甚至睑球粘连。当病变染及角膜，视力就会受到影响。

　　沙眼的传播很广。最重要的是预防，要人人动手搞好环境卫生。基层儿童保健人员，学校卫生教师及家长要学习掌握沙眼传染的知识，提高预防的意识和能力。教育儿童养成爱清洁、讲卫生习惯，不用脏手擦眼睛，不用不干净的东西擦眼睛。要勤洗手，保持自己手绢、毛巾、衣物清洁。每天将洗脸毛巾放在太阳下晒，或每周煮沸消毒 1 ~ 2 次。不与其他人公用

图 7 - 8　预防沙眼

毛巾。对已患有沙眼的儿童要按照医生要求坚持点药。目前认为比较有效杀灭沙眼衣原体的药为 0.1% 利福平眼药水（图 7 - 8）。

第八章

2岁8个月

准备去幼儿园

营养指导

🐴 预防肥胖从饮食抓起

　　肥胖是不健康的表现，肥胖的孩子不仅体态臃肿，运动能力下降，更重要的是儿童的肥胖会影响其成年后的健康状况，使其糖尿病、心血管疾病的发病率远远高于正常儿童成年后的发病率。

为了预防你的孩子发生肥胖，应注意以下几点。

（1）营养素的摄入要合理，做到营养平衡。蛋白质、碳水化合物摄入应适量，脂肪的摄入量应较少。避免孩子偏食糖类和高脂肪食物，但要保证正常的蛋白质摄入量。

（2）不要让孩子吃得过多，年龄越小越要注意这一点。

（3）要教育孩子定时定量吃饭，做到细嚼慢咽。

（4）合理分配一日三餐的热量，早吃好、中吃饱、晚吃少。

（5）少吃零食，许多零食含热能高，如巧克力、糖果、炸土豆条等。如吃零食应吃含热量较少的零食，如酸奶、水果等。

（6）食量较大者可先吃些低热能的菜肴，如拌菠菜、炒豆芽、炒芹菜等借以充饱，然后再进主食。

（7）加强锻炼：多参加体育运动，促进体内的能量消耗。

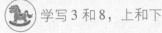 学写 3 和 8，上和下

目的 观察细微的不同，学习写字。

前提 会画圈和十。

方法 大人在纸上工整地写 3 和 8，先让孩子仔细发现有哪些不同。认识和区别这两个字，然后学写。孩子会发现 3 像耳朵，两个小圈不闭口。有时孩子会将方向写反了，写成 ε，让他赶快把开口转向左侧。孩子很喜欢 8，因为它像糖葫芦，写时会画成两个小圈，甚至还不摞在一起。大人可以握着他的小手学写反螺旋的 8。

孩子很喜欢形象的"上"和"下"，他们常常先画个十字再加上点，然后擦掉不要的部分。大人可给他示范正确的笔顺，让孩子按"竖、横、横"写"上"，"横、竖、点"写"下"（图 8－1）。

图 8－1　学写 3 和 8，上和下

 谁高谁矮

目的　分清高和矮。

前提　听懂日常用语。

方法　家人先排好队，让孩子说出谁高谁矮。同时可拿一个人与另一个人进行对比。如妈妈与孩子相比，妈妈高，孩子矮；爸爸与妈妈比，爸爸高，妈妈矮。让孩子初步了解对比的物体不同结果不一样。

也可拿一些小动物玩具或瓶瓶罐罐，让孩子比一比哪个高哪个矮。

🐴 学会等待

目的 锻炼忍耐的性格。

前提 听懂大人讲的话。

方法 两岁多的孩子最容易发脾气，因为他讲话还不通顺，想要的和想吃的一时不能到位就发火哭闹，大人要找机会让孩子学习等待。例如妈妈正在做饭，孩子早就饿了。这时千万不要让他先吃点心，否则吃饭时就没有胃口了。应请他当助手，帮助摆桌子清洗碗碟，使他一面忙碌一面耐心等待，到开饭时胃口很好。

图8-2 学会等待

生活中往往免不了要等待，在游乐园中上滑梯，坐碰碰车，坐飞机等都要买票排队才可以玩（图8-2）。想要的好玩具要遇到机会才能买到。好吃的东西要等爸爸下班才能带回来。孩子要听明白大人的劝导，学会必要的忍耐以养成良好的性格。

看图讲故事

目的 学习用几个字表达意思。

前提 听过多次重复讲的故事。

方法 打开看过多次的故事书，大人用手指着图中的角色让孩子开口去讲。孩子只能讲几个字的话，但是孩子会背诵书上的话。如果实在忘了就提醒开头的一个字让孩子接下去。在背诵过程中，这些句子会渐渐变成孩子自己的话，丰富了词汇，使孩子能说出的句子渐渐加长。孩子一面看图一面学讲故事，同时学习到一些常识（图8-3）。

 折纸

图8-3　让孩子看图学讲故事

目的　练习手的精细动作，学会按秩序做事。

前提　会穿珠子。

方法　大人同孩子一起折纸。先将纸裁成正方形，对角折成三角形，再将两边的锐角向上反折成狗耳朵，用笔画上眼、鼻、口即成狗头（图8-4）。

图8-4　折狗头

也可教孩子将方纸对边折，使纸成长方形，再把长方形的短边对折，成小正方形。要求孩子把每次折的边角都对整齐才压折边，为更复杂的折纸打基础。

 教育顾问

 做好孩子入园的准备

妈妈已为佳玲报名去幼儿园了，妈妈为了她能适应幼儿园的生活，平时常给她讲一些有关幼儿园的事，还抽时间带佳玲

去幼儿园参观，并让佳玲在幼儿园玩，佳玲显得很高兴。妈妈问佳玲："幼儿园好不好?""好!""以后你就可以来这所幼儿园了，和这些小朋友天天在一起多开心呀!"在家中，佳玲的妈妈也有意识地锻炼佳玲的自理能力，让她学会自己用杯子喝水，自己小便等等，为佳玲上幼儿园做好准备工作。

佳玲的妈妈做得很不错，因为孩子到了二三岁，喜欢和同伴一起玩耍，这是她适应社会能力的萌芽，也是心理发育的需要。把孩子送到幼儿园，让孩子在集体中生活，对孩子身心发育都有好处。幼儿园里玩伴多，孩子可以尽早学会与人友好相处，锻炼与人交往的能力，还可以学会谦让、照顾别人、容忍等品质。

作为家长要激发孩子上幼儿园的兴趣，做好孩子入园的心理准备。平时千万不要把送孩子去幼儿园作为一种惩罚的手段，如："你再不听话就把你送到幼儿园去。"这样会使孩子产生一种到幼儿园去就是"受苦受难"的错觉，形成对幼儿园的恐惧心理，以致不愿去。应当像佳玲的妈妈那样为孩子顺利地去幼儿园做好准备。

惩罚孩子要讲究方法

二三岁的孩子有时会任性，有的孩子对人无礼，有的孩子打架骂人，有的孩子不讲道理，当发生这些情况时，说服教育是非常必要的，但必要的惩罚也是一种办法。有时佳宇玩完玩具后将玩具乱扔，妈妈说几次不要乱扔玩具他都不改，于是妈妈就把这些玩具藏了起来，佳宇再想玩时找不到了，妈妈趁机教育："你随便乱扔玩具，想玩时就会找不着了，应该玩完收好。"有时佳宇跟人学说脏话，妈妈就采用剥夺他快乐的方法——不让他看电视，不和他玩游戏，不给他讲故事，不买已答应要给他买的玩具，这样一来佳宇很快就改掉了毛病。除了佳宇妈妈用的这些方法外，还可采取态度语言暗示。因为父母的态度和语言也可用来对孩子进行惩罚。孩子会从父母的语气、音调、表情、态度中察觉出对他行为的不满、伤心和失望。一个爱父母的孩子会为重新得到父母的欢心和爱，而改正自己的错误行为。

父母惩罚孩子是为了让他改掉毛病，所以就要讲究方法，要记住：不要光听孩子口头的认错，还要看他的行动是否立刻有所改变。

惩罚要及时。孩子犯了错误时，要立即加以纠正，不要说："等你爸爸回来后，看你还逃得过去吗?"因为 2～3 岁的孩子记忆力还较差，过一段时间后，就会忘记他所犯的错误，这时惩罚他就达不到应有的效果。在惩罚孩子的同时还应讲

图 8－5　惩罚孩子要讲究方法

清道理，让他明白为什么惩罚他，这样才能帮助他改正错误（图 8－5）。

 撕纸作画，手脑并用

佳宇的妈妈准备好一些较薄的彩色纸，把佳宇叫到身边。妈妈很灵巧地把彩色长条纸反复折叠，用手撕掉其中某些部

分，打开以后便成了一条连续的花边；又用方形纸角对角折叠，撕去某些部分便成了窗花。妈妈把撕好的花边和窗花涂上糨糊，粘贴到纸上，让佳宇欣赏，于是佳宇提出也要撕纸。

妈妈给佳字一张纸让他模仿，教他用双手的拇指和食指捏着一点点地撕。妈妈高兴地说：佳宇真不错，今天学会了撕纸的方法，下次就可以撕一些比较复杂的形状了。

撕纸作画虽然边缘上不整齐，但是自然、朴素、别有风趣，而且又简单易行，很适合2岁多的孩子学。因为撕纸可以锻炼手的精细动作，培养手、眼协调能力，发展孩子的智力，而且能提高孩子对美术活动的兴趣。

家长要注意平常引导孩子多观察各种动物、植物、人物的特征，可以想些办法，如把旧画书上的人、动物、花草、建筑剪贴下来，以便孩子经常能够看到，对事物有深刻印象，这样撕起纸来就能把握住事物的特征，撕出生动、活泼的图形来。

小白兔拔萝卜

目的 发展双脚向前跳的动作。

前提 会双脚向前跳。

方法 相距 2 米的两端，一端放大萝卜（或其他物品），另一端画一条横线当作起跳

图 8-6 小白兔拔萝卜

线。让孩子从画线外起跳，双脚向前跳到放大萝卜处，拔个萝卜再跳回来，往返四五次（图8－6）。

 插红旗

目的 发展儿童奔跑能力及动作灵活性。

前提 会跑并能自己停下。

方法 准备小红旗若干，沙盘一个，几个小伙伴分成两组进行接力比赛。向沙盘跑去，插上一面小红旗，然后跑回来，第二人接着跑。看哪组插上的红旗多。

 钻隧道游戏

目的 发展运动协调能力和身体触觉。

前提 能弯腰爬行。

方法

（1）用大纸箱几个连在一起，做成隧道，让孩子头向前爬进去，然后爬出来。

（2）在隧道中放各种物体让孩子拿出指定的物体，增加孩子爬隧道的兴趣（图8－7）。

图8－7 钻隧道游戏

 小儿急性食物中毒有什么表现

小儿时期，发生急性食物中毒是最常见的，那么食物中毒后的主要表现是什么呢？

（1）胃肠道症状：恶心、呕吐、腹疼、腹泻。

（2）脱水表现：口腔黏膜干燥，眼窝凹陷，皮肤松皱缺乏弹性，全身软弱无力。

（3）精神症状：头痛、头晕、瞳孔扩大或缩小。四肢肌肉震颤，重者可有胡言乱语、昏迷、抽风、听力或视力发生异常改变。

（4）呼吸、循环症状：呼吸困难，或快或慢，口唇青紫，咳嗽时有白色或粉红色泡沫样痰。皮肤发花，可有出血点。便血，尿血，尿少或无尿。

能够引起中毒的食物大体上可分为两大类，一类是含有毒素的动植物，例如河豚、蛤贝、毒蘑菇等。另一类是被细菌污染而变了质的食物。

在家里，一旦发现孩子有食物中毒的某些症状，应立即采取急救措施催吐，可用手指或筷子刺激小儿的嗓子眼，使他呕吐，以便把毒物吐出来。也可采用洗胃法，用温淡盐水、绿豆汤或 1:1000 浓度的高锰酸钾溶液，让小儿喝下去，再吐出来，反复多次。

发生食物中毒后，不管症状轻重，都要赶紧送往医院，及时给孩子解毒脱险。

保健之窗

 如何防止小儿食物中毒

1. 不吃变质、腐烂的食物

袋装食品食用前首先要看看是否过期、变色、变味，已有哈喇味的食油和含油量大的点心不能让孩子吃，否则易引起胃肠道疾病或食物中毒。

2. 不要吃剩饭、剩菜

饭菜均宜现炒现吃，吃多少做多少。营养丰富的饭菜，细菌容易繁殖。如果要食用剩饭菜，首先检查食物有无异味，如无异味，可加热到100℃，并持续20分钟才能食用。

3. 不要给宝宝吃熟食制品

如火腿肠、红肠、粉肠、肉罐头、袋装烤鸡、鸭等，这些食物加入了一定的防腐剂和色素，且细菌易繁殖，必须高度警惕。如要食用必须先加热消毒。

4. 烹制食物应选择适宜炊具

不能用铁锅煮山楂、海棠等果酸含量大的食物，否则会产生低铁化合物使宝宝中毒。

5. 常见食物中毒的预防

（1）土豆：土豆发芽会产生大量的龙葵毒素，龙葵毒素可引起人口干、舌麻、恶心、呕吐、腹痛、腹泻甚至呼吸困难、抽搐等中毒症状。所以不要给宝宝吃发芽或发青的土豆。

（2）豆浆：豆浆营养价值相当于牛奶，且价格便宜，是宝宝很好的食物，但生豆浆含有可使人中毒和难以消化吸收的有害成分，这些有害成分只有在烧煮至90℃以上时才被逐渐分解，因此食用时一定把豆浆完全煮熟。

煮豆浆的方法：采用较大的、加盖的锅，豆浆只盛2/3，煮开后持续5～10分钟。如不加盖或豆浆盛得太满，当煮到80℃左右，形成泡沫上浮，造成假浮现象，豆浆若不完全煮熟，食用后就有可能造成食物中毒。已煮熟的豆浆中，不要再加入生豆浆；不把熟豆浆装在盛生豆浆的、未清洗消毒的容器里。

（3）扁豆类：四季豆、刀豆、扁豆均含有对人体有毒的物质，但只要适当加热处理，其毒素可被破坏即可安全食用。

煮扁豆方法：将扁豆清洗干净，倒入开水锅内煮软，捞入冷水盆内冷却，根据需要切成丝或碎末，投入烧热的锅内急火煸炒，不断翻动，直到豆腥味排尽，可起锅。或将扁豆清洗干净，切成丝或碎末，倒入锅内煸炒片刻，加水焖软直至扁豆变色，豆腥味排尽，再起锅。

第九章

2岁9个月

看图知缺补缺

营养指导

 多吃蔬菜水果促进智力发育

蔬菜、水果中含有大量的维生素C，维生素C是神经传递介质的重要组成部分，承担传递信息的任务；维生素 C 使细胞的结构坚固，并消除细胞间的松弛或紧张状态，使身体机能旺盛。充足的维生素 C 可使大脑功能灵活、敏锐，并提高儿童的智商，因此要让孩子多吃含维生素丰富的食品。

含维生素 C 丰富的最佳健脑食物如下：

水果：酸枣、鲜枣、草莓、柿子、金橘等。

蔬菜：大蒜、龙须菜、甜辣椒、菠菜、萝卜叶、番茄、卷心菜、马铃薯、荷兰豆等。

野菜：艾菜、笔头菜、荠菜等。

其他：甘薯、绿茶等。

含维生素 C 丰富较好的健脑食物：所有的蔬菜特别是黄绿色蔬菜及鲜果类。值得提醒的是，维生素 C 是益智的营养成分，但不能大量服用维生素 C 片也不能用维生素 C 片来代替蔬菜及水果，否则易导致维生素 C 中毒。

 学用反义词

目的　学习比较熟练地运用反义词。

前提　懂得一些反义词。

方法　家长在教孩子认识实物和图片时，找两个有对比性、特点相似的物品教孩子用反义词去描述它们。妈妈先说出大象的鼻子长，再说小猪的鼻子——让孩子说出短字等等。孩子在此过程中学习对比、找出物体的特点（图 9-1）。

图 9-1　学用反义词

🐴 快乐和悲伤

目的　让孩子理解别人的感受，学会形容感受的词汇。

前提　认出父母以外别人脸部的表情。

方法　让孩子根据故事图书说出谁最快乐，谁在哭；他为什么笑，他为什么哭；谁在生气，在发火，为什么（图 9-2）。孩子最容易学会理解故事人物的感情，让他用词说出这些感受。在看儿童动画片时，大人要为孩子讲解人物和他们的表情。父母下班回家也要问孩子"你今天过得好吗？""什么让你觉得快乐？""什么让你或别人生气？"让孩子讲述自己的感受。

图 9-2　让孩子说出自己的感受

看图找缺补缺

目的 增强观察力。

前提 会说出部位名称。

方法 在儿童图书中找到典型的图，故意漏画其中一部分，让孩子先用手指出缺失的部位，然后要求说出所缺部位的名称。鼓励孩子用蜡笔将缺失的部位补画上（图9－3）。

图9－3 看图找缺补缺

切馒头和分蛋糕

目的 学作简单分割。

前提 能正确握笔、左右手协作。

方法 准备圆头的塑料餐刀，认清利口向下，用左手固定要切的物品，留出要切的部位用右手将刀朝下使劲切开蛋糕。先学切软的东西，如蛋糕、山楂糕、馒头等；熟练以后再切较硬的，如苹果、橘子等。用塑料餐刀，家长不用害怕孩子会伤及自己。孩子用玩具刀模仿大人切菜，能将食物切开，逐渐学会等分切食品，理解局部和整体的关系。

回答故事中的问题

目的 练习用正确句子表达和答题。

　　前提　掌握一定量的物名和动作词汇。

　　方法　用一本曾讲过多次的故事书，先指故事的主人公问："他是谁?""他要到哪儿去?""去干什么?""遇到什么事?""他怎么办?""谁好? 谁坏?"等等。如果孩子一时答不出来，家长代他回答，让他模

图9-4　看图回答问题

仿再讲一遍，使他把这句话学会。回答问题可以学会讲一句完整的话，从只用1～2个字回答到用一句话回答，渐渐在问答的基础上学会将句子连接起来，为以后学讲故事做准备（图9-4）。

教育顾问

培养孩子的音乐才能要从培养兴趣开始

　　乐乐妈妈发现佳美能歌善舞，就跑去找到佳美的妈妈问："我特别想让乐乐受些音乐方面的熏陶，但又不知用什么方法好?"佳美妈妈说："节奏训练很重要，有时我们拍一些节奏让佳美学着拍，还有时唱歌也教佳美，随着歌曲的节奏拍手。我们给佳美买了小铃鼓，有时让她听音乐敲铃鼓，她可高兴了。在佳美临睡时，一边哼着曲子，一边随曲子的节奏轻轻拍拍孩子。有时我们同孩子一起做游戏，变换音乐的速度，音乐

快时我们就快走，音乐慢时我们就慢走。这时的孩子很愿意让大人一同与他们游戏，在这样的过程中，孩子很高兴，慢慢佳美很喜欢音乐了，而且每天都让我们给她放音乐听。"听了佳美妈妈的介绍，乐乐妈说："还真得向你们学着点。"

让孩子喜欢音乐，首先是让她们对音乐有兴趣，只有有了兴趣，他乐意学，才能学好。现在有不少家长都盼望孩子有特长，从小就给他们买钢琴、电子琴等乐器，强迫孩子学，但往往事与愿违，花了不少精力和金钱，孩子并不愿意学，反而给家长、孩子都造成了负担，既害了孩子也苦了自己。像佳美的妈妈注意培养孩子对音乐的兴趣和爱好这才是对的，只要孩子对音乐有兴趣这是成功的一半。如果孩子对音乐没兴趣，家长再强迫也是一厢情愿。聪明的家长要在培养孩子对音乐的兴趣和爱好上下功夫。

🐴 培养孩子的独立意识

佳宇和亮亮住在同一个楼里，可是家长对他们的教育方式很不同，所以两个孩子的表现也就有差异。佳宇摔倒了，妈妈并不去扶他，而是鼓励他自己爬起来。佳宇要尿尿，妈妈让他自己去厕所，有时把裤子尿湿了，妈妈帮他换下来，并不指责，而是告诉他下次应当怎么注意。玩玩具时妈妈让佳宇自己玩，及时给予表扬和鼓励，从不过多干涉孩子。所以佳宇虽然才2岁8个月，却显得很能干，独立性很强。这与妈妈正确的引导分不开。而亮亮虽然同佳宇一样大，但样样事都要依靠妈妈，亮亮摔倒了，妈妈大惊失色，连忙跑上前抱起他，怨天怨地；亮亮要尿尿，妈妈陪着去，帮他把裤子脱好；玩玩具时妈妈在旁边指导，要这样、要那样；有时亮亮也会有自己的要

求，可妈妈总是干涉，不能这、不能那。久而久之，亮亮什么事都要依靠妈妈，没有妈妈在身边，亮亮自己什么都不干。其实，并不是佳宇比亮亮聪明，而是家长对他们的教育方法不同，造成孩子在独立性方面产生了差异。

要培养孩子的独立意识，父母首先要放手让孩子自己去尝试，在孩子力所能及的范围内，让他自己的事自己做，自己做事的后果自己负。通过反复尝试，不断走向成熟。当他们完成某种行为而被肯定时，孩子会体验到"我能干"、"我会干"的成功感，当然也会在失败时体验到挫折感。这些对孩子独立意识的发展是不可缺少的。

🎠 教孩子学习量词

佳玲 2 岁半了，可无论说什么都只说"个""一个汽车""两个公鸡"。其实她已经能说出一些较完整的句子了，只是还不会运用量词。佳玲的妈妈是位细心的人，注意在平时纠正佳玲说错了的量词。出去玩，妈妈问佳玲："路旁有几棵树?"佳玲说："有 3 个树。"妈妈很耐心地告诉她是"三棵树"。妈妈还告诉佳玲手绢应当是"块"，一块手绢。在家里妈妈与佳玲一起玩开商店的游戏，她们一起动手准备了很多"货物"使佳玲很有兴趣，也很乐意玩这个游戏。妈妈当售货员，佳玲当顾客，妈妈问佳玲买什么，只要佳玲说对了，"售货员"就把货物卖给她；佳玲说得不正确时，妈妈就给予纠正。使佳玲很快就学会了一些量词。因为在游戏中，孩子很放松。看来佳玲的妈妈很了解孩子的心理特点，寓教育于游戏之中，使孩子在轻松、愉快的气氛中学到了知识。

此外，父母在日常生活中还可以利用量词儿歌来帮助孩子学习，效果也很显著。下面介绍一首量词儿歌：

一头牛，两匹马，

三条金鱼四只鸭，

五本书，六支笔，

七棵果树八朵花，

九架飞机九辆车，

还有十个大娃娃。

父母还可以利用提问的方法，使孩子进一步学习量词。当孩子答对时，父母应予以表扬；当孩子感到困难或答错时，父母可以提示或纠正。

 锻炼园地

 跳格子

目的　发展下肢力量，训练跳跃能力。

前提　会立定跳远。

方法　双脚跳，从第一个格子跳起，一下一个格，一直跳到最后一格，然后跳出格去。开始跳时，速度可慢些，格子间距离小些，格子数少些。随着动作熟练，跳跃能力增强，可适当加大跳跃速度，以及格子间距离。格子大小及格子数可视自己孩子的跳跃能力而定（图9-5）。

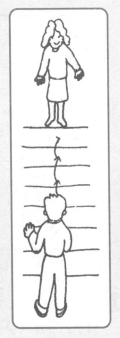

图9-5　跳格子

 拔旗跑

目的 发展运动协调能力。

前提 能跑稳。

方法 在罐头瓶上插上一面小白旗，10余个放在地面不同距离不同位置上。在另一边插一面大红旗。告诉孩子小白旗是敌人的，孩子要跑过罐头瓶拔掉小白旗，不能漏掉，拔旗不能碰倒罐头瓶。拔完小白旗后可以去取大红旗。让孩子来回跑动、弯腰拔旗能很好锻炼孩子的运动协调能力。

注意开始做游戏时罐头瓶不要放太多，距离相隔近一点，以后逐渐增加难度和跑动速度（图9-6）。

图9-6 绕障碍物拔旗跑

 踢球打靶

目的 发展孩子下肢力量，训练孩子踢球的准确性。

前提 会踢球。

方法　在前面立一个空瓶子或空易拉罐，瞄准目标踢球，使球在地面上滚动前进，并击倒目标（图9-7）。

什么是儿童屏气发作

屏气发作是学龄前儿童较常见的症状，生后 12 个月时开始，2~3 岁达高峰，一般 5 岁

图 9 - 7　踢球打靶

后消失。表现为遇到不愉快的事或不随自己心意时，大哭 2~3 声后，呼吸突然暂时停止，通常是呼气相，同时口唇发绀，一般 30 秒后自行恢复呼吸。重者可持续发作，全身伸直或躯干后仰。1 分钟后可再次发作，父母与周围人的极度关注可促进这种行为发作。发作次数不定，每日可达 3~4 次。根据上述发作特点，一般诊断不难。

此类儿童的家长多为娇纵、溺爱孩子，使孩子养成脾气大、易急躁、易激动、任性的性格。

但在考虑孩子患有屏气发作心理障碍时，要注意排除小儿癫痫。癫痫一般无明显诱发因素，性格及家教方式无异常，但脑电图异常，用抗癫痫药治疗有效。

屏气发作家庭防治的方法：

（1）对孩子出现屏气发作时要冷静地处理，避免过度紧

张和关注。

（2）改变教养方式，增强孩子的适应能力，注意培养健全人格。

（3）避免突发性的意外精神刺激，减少各种情绪诱因。

（4）对频繁发作者，除心理治疗外可适当给予小剂量安定口服，稳定激动的情绪，逐渐减少发作。

保健之窗

 如何早期发现小儿营养不良

如果孩子喂养不当，偏食、挑食、多吃零食等，造成长期摄食不足，热量和蛋白质供给不足就会引起慢性营养缺乏症，称营养不良。

孩子因病长期进食不够或消化吸收功能紊乱或消耗过多也可引起营养不良。

营养不良的最初表现是体重不增或减轻，因此要早期发现孩子有无营养不良，最好的办法有以下几种。

按期称体重，进行生长发育监测。每次按要求给孩子测体重，每次测完体重后可对照本书生理指标中给出的不同年龄的平均体重值进行比较，如果低于引起注意的低标准值要考虑营养不良，给予相应的处理。

营养不良的孩子智力、体力发育落后，生长速度减慢，甚至停顿，身高增长速度也受影响。所以家长一定要引起重视，防止小儿营养不良。

发育测评

2岁7~9个月发育测评表

分类	评测方法	通过标准
大动作	让孩子自己下楼梯	会自己扶栏下楼梯，交替双足，一足踏一阶
	举手过肩抛球使球抛远	举手过肩抛球
	模仿"金鸡独立"，一脚独立	不靠不扶单足站稳1分钟
精细动作	解结大小布扣、按扣	会解结布扣和按扣
	模仿将正方形纸对折成长方形，再对折成小正方形，或对角折成大三角形，两对折成小三角形	会对折方形纸成长方形会对折方形纸成三角形
	不用示范将切开3~4块的图片拼好	能拼剪开3~4块的图
认知能力	问哪种动物鼻子长，哪种耳朵长，哪种爱吃草，哪种爱吃鱼，哪些会生蛋，哪些能挤奶	知道4种动物的特点
	从图中找出所缺少的部位或错了的部位	找出2幅图中缺少的部位
	观察两边都是1个、2个（不超过5个）是否一样多	知道两边都是2、3、4可以称为"一样多"
语言理解	看能表示大小、上下、长短、肥瘦、高矮、明暗、黑白、软硬、深浅、轻重的图，能配上几个	会配上反义词5个
	看图回答：谁？干什么？在什么地方？有什么东西？为什么？结果怎样？	能回答听过的故事中5个问题
社交行为	用手做"包剪锤"，孩子不但会出手势还能懂得谁输谁赢	玩猜拳"包剪锤"游戏知道谁输了
	随音乐击鼓，参加家庭音乐会	会合上拍子敲击
自理能力	模仿用牙刷刷牙，学会上下顺牙缝刷牙	会正确向上下方向刷牙
	认清鞋的左右，能正确穿鞋	自己会分清左右穿鞋

第十章

2岁10个月

 2岁10个月~3周岁发展目标

（1）能踢球入门、单足跳、会拍球。

（2）能用刀将馒头切开、能剪纸成条。

（3）能为自己所画的画命名。

（4）能认识10个左右的字。

（5）能背数到20，点数到8，复述4位数。

（6）能按用途将物体分为吃的、穿的、玩的、用的。

（7）对成人讲的许多话都能了解，有时还能说出复合语句。

（8）能复述简单的故事。

（9）简单叙述自己的亲身经历。

（10）能注意到事情发生的前后顺序。

（11）经常问"这是什么""那是什么"。

（12）会用"好""不好""讨厌"等词表达自己的喜怒好恶。

（13）能主动热情地向新结识的人打招呼，知道小朋友之间要互相友好。

（14）个人玩得很好，喜欢看别的孩子玩，爱玩角色游戏。

（15）生活基本能自理、会自己洗脸、洗手、洗脚、上厕所。

 2 岁 10 个月～3 周岁教育要点

（1）让孩子参加较为复杂的运动游戏，单足跳、踢球入门、拍球、投掷等。

（2）教孩子定形撕纸，学用剪刀，画各种物体。

（3）经常提问，让孩子叙述所经历的事情，学习用语言表达想法。

（4）让孩子背诗歌，背有意义的数字，发展记忆能力。

（5）教孩子比较观察事物的异同，了解事物的特性。

（6）教孩子了解一些行为规则，增强自我控制能力。

（7）教孩子主动热情地与人打招呼，学习交往技巧。

（8）培养孩子的自理能力。

生理指标

1. 体重

平均值　男 14.3 千克　女 13.5 千克

引起注意的值

高于　　男 17.8 千克　女 17.3 千克

低于　　男 14.0 千克　女 13.9 千克

2. 身高

男 87.5～102.0 厘米　平均值 94.8 厘米

女 86.2～101.9 厘米　平均值 94.4 厘米

营养指导

营养不良儿童的饮食疗法

发现儿童体重不增，应及时改善他们的营养状况，逐步恢复他们体重的正常增长。饮食治疗营养不良的原则是促进食欲，增加食量。尽快恢复消化器官的正常功能，以利吸收，增加机体免疫力。

治疗重点：

（1）治疗方案应根据体重不增的程度，导致营养不良的原因，消化机能的情况，小儿对食物的爱好和家庭饮食习惯等而制定。

（2）要考虑病儿的年龄、实际体重，分阶段逐步调理。

（3）开始治疗时要以膳食为基础，了解病儿喜好，大胆补充食物，设法促进其食欲。

（4）营养素的补充，多补充一些鸡蛋、牛奶、鱼类、豆类等高蛋白、易消化吸收的食物，当体重逐渐恢复时，再恢复其正常膳食。

（5）喂食应有耐心，并密切观察其消化情况。食欲佳者，注意不使其进食过量，以防消化功能紊乱。食欲差者，应少食多餐。

贴上或画上五官和身体部位

目的　确定五官和身体部位的正确位置。

前提　认识五官和身体部位。

方法　用纸剪一个圆圈代表孩子的脸。另用纸剪出眼、耳、口、鼻和头发的片块，让孩子将五官放在正确的位置上。用一张大白纸画上脸，由家长画上2~3个五官，其余由孩子添上。然后由家长再画上一个上肢或下肢，缺少的部分由孩子添上。

图10-1　小人缺什么，请给他添上

3岁的孩子不可能画一个完整的人，但可以看出和添上2～3个部位。要经常改变所缺乏的部位，让孩子学习添上（图10－1）。

 背有意义的数字

目的 培养有意记忆力。

前提 能复述数字。

方法 教孩子记住有意义的数字，如记住自己及家人各多少岁；记住自己和亲人家的楼号、门牌号、电话号码、呼机号、车号，经常乘坐的汽车车牌号；自己和亲人的生日时间，让孩子理解数字的用途激发对数字的兴趣。

 学用卫生纸

目的 入厕自理，为上幼儿园做准备。

前提 会自己拉好松紧带裤子。

方法 先让孩子学习替娃娃把大便，让他用卫生纸学习擦拭。要学会从前往后擦，将卫生纸用过的部分折向内再擦，扔入纸篓。平时练习，到真正入厕时鼓励孩子自己去，自己完成上述步骤，由家长检查是否都做对了。如果孩子未擦拭干净让孩子自己再做一遍，到擦净为止。学会入厕自理是为上幼儿园做准备的重要步骤，家长不可能完全包办。

 接龙

目的 通过游戏学习认词和认字，渐渐学习游戏窍门。

前提 认识图卡和字卡。

方法 家长可用硬纸片自制水果接龙的图卡，每幅图中有两种水果，其中每种都与另一张图卡一头的水果相同。如果用6种水果准备卡片28张，3~4人可同时玩。每人分5~7张卡片，其余卡片扣在桌上。翻出任一张放在中央，顺时针方向出牌，如果对不上可以摸扣着的卡片，到后来用完扣着的卡片就向逆时针方向要牌。谁最先出完手中的牌就算赢（图10-2）。

可以用字做字卡接龙，写上孩子已认识的字做接龙游戏以巩固记住学过的汉字。

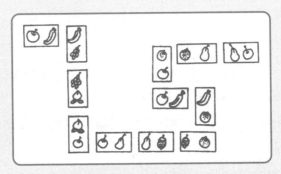

图 10-2　接龙游戏

定形撕纸

目的　练习手眼协调，做精细动作。

前提　会将方纸折成长方或三角形。

方法　用较结实的白纸，先画好图形，然后在缝纫机下按图形轧一行针眼。大人示范先按针眼轻轻撕纸，撕出预先轧出的图形。大人

图 10-3　定型撕纸

可以先手把手帮孩子撕出一个起头，再让孩子自己撕。先学撕几何图形，再学撕动物外形和其他图形（图10－3）。

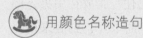 用颜色名称造句

目的 认识颜色的名称，学会用颜色形容事物。

前提 认识4~6种颜色。

方法 拿出彩色蜡笔和大纸。大人先拿出红色蜡笔，让孩子说出红色可以画什么。大人可替他画出轮廓，让孩子涂上颜色，并讲出完整的话如"花是红色的，红红的苹果，火红的太阳，红格子衣服"等等。

利用彩色的故事书，让孩子找出书中哪种东西是红色的，再根据图的内容完整地说出句子。

如果孩子已经认识一些字块，鼓励孩子用字块摆出用颜色造的句子。

同理也可利用上述方法让孩子用其他颜色的名称学造句。

 快速分辨

目的 训练仔细听和快速分类能力。

前提 懂得吃、穿、用、玩物品的分类。

方法 大人用提问方式，让孩子按要求快速挑出不同类别的物品，如大人说"我说出4种东西，桃子、馒头、牛奶、毛衣，有一种东西是不能吃的，你能说出来吗？"如果孩子仔细和懂得它们的功用就能很快挑出毛衣是不能吃的。用上述方法可让孩子挑出哪是不能玩的、穿的、用的等。

教育顾问

培养孩子健康快乐的个性

佳宇的父母很注意培养佳宇健康快乐的个性。首先家里常保持愉快和谐的气氛，其次给佳宇提供必要的物质生活条件，使他身体健康。同时父母经常肯定佳宇的进步，使佳宇充满自信。即使佳宇做错了事或有时淘气，父母不是责骂他，也不是唠叨他，而是耐心地讲道理，并从正面说服。佳宇的父母还善于引导和启发孩子，放手让他自己去干事，并常与佳宇共同游戏，在游戏中教他学习知识。每天利用晚上睡觉前的时间给孩子讲故事，这样在不知不觉中掌握了许多知识。由于佳宇父母耐心的引导和培养，佳宇总是很快乐，很少发脾气。

快乐是每一个孩子的天性，但是由于人为的压制和其他原因，并不是每一个孩子都是快乐的。家长对孩子过分溺爱，孩子可能暂时是快乐的，但长大以后，由于缺乏能力和独立性，难以处理许多问题。每个孩子都有不同的特点，要根据自己孩子的实际情况选择适于他能接受的方法，即所谓一把钥匙开一把锁。相信您的孩子也会有快乐的个性。

注意稳定孩子的情绪

情绪不够稳定，是 2 ~ 3 岁孩子的一种年龄特征。也就是说，这是他们都有的必然表现。

当然，有时孩子情绪不稳定，也可能是身体不适的征兆。但如果这个时期的孩子情绪长期、反复不稳定，往往是父母对亲子关系处理不当造成。2 ~ 3 岁的孩子都对亲人有依恋感和依恋行为。其表现模式有：①无顾虑依恋。母亲离开时，孩子稍有抗议；母亲回来时则高兴地去亲近，情绪比较平静。②回避性依恋。母亲离去时没有抗议的表示，回来时也不加理睬。③反抗性依恋。母亲离去时，非常伤心；回来时，一会儿依偎她，一会儿推开她。

在日常生活中，我们看到孩子情绪不稳定，大概就是所谓的反抗性依恋模式。造成孩子以上依恋行为的原因，是由于父母对孩子过分保护，过分亲昵，过分注意，事事包办，百依百顺，使孩子不能容忍父母的离去，表现出情绪不安、不稳定和反抗行为。

图 10 - 4　注意稳定孩子的情绪

父母应及时调整与孩子"过近"的感情关系，培养孩子的独立意识，鼓励孩子与人交往，使孩子养成无顾虑依恋行为，孩子的情绪就会比较稳定了（图 10 - 4）。

🐴 培养孩子画画的兴趣

乐乐与佳美同住在一个楼里。一天，乐乐大哭，是妈妈打了他。佳美的妈妈带着佳美去劝解，只听乐乐的妈妈说："这个孩子太气人，天天往墙上乱画，我刚装修好的墙壁全让她毁了，真气人"。听完乐乐妈妈的话，佳美妈妈说："你带着孩子到我家去看看吧"。一进佳美家，只见在过道的墙两边佳美妈妈特意地镶上瓷砖，让佳美用水笔在墙上随便画，画完后用湿布擦掉。佳美妈妈说："来，你们俩随便画吧"。乐乐别提多高兴了，没擦干眼泪就和佳美一块儿画起来。乐乐妈说："呀，我怎么就没想到给孩子留块画画的地方呢?"

一会儿，两人都画完了，佳美妈妈夸奖说："乐乐画得直不错，色彩真鲜艳，看了挺舒服的。"乐乐妈看后连忙说："您还夸呢，他那是画的什么呀，什么都不像。"佳美妈妈说："孩子画的画不要过分强调绘画技术，也不要过分强调'像'与'不像'。不然的话，孩子会拘束，会失去信心，甚至不知画什么了，我看你家乐乐画笔挺有力的，而且敢画，这就不错。"听了这番话，乐乐妈惭愧地说："今儿到您这来收获真不小，您教育孩子挺有方法，以后我还得多来向您请教。"

图10-5　培养孩子画画的兴趣

的确，父母教孩子绘画，最主要的是发展孩子对绘画的兴趣，这是很关键的。应让孩子自由发挥并尽量引导孩了欣赏"美"，当然，父母还要给孩子创造条件和环境使孩子喜欢画画（图10-5）。

锻炼园地

看谁拍得多

目的　发展上肢力量，训练眼手协调能力。

前提　会连续拍球3个以上。

方法 大人与孩子每人手里拿一个皮球，和孩子一起拍。一边拍，大人和孩子一边数数（图 10－6）。

图 10－6　学拍球

 单足跳

目的 锻炼单足跳跃平衡。

前提 学会单足站立。

方法 单足站立，先学习扶物跳跃，然后试着不扶物用单足跳。右足比较灵活的孩子都先学会用右足跳跃，到熟练之后才渐渐学会用左足跳跃。大概要到 3 岁过几个月才能学会同别的孩子玩跳格子的游戏（图 10－7）。

图 10－7　单足跳

 钻圈

目的 发展身体协调运动能力。

前提 能跑稳和弯腰。

方法 用呼啦圈或救生圈一个或多个，大人手持上述圈立在地面，让孩子从远处跑来，钻圈。可空手钻圈，也可捡球钻圈。

 什么是感觉统合失调

感觉是运动的源泉，运动是感觉刺激的反应，正是感觉与运动共同交织了神奇的生命世界。人的感觉统合功能是在人的生命早期的生长发育过程中逐渐形成和不断完善的。当感觉统合功能正常时，才可使人体的各个部分协调一致地工作，从而形成正常的心理、行为和情绪活动过程。

如果儿童感觉统合失调，感觉信息传输不畅，造成儿童大脑无法得到所需要的感觉信息，或无法正常有效地处理或组织输入的感觉刺激，从而也就无法对他自己或周围世界发出正确的信息，无法有效地指挥他的行为。

大脑中枢神经系统的这种感觉统合功能并非与生俱来，而是从胎儿在母体子宫内羊水温暖的荡漾中、姿势体位的变化中，在聆听母体有节律的心跳、语音的刺激中，分娩时狭长产道的挤压中，到出生后在妈妈的温暖怀抱与亲切的呼唤中，在"使出吃奶力气"的吸吮中，在晃来晃去的摇篮中；在对大千世界纷繁的光亮、颜色、声音、嗅味、温度等方面刺激的感知中；及"二抬四翻六坐，七滚八爬周走"的演习和戏耍打闹"过家家"的游戏中，逐渐形成与"磨合"着；在这一

过程中，任一环节出现缺失不足或迷乱，如先兆流产、胎位不正、早产、剖宫产、抱少、爬行不足、保护过度、过早用学步车、娇纵溺爱、禁止孩子在地面爬行、禁止玩沙玩水、禁止赤脚行走、独生子女游戏伙伴少、运动不够活动不足、各种感觉器官刺激不足等，都会导致程度不同、表现各异的儿童心理行为问题，这些统称为"感觉统合失调"。

1～3 岁是儿童感觉运动发展的最佳时期，在此年龄阶段孩子的感知觉、运动发展极为迅速，大脑的各种学习信息都是通过运动和感官输入的。因此抓紧最佳时期，有目的、有计划地发展小孩的感觉和运动，是早期开发儿童潜力最重要的一环。

保健之窗

 如何提高大脑的协调功能

3 岁左右的孩子动作发展已超出日常生活的需要，动作的趣味性和难度都增加了。适当适量的体育活动不仅对大脑是良性刺激，提高大脑对全身各器官系统的调节支配能力，还能促进运动神经纤维及感觉神经纤维的髓鞘形成，使神经传导功能日趋完善。要注意选择能提高孩子大脑功能的体育活动内容。

（1）选择多种器官共同作用、共同完成的身体活动，如眼、手协调活动（投水平目标、投垂直目标、投活动目标等），眼、脚协调活动（踢定点球、踢滚动球、踢球打目标等），听觉体育活动（调节身体活动的节奏变化以对语言、音乐等适宜刺激做出反应等），提高位觉机能的体育活动（摇头操、高处跳下转体等），本体感觉（侧滚、驮物爬、两腿两足夹物走、拍球等）。

（2）动脑和动手的体育活动（如穿珠、翻绳、系衣扣、下棋、刺绣等）。

（3）凡用手脚的活动，尽量要活动左右手、左右脚。

第十一章

2 岁 11 个月

按人数分配

营养指导

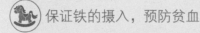

保证铁的摄入，预防贫血

铁在人体中主要存在于血红蛋白、肌红蛋白和一些酶当中，其最主要的功能是参与氧的运输。缺铁性贫血主要表现为幼儿皮肤、口唇、睑结膜、甲床苍白，注意力不集中，易烦躁，食欲减退，机体抵抗力差，易感冒。有的孩子还有异食癖，爱吃生米、墙土、纸、粉笔等。家长若发现孩子有上述表现，应及时带孩子就医。

在日常生活中，家长可有意识地多给幼儿安排含铁丰富的食物，以预防贫血的发生。含铁多的食物有动物肝、血、瘦肉、鸡、鸭、鱼、木耳、海带、芝麻、蔬菜等。谷类食物中的植酸会妨碍铁的吸收，而维生素 C 和鱼、肉等会促进铁的吸收。应注意食物的搭配，以增进幼儿对食物中铁的吸收和利用。比较合理的配菜有：炒青椒肝丝、番茄鱼片、木须肉、鸡血豆腐汤等。此外，还可适当使用强化铁的食品，如强化铁的奶粉、酱油、面粉等。能有效地补充铁剂防止缺铁性贫血。

目的　学习并分清 10 个数字，尽可能学写部分数字。

前提　已能分辨 5 ~ 6 个数字。

方法　孩子最先学会写 1 和 2，或者会写 1 和 7，再学认清 3 和 5，再分清 3 和 8。4 较好认也好写，最难分辨是 6 和 9。6 是头上有小辫，9 是有了 1 只腿。孩子分清 6 和 9 基本上就分清 10 个数字了。学写会出现方向相反的问题，如 6 写成 0，3 写成 ε，9 写成 P，经过许多次的练习才能完全写得对。3 岁之前要求分辨清楚，会写几个就算不错了，不要求完全会写。

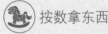

目的　发展数的概念。

前提　能点数 5 以内的数。

方法　拿 6 个苹果或其他物品，先让孩子数一数有几个，再让孩子拿给爸爸 3 个，妈妈 2 个。再数数剩几个，然后让孩子说出谁多谁少。还可把苹果放回，妈妈先拿 2 个，然后让孩子拿同样多给爸爸，在数一数还剩几个，让孩子说出 2 和 2 一样多。此游戏可换用不同物品和不同的数量经常进行。让孩子学习点数，比较多少和了解同样多等概念。

谁的影子

目的　发展观察能力。

前提　认识动物。

方法　让孩子看一看图 11 - 1 是什么动物的影子，说出各种动物的特点。家长可把各种物品如蔬菜、水果、玩具家庭小用品等投影在墙上，让孩子猜一猜它们是什么（图 11 - 1）。

图 11 - 1　它们是什么动物

玩沙

目的　学习在沙土上堆成各种物形，锻炼使用工具的技巧。

前提　会拿勺子自己吃饭。

方法　如果庭院内能砌一个沙坑，用筛净的沙土让孩子们玩耍是最好的。平常孩子们总是聚集在建筑工地的沙土堆上玩，大人要经常照看，以免在工地上或马路边出现意外。孩子们最喜欢有小铲子和小桶，可以把沙土堆成小山、挖河道、造小桥。女孩子们会用小碗将沙土放满，倒扣出小饼来。禁止孩子们

图 11 - 2　让孩子玩沙子

扔沙土球打仗，防止沙土进入眼睛和嘴巴以及彼此伤害。玩沙土之前最好用水洒湿上层的干沙土，防止尘土飞扬。玩完之后要用大苫布或草帘子把沙土盖上（图 11 - 2）。

 学用剪刀

目的　掌握一种新的工具，学做容易的剪贴。

前提　会用刀将蛋糕切开。

方法　购买儿童用的钝头剪刀，以免尖的剪刀伤及孩子。先教孩子将拇指和中指穿入剪刀两个小洞内，用食指推剪刀片使两片贴紧才能将纸剪开。家长先在纸上画直线、曲线，然后为他剪开个小口，让孩子继续按线剪下去。先学会剪纸条，当孩子能按线剪后，然后画圆或图画让孩子剪，以激发孩子的兴趣，提高技巧（图 11 - 3）。

时间概念

目的　学会定时干事，养成良好的生活秩序。

前提　懂得早上和晚上。

方法　孩子有些要求，要让他知道应在某一指定时间才能做。例如刚上街买到香蕉，孩子要马上吃，但已接近吃饭时

间，如果吃了香蕉就会影响吃饭。可告诉他"晚上等爸爸回来大家一起吃"。有时孩子叫嚷着要出去玩，天已黑了可告诉他"明早吃过早饭才能出去，现在天都黑了"。可让他看看窗外，并告知"小朋友们都回家睡觉了"。孩子不会看钟表，在他的心目中的时间是：起床后，饭后，妈妈爸爸下班回来，午睡后等。孩子的时间概念与生活秩序联系，渐渐养成按时作息、按时玩、定时吃东西的习惯（图 11 -4）。

图 11 -3　学用剪刀　　　　图 11 -4　学会定时作息

教育顾问

 不要进行不公平的竞争

"是妈妈好，还是爸爸好？"这样的问话，我们在生活中常常可以听到。父母为了博得孩子对自己的爱，时常互相竞争，然而对孩子来说，这种竞争是不公平的。

孩子需要亲人的爱护和照顾，需要父母为他们提供个温馨的家庭环境。当他开始形成自我意识时，同时也在观察家庭中每一个成员。如果父母在家中互相竞争，逼着孩子在双方面前回答"爸爸好，还是妈妈好"这种问题，对孩子的心理发展极为不利，它会弱化孩子的童稚之气，使他过早地学会迎合人们。孩子在家中耳濡目染父母间的这种竞争，还会日渐养成"抢上拔尖"的行为。

父母之间争夺孩子的爱越激烈，其实也越多地牺牲了孩子最需要、最自然、最美好的东西——父母双方无条件的爱。孩子需要父母双方稳定而深厚的感情，如果父母一方能成为孩子特别喜爱的人时，双方都应该为此感到高兴。

让孩子学会与人分享快乐

佳佳有一辆非常漂亮的小汽车玩具，佳玲看了很羡慕，也想玩一玩。佳佳的爸爸对佳佳说："你能借给佳玲玩一会儿吗?"佳佳有些不情愿。爸爸又启发他说："你和佳玲是好朋友，你让她玩一会儿，她会还给你的。"佳佳把小汽车递给了佳玲。爸爸说："你看佳玲多高兴，她很感谢你呢。"使佳佳从带给别人快乐和帮助别人中也获得快乐。

这一时期的孩子愿意接近同伴，要让他们学会分享快乐。佳佳的爸爸做得很好，不是强迫孩子，而是用启发的方法、商量的口吻让孩子把玩具给别人玩，使佳佳乐于接受。对二三岁的孩子来说，父母的态度和做法是很重要的。父母在引导孩子与别人分享快乐时，应该明确强调几个关键词："借""还""一会儿"，如"佳佳，请把你的玩具借给小朋友玩，过一会儿，他就会还给你的"。而不要笼统地用"给"字。还要满足孩子对自己东西的支配感，要经过孩子自己同意，家长不要武断地自行处理。这样让孩子学习短时间让出属于自己的东西，

东西归还后，再次获得拥有权，孩子就会养成与人分享东西、分享快乐的习惯。

 培养孩子对建造的兴趣和能力

佳宇的妈妈每次带他出去玩都有意识地指导他观察建筑物，还给他讲建筑的特色。这一天，爸爸给佳宇买了一盒新积木，佳宇说："我要建大桥。"一会儿，佳宇搭好了，嚷道："妈妈，快来看，我建成一座大桥，像不像你上次带我去的那座桥?""像。"妈妈边回答，边又拿了几块积木补上，这下更像了，佳宇拍起了手。妈妈看佳宇的兴趣很高，便告诉佳宇一些建造的方法。如：铺平，将积木一块挨着一块铺平，建成活动场；延长，将长方形积木一块接一块地向前伸长，建造一条小路；围合，将长条积木均匀而留有空隙地排列成围墙，或围成半圆形。佳宇边看边摆，一会儿就学会了。

建造活动有利于发展孩子的小肌肉，锻炼其手指的灵活性，而且能够促进大脑的迅速发展。在手脑并用的建造活动中，促使孩子心灵手巧，并充分发掘其聪明才智。父母应该对此有足够的认识，并像佳宇的家长那样为孩子积极创造条件，并给予正确的指导。

建造的材料除了积木以外，还有积塑、沙子、黏土、石子等。这些都是孩子十分喜爱的游戏材料，他们可以自由地利用这些材料建造出各种物体和建筑物。

2 岁多的孩子最喜欢玩沙，家长同样可以让孩子在沙子上建造，如掏洞，堆山等。为了引发孩子玩沙的兴趣，家长还可以多准备些辅助材料，如各色小旗、小棍、小瓶、小铲等等，使孩子玩得更有趣。

锻炼园地

 沙包掷准

目的 训练投掷的准确性。

前提 会举手过肩投球。

方法 在地上画一条横线为掷准线。在横线的前方划一直径为50厘米的圆。手持沙包，站在掷准线后，将小沙包抛到小圆圈内。掷准线距圆圈的距离应视孩子能力而定。随着孩子臂力增强、投掷准确性提高，可逐渐加大掷准线距圆圈的距离（图11-5）。

图11-5 沙包掷准

 跳高

目的 发展下肢力量和弹跳能力。

前提 会双脚着地跳远。

方法 在地上拉一根橡皮筋（用橡皮筋是防止把孩子绊倒），高度为10~15厘米。让孩子从上面跳过去。跳之前，大人可先做示范。和孩子一起跳，孩子会非常高兴（图11-6）。

图 11－6　跳高

跳远

目的　学会双足离地跳，练习弹跳能力。

前提　能从最下一级台阶跳下。

方法　双足并立，依口令"1、2、3"，双足离地向远方跳跃。孩子们喜欢在有格子的砖地上练习，看能跳过几个格子。在跳远之前身体作半蹲下的姿势，可以用上身作上下摇动，帮助下肢使劲往前跳（图 11－7）。

荡秋千

目的　发展身体平衡能力。

前提　能坐稳抓紧。

方法　在门栏上拴两个绳，绳端系一块长方形的毛巾木板做成秋千（有条件的，去游乐场中秋千处进行）。让孩子坐在毛巾或木板中，抓紧绳子。家长在旁边保护，来回荡动绳子，根据孩子的耐受情况可决定荡动的幅度大小。注意毛巾或木板要捆紧（图 11－8）。

图 11 - 7　跳远　　　　　图 11 - 8　荡秋千

🐴 警惕小儿鼻腔及外耳道异物

　　2~3 岁幼儿活泼好动，好奇心、模仿性特别强，只要眼睛看得到的，手能抓得到的，都要去看、摸、往衣袋里装、往嘴里放。由于无知，玩耍时常会将小玩具、小石子、果核、豆类、小纸团塞入自己或小朋友的外耳道或鼻腔内，还可能模仿成人掏耳道、挖鼻孔。有时咳嗽也能将异物咳入鼻腔。小儿睡觉，特别是玩耍后躺在草地上睡着时，有些小虫子也会钻入外耳道等。

　　异物在鼻腔内有时可存留很长时间而未被发现。异物可使一侧鼻塞，鼻腔内充满黏液脓性分泌物，常伴有血液及鼻臭。家长要是发现孩子鼻腔存在以上症状，首先要想到有异物存在的可能。若异物置入浅，可轻轻取出。如果异物位置较深，或圆形光滑异物，还是请专科医生取出，以免异物被吸入气管。

外耳道异物若小且无刺激性，可存留很长时间而无症状。较大异物填塞可引起听力障碍、耳鸣、耳痛及反射性咳嗽。若异物膨胀，就会压迫刺激皮肤而继发感染，造成外耳道炎。小虫子钻入外耳内，爬行骚动，可产生难以忍受的疼痛和耳鸣，甚至损伤鼓膜，小儿会出现严重的哭闹不安。假如家长已明确知道是小虫进入小儿外耳道，以麻油数滴滴入耳中，先把虫杀死，为了保护鼓膜和外耳道皮肤不损伤，如同其他异物塞入一样，请耳科专业人员诊治和处理。

保健之窗

小儿不宜化妆和戴饰物

常看见一些小女孩描眉、擦胭脂、涂口红和指甲油，这可能是母亲所为，也可能是孩子模仿家长化妆所致。小儿的皮肤结构和生理功能与成人有所不同，小儿皮肤的角质层薄，富有血管，对涂在皮肤上的物质有较高的吸收能力。当小儿皮肤接触了成人用的化妆品、洗发剂及带有镀镍或其他金属的饰物等，不仅对皮肤有较强的刺激，且易引起接触性皮炎。一些化妆品还会使皮肤色素代谢障碍，皮肤出现黑褐色斑或白色斑，有时伴有毛细血管扩张，影响美观。

儿童天真活泼，但也知道爱美，对一切美好的都非常喜欢。家长和老师要随时培养孩子懂得清洁、朴素、大方、讲文明礼貌、热爱劳动才是真正的美。给脸上涂化妆品、戴饰物不但伤害孩子健康，还会造成从小爱虚荣的不良品质，影响孩子身心健康。

第十二章
3 周岁

今天我 3 岁

营养指导

合理安排孩子的零食

对于 1~3 岁的孩子来说，两餐之间的零食非常重要。因为这个年龄的孩子胃容量不大，每日三餐所进食量对他们来说是不够的，而且这个时期的孩子活动量增多，也造成了对食物

的额外需求，所以说零食也是孩子膳食的一部分。

尽管零食是必需的，但不能无节制地吃零食。在孩子 2 岁以后，应适当控制零食的量，特别是当孩子吃零食太多，降低对营养丰富的正餐的食欲时，或孩子过于肥胖时，都应注意控制零食。

以什么作为零食好呢？家长应有意识地帮助孩子选择营养性零食。1 岁左右的孩子，母乳可以作为两餐之间或睡前的零食。稍大的孩子可选择鲜（干）水果，可直接食用的蔬菜如黄瓜、西红柿，自做的纯果汁，含糖少的饼干、面包、蛋糕、煮熟的鸡蛋、牛奶、酸奶、豆浆、豆沙包、小花卷等，含糖量高的零食只能偶尔食用。大年龄的儿童还可以增加花生、松仁、瓜子、核桃等坚果，但要防止异物噎塞。总之，要使零食发挥其应有的作用，家长必须明智地选择，切不要在市场上盲目地购买高糖量零食。

画正方形

目的 画方形和画写与方形有关的字及图画。

前提 会画圆形和十字。

方法 在画十字的基础上画出近似垂直的转变，孩子先会画 L 和 7，把二者合拢就成正方形。会画正方形之后就可以学写许多汉字，如口、日、白、月、中、田、回等。孩子一面模仿着写字，一面可以用画方形的办法学画画（图 12－1）。

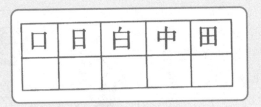

图 12-1　画正方形，学写字

 自我介绍

目的　培养孩子的语言表达能力。

前提　知道自己、父母的姓名、性别等，具有初步语言表达能力。

方法

（1）大人可对孩子说："你快要上幼儿园了，幼儿园里有许多小朋友跟你玩，还有许多玩具，你想不想去呀？"在激发孩子向往新生活的感情后说："可你现在还不认识他们，当你见到他们时，怎么介绍你自己呀？"

（2）让孩子说出自己的姓名、性别、年龄，父母的姓名、职业，自己喜欢吃什么，最喜欢什么玩具，最喜欢做什么游戏等，内容可酌情增减，初时大人可提醒孩子介绍的内容，熟练后可由孩子独立说出。

猜拳游戏

目的　学习动手灵敏和判断输赢能力。

前提　会随儿歌拍手。

方法　大人和孩子先同时按口令出包（伸开五指）、剪（伸出食指和中指）、锤（握拳），并告诉他包能将锤裹住，锤能轧坏剪子，剪能将包剪破，让孩子渐渐理解循环制胜的规律，然后开始试着玩。口令"1、2、3、出"时应马上出示手的正确表示，然后互相判断是谁赢了，开始孩子还不懂输赢，只要孩子能根据口令做出相应的手势即可。

图 12 - 2　学猜拳游戏

家庭中可以三人参加，孩子最喜欢热闹，在热闹的比试中就能很快学会。如果两个人玩也可以学习记分数，让孩子温习数字（图 12 - 2）。

 谁和谁一样

目的　发展观察力。

前提　能有意观察。

图 12 - 3　谁和谁一样

方法　问孩子图 12 - 3 中和谁一样，请指出。指导孩子去观察比较，先看蜜蜂的触角，再看眼睛和嘴巴，就很容看易出哪两只小蜜蜂是一样的了。

每人一份

目的　学习数数，做事有计划。

前提　学会数 1~5。

方法　让孩子学摆餐具和食物。先数人数，按人数每人一个碗、一个小碟子、一个勺子和一双筷子。早餐每人一个馒头或一个鸡蛋等，餐后每人一个糖果或一个水果。孩子很高兴做这件事，他会干得很好。他能学会在厨房将要取的东西数好拿够而不必跑来跑去。如果多来一两个人，他也能将每人一份东西放好，学会做事有计划，巧安排。有时水果多 1~2 个，家长可建议让孩子学分份，使每人多得一点点，让孩子去想办法（图12-4）。

图12-4　学分份

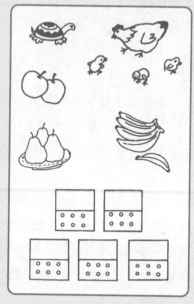

数数填图

目的 发展数概念。

前提 能口手一致点数。

方法 让孩子数一数图中物体各有多少，按物体的数量让孩子把物体旁的圆圈涂上颜色，如能书写阿拉伯数字的可写出相应的数字。家长可在日常生活中，制作一些画有小圆点的卡片，然后，根据孩子的能力，取一定数量的物体，放在桌上，让孩子数数有多少，说出总数，

图 12 - 5　数一数它们是多少

再找出与物体相同点的卡片或数字（图 12 - 5）。

自己洗脚

目的 学习自理。

前提 会自己洗脸。

方法 大人将温水倒入盆中，让孩子自己脱去鞋袜，将脚泡入盆内。让孩子用手将每个趾缝洗净，用毛巾擦干，穿上拖鞋。自己将毛巾挂好，把水倒掉，把东西收拾好（图 12 - 6）。

图 12 - 6　自己洗脚

"请你照我这样做"

    目的   模仿做体操，全身运动锻炼，模仿语言。

    前提   会走稳、能听懂口令。

    方法   家长做体操，与孩子对面站立，让孩子跟随。家长说"请你照我这样做"，孩子要马上回答"我就照你这样做"然后模仿做动作。包括：①洗脸；②梳头；③刷牙；④洗澡；⑤学鸟飞；⑥大象走；⑦小兔跳；⑧马儿跑。最后跑一圈结束（图12－7）。

图12－7   请你照我这样做

教育顾问

儿童早期音乐素质有哪些表现

　　儿童音乐能力比其他能力表现得早。音乐素质包括：音乐感受力、节奏感、音乐记忆和表现能力。音乐听觉早期表现是音乐天资良好的指标，但缺乏早期表现也并非缺乏音乐能力。因为早期表现取决于儿童家庭所给予的音乐环境，有些完全没有受音乐熏陶的孩子在后来经有计划的培养后也能取得良好的成就，这与儿童的个性有关。如害羞的孩子常常不敢开口唱歌。在完全不会唱歌或者爱走调的孩子中间，如果有良好的音乐感受能力，有些可发展成为优秀的指挥或作曲者。具有良好节奏能力的孩子在演奏中会发挥得很好。在音乐领域中"天资"的表现也是多种多样的。因此家长不可对孩子失去希望、也不可随意判断孩子有无音乐才能。

培养孩子的同情心

　　一天，妈妈带佳玲在外边玩，一个比佳玲还小的弟弟跌倒了，便大哭起来。佳玲的妈妈鼓励佳玲去扶起小弟弟。佳玲帮小弟弟擦眼泪，嘴里还不停地说"别哭了，别哭了，我来和你一起玩"，并把自己手里抱着的一个玩具给弟弟玩。佳玲的这种表现就是具有同情心的表现（图12-8），这与佳玲母亲的培养是分不开的。在佳玲能理解语言，并能用语言进行表达时，妈妈就给她讲故事，告诉她痛苦者的感受。当爸爸生病时，妈妈让佳玲帮助拿药、递毛巾、摸摸爸爸是否发烧等，用来培养佳玲的同情心。佳玲妈妈的做法我们应该学习。

图 12 - 8　培养孩子的同情心

2 岁多的孩子看见别人痛苦时，会诚恳地去轻拍或抚摸别人，以表示同情。他会根据自己的想法去安慰别人，如他认为玩具可以解除痛苦，于是便把心爱的玩具送给悲痛者。当他听到故事中小白兔被老狼吃了时，会为白兔而哭。所以父母有责任抓住这一时机，培养孩子的同情心。佳玲的妈妈采用了以下三种方法。

（1）在培养同情心的过程中，语言是很重要的。如给佳玲讲故事，把关心、同情的情节、内容编进故事中。

（2）鼓励孩子帮助比自己更小的小朋友。

（3）家庭成员生病了，帮助照顾。

有条件的家庭可给孩子养一些小动物。如小鸡、小猫等，请孩子在照料小动物的过程中，培养温柔善良的性情。

 在日常生活中训练孩子数数

佳美总爱玩自己的手指头，佳美妈妈就利用佳美这一兴趣教她数手指，用右手食指点着左手每一个手指数，第一次从拇指数到小指，第二次从食指开始数，第三次从中指开始数。佳

美爸爸看到了，奇怪地问为什么要这样数？佳美妈妈回答：目的在于让佳美感知到1、2、3、4、5并不代表具体某个手指，而是用来计数的。否则，孩子会认为"1"就是拇指，"2"就是食指……对将来孩子从实物中抽象出概念造成困难。佳美爸爸点头说："很有道理。"在妈妈的耐心诱导下，佳美很快会数手指并能点数。佳美妈妈是个细心人，很注意平时在日常生活中教佳美数各种物品。买来水果后，让佳美拿出来，并一个一个数；吃糖时妈妈妈也让佳美数一数；在户外玩时，捡些小石头，让佳美边捡边数；在游戏中边拍球边让佳美数数。佳美对数数很感兴趣，而且能够手口一致地点数食物，这与妈妈的耐心教导分不开。

训练幼儿数数的最佳时期是2.5～3岁，这个时期，孩子对数数比较敏感和感兴趣，父母要抓住这个教育的关键时机有意识地对孩子加以训练和教育，根据孩子的实际情况选择能让他接受、并积极参与的训练方式，这样才能达到事半功倍之效。训练孩子数数的方式很重要，总的原则是：寓有益的训练和教育于游戏和日常生活中，让孩子在玩中学，在不知不觉中受到启发和教育，千万不要采取生硬强制的办法。

锻炼园地

 双足交替下楼梯

目的 练习身体平衡协调能力。

前提 会双足一阶下楼梯。

方法 孩子随同大人上下楼梯，初时身体平衡能力不足，要双足在一级台阶立稳再往下迈步。在练习多次之后，身体平衡能力进步，可以自己扶栏一足踏一阶交替下楼梯（图12－9）。大人要在楼梯下方保护，以防万一。

注意 孩子刚学会上下楼梯就会很高兴，有时趁大人不在自己推开门学习下楼梯。如果身体一时不稳就会从楼梯上跌倒而摔下来。所以住楼房的家庭要注意门常锁住。

图12－9　双足交替下楼梯

 咪咪转

目的 发展前视功能和身体协调动作能力。

前提 能转动。

图12－10　咪咪转

方法

（1）让孩子闭上眼睛，来回转圈，看孩子闭眼转圈是否不倒。

（2）让孩子闭上眼睛围绕一个目标转动（图 12 – 10）。

 摸高

目的 发展下肢力量和弹跳能力。

前提 会立定跳远。双脚离地跳起，落地稳。

方法 将一只彩色气球悬挂在支架上。让孩子向上双脚离地跳起，用一只手摸球。挂球的高度可根据孩子身高及经过孩子的努力能跳起摸到的高度来调整。在游戏开始之前大人要向孩子讲解动作要领，并做示范动作。

 定向骑车

目的 发展运动和感觉协调能力。

前提 能自如骑童车。

方法 在地上画二条直线或曲线，让孩子骑车沿线前进，不能骑出线（图 12 – 11）。也可在直线或曲线旁边放罐头瓶，让孩子不能碰倒瓶。随年龄增长可提高难度。

图 12 – 11 定向骑车

大夫信箱

"错环"是怎么回事

家长领着孩子玩时帮助小儿跨台阶、上楼梯或避免小儿摔倒，有时突然用力牵拉小儿的前臂，可引起肘关节"错环"，医学上称之为桡骨小头半脱位。这种病最多见于2~3岁的小儿，女孩一般更易发生。或有时给孩子穿脱窄瘦的衣服，急躁鲁莽地拉拽，亦可造成。

桡骨小头半脱位的临床表现是患儿拒绝别人移动他的肘部，不肯用患侧手拿取物品或上举活动，试着前后旋转肘部时因疼痛而啼哭；肘关节常表现轻度弯曲，手心向下旋垂于胸前，但表面无明显变化，X光片也看不出有异常。因此，当牵拉小儿上肢后突然发生疼痛、不能动，要想到有桡骨小头半脱位的可能，应及时去医院检查，用手法即可简单、迅速地复位。复位后疼痛立即消失，患肢不再拒动，肘关节活动完全恢复正常。但有些经常发生桡骨小头半脱位的小儿，手法复位后最好用块三角毛巾或绷带将患肢固定在胸前7~10天，同时避免再牵拉，以免造成桡骨小头习惯性脱位。

保健之窗

 保护孩子骨骼正常发育

孩子的骨骼发育尚不完全，骨组织中钙磷含量少，有机成分多，骨骼富于弹性，也容易变形。当婴幼儿发生营养不良，钙磷摄入少，户外活动缺乏，机体接受日光照射不足时，体内合成维生素 D 减少，小肠黏膜对钙磷吸收受到影响，钙盐不能正常沉着在骨骼生长部位。这样刚学会走、跑的 1～3 岁孩子容易出现"O"形或"X"形腿、鸡胸、脊柱弧形后凸等。孩子骨盆未定型，髋骨仅由软骨把耻骨、坐骨等连在一起。孩子运动内容和量不适当，特别是女孩从高处向硬地面跳下，容易发生骨盆扭转，影响骨盆的正常发育和成年后的分娩。孩子的骨关节附近韧带较松弛，过度牵拉或负重容易引起脱臼或损伤。

为了保护和促进骨骼的正常生长发育，首先要根据孩子消化功能特点，合理安排膳食，保证营养素的全面摄入。同时积极带孩子多进行户外活动，尽量把四肢、皮肤暴露在空气中，接受空气刺激和日光的照射，增强身体的新陈代谢，提高皮肤维生素 D 的合成。也要根据孩子骨骼和关节发育特点，玩具不要太大太重，游戏或户外活动避免肢体过分牵拉和负重。防止从过高处跳下，以免发生意外和骨盆受损。

发育测评

2 岁 10 个月 ~3 周岁发育测评表

分类	测评方法	项目通过标准
大动作	用方凳作门，看孩子是否能将球踢入目标	会将皮球踢入方凳腿内
	用单足学跳	用单足跳跃离开地面

分类	测评方法	项目通过标准
精细动作	模仿画正方形，要求画直角不要圆角	会画正方形，四边全是直角
	握剪刀，将纸剪开或者学剪纸条	会拿小剪刀将纸剪开小口
	握钝头的餐刀切馒头或蛋糕	会用餐刀将馒头分成两半
认知能力	分10个数目字，用玩具数字排序或单个读出	能不按次序逐个认出10个数字
	家长说出物品名称，让孩子回答是吃的还是穿的，用的或者玩的	会按吃穿用将物品归类
	家长先画一个人的轮廓，故意留下几个部位让孩子添上，看他能添加几处	用笔添上人的两个部位
语言理解	讲话句子达5个字以上，有形容词（如颜色，大小，形状，好坏等词汇）	讲5个字以上有形容词的短句
	看图会讲出物名，有什么用，什么颜色和特点	看图讲出物名，用途，颜色和特点
社会行为	会按人数放凳子，摆上最必要的碗筷	布置餐桌，摆凳子和碗筷
	学会折叠衣服，按所属分放到固定地点	按衣服所属叠好，放到固定地方
自理能力	学会自己洗脚，打肥皂，洗净脚缝擦干	自己洗脚，打肥皂，洗净，擦干
	学会独立上厕所，便后会用手纸，会整理衣服	大便后会用手纸擦净
	学会分辨衣服前后反正，会自己穿上，系扣，大致整齐	穿衣前分清前后反正，然后穿上系扣

父母写给宝贝的话